工业机器人虚拟仿真实例教程：KUKA.Sim Pro

全彩版

魏雄冬　编著

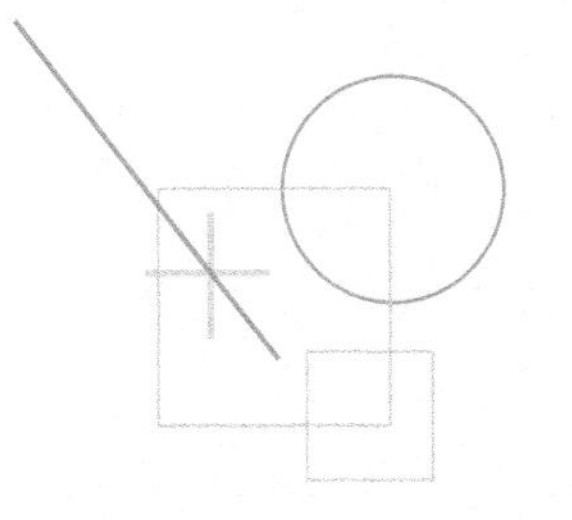

化学工业出版社
·北京·

内容简介

本书围绕库卡（KUKA）工业机器人官方虚拟仿真软件KUKA.Sim Pro，配合操作演示视频，采用图文结合的方式对KUKA.Sim Pro软件的基本操作、离线编程、仿真等操作进行了详细介绍，并通过实例重点讲解了搬运、码垛、外部轴、涂绘、通信等应用的实际操作。本书内容实用，能够使读者对KUKA工业机器人以及仿真软件KUKA.Sim Pro中机器人工作站的搭建和编程有一个清晰的了解,从而掌握工业机器人离线编程仿真技术，并应用到实际工作中。

本书通俗易懂，实用性强，既可以作为工业机器人相关专业的教学及参考用书，又可作为工业机器人培训机构用书，同时也可供相关专业的技术人员参考。

图书在版编目（CIP）数据

工业机器人虚拟仿真实例教程：KUKA.Sim Pro：全彩版 / 魏雄冬编著. —北京：化学工业出版社，2021.8（2023.3重印）

ISBN 978-7-122-39062-2

Ⅰ.①工… Ⅱ.①魏… Ⅲ.①工业机器人－计算机仿真－教材 Ⅳ.①TP242.2

中国版本图书馆CIP数据核字（2021）第080946号

责任编辑：曾　越　　　文字编辑：陈小滔　温潇潇
责任校对：宋　玮　　　装帧设计：王晓宇

出版发行：化学工业出版社（北京市东城区青年湖南街13号　邮政编码100011）
印　　装：北京天宇星印刷厂
710mm×1000mm　1/16　印张11¼　字数198千字　　2023年3月北京第1版第3次印刷

购书咨询：010-64518888　　　售后服务：010-64518899
网　　址：http://www.cip.com.cn
凡购买本书，如有缺损质量问题，本社销售中心负责调换。

定　　价：69.00元

工业机器人是20世纪60年代在自动操作机基础上发展起来的一种能模仿人的某些动作和控制功能，并按照可变的预定程序、轨迹及其他要求，实现多种操作的自动化机械系统。工业机器人能够代替生产工人出色地完成各种极其繁重、复杂、精密或充满危险的工作。它综合精密机械、控制传感和自动控制技术等领域的最新成果，在工厂自动化和柔性生产系统中起着关键的作用，并已经广泛应用于工农业生产、航空航天和军事技术等各个领域。

工业机器人技术作为先进制造技术的典型代表和主要技术手段，在提高企业产能、提升生产效率、改善劳动条件等方面起着重要作用。在集约化、大规模、连续生产的发展趋势下，工业机器人应用技术将得到进一步提升。因此，工业机器人实际作业之前的虚拟仿真就变得非常重要。机器人虚拟仿真是在机器人编程语言的基础上发展起来的，是机器人语言的拓展。它利用机器人图形学的成果，建立机器人作业环境模型，再利用规划算法，通过对图形的操作和控制，在离线情况下进行轨迹规划。

本书以库卡（KUKA）机器人仿真软件 KUKA.Sim Pro 为对象，着重围绕虚拟仿真环境的搭建和工业机器人编程应用的基本共性问题展开介绍。本书以基本概念和基本原理为基础，注重实操。在结构编排上循序渐进，遵循读者认知规律，坚持任务导向原则，通过搬运、码垛、涂绘等典型实例解说和操作，达到理论和实际的有机结合。

全书共分7章，前3章主要介绍 KUKA.Sim Pro 虚拟仿真软件的安装、激活、基本认识、操作界面各菜单功能、各操作面板属性认识等基础软件知识。第4章以库卡机器人搬运系统和码垛系统为例，将仿真软件的组件操作及基础编程融入项目中进行讲解。第5章介绍机器人的行走轴和外部轴，通过外部轴实现与变位机的交互。第6章针对工业机器人涂绘典型应用介绍仿真软件的涂绘功能。第7章介绍仿真软件三种典型通信应用，分别是 KUKA.Sim Pro 与 OfficeLite 之间、两台机器人之间、KUKA.Sim Pro 与西门子 1500PLC 之间的通信。

本书由魏雄冬编著。本书涉及实操的部分都配有编者亲自操作软件的演示视频，一边操作一边讲解，有助于读者理解和掌握。

由于编者水平有限，书中难免出现疏漏，欢迎广大读者提出宝贵意见和建议。

编著者

扫码二维码下载全书配套源文件及软件安装包。

目
CONTENTS
录

KUKA.Sim Pro

第1章

认识 KUKA.Sim Pro 软件

库卡机器人仿真软件 KUKA.Sim Pro 是一款非常专业的库卡设备机器人程序编写工具，用于高效离线编程的智能模拟软件，它可以帮助用户便捷地编写库卡机器人的行为逻辑，让用户可以更轻松地工作，提高工业生产线机器人工作效率。

知识目标

① 了解 KUKA.Sim Pro 软件基本功能。
② 熟悉软件的特征及优势。
③ 掌握软件对计算机硬件和操作系统的要求。

能力目标

① 能独立安装和卸载 KUKA.Sim Pro 软件。
② 会使用许可证激活软件。
③ 会设置软件语言界面。

1.1 KUKA.Sim Pro 软件功能介绍

扫码看：KUKA.Sim Pro 软件功能介绍

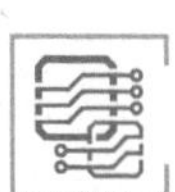

1.1.1 软件简介

库卡机器人仿真软件 KUKA.Sim Pro 是一款技术含量十分高的仿真机器人程序编写工具，它拥有非常多的实用功能，可以方便用户编写出符合生产线的机器人程序，也可以在软件中制作出各种智能的机器人程序。KUKA.Sim Pro 提供了海量的库卡机器人编程编码库，可以大大提高工作效率，提高产品的生产力以及竞争力，软件界面如图 1-1 所示。

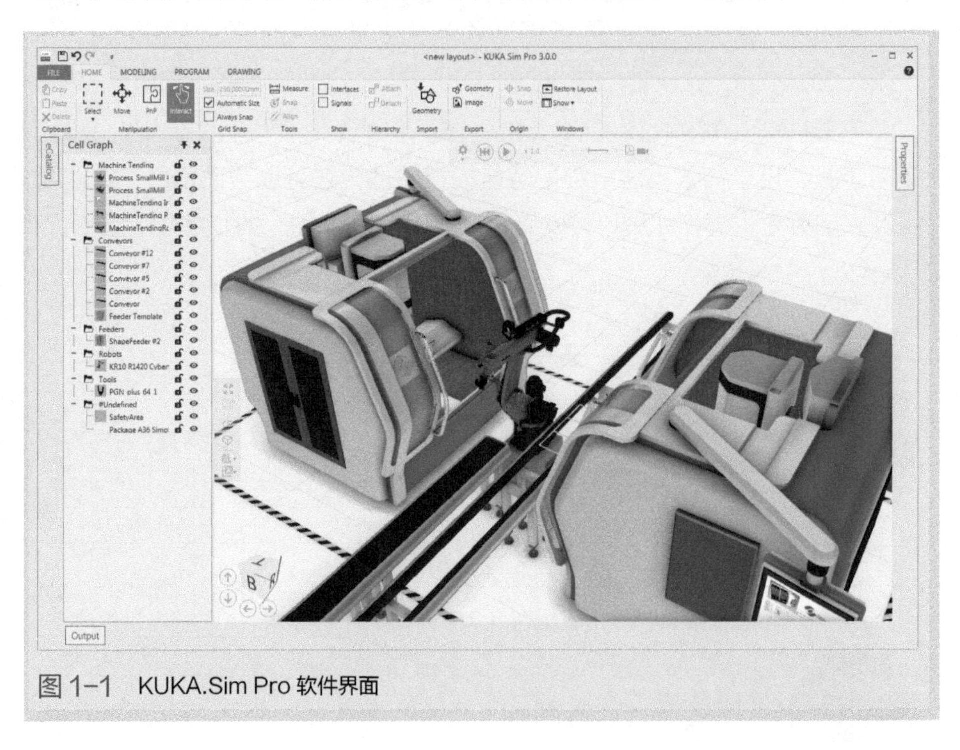

图 1-1　KUKA.Sim Pro 软件界面

1.1.2 软件功能

KUKA.Sim Pro 有很多版本，从最初的 1.0 版本发展到现在，变化很大，也增加了很多新功能，表 1-1 为 KUKA.Sim Pro 2.2 和 KUKA.Sim Pro 3.0 的功能特征对比。

表1-1 KUKA.Sim Pro 2.2和KUKA.Sim Pro 3.0的功能特征对比

特征	KUKA.Sim Pro 2.2	KUKA.Sim Pro 3.0
新 64 位平台（最好的 CAD 应用）	×	√
集成 CAD 阅读器（不需要额外费用）	×	√
支持 PhysiX（例如：管线包，传送带）	×	√
增强的离线编程机会	-	√
安全操作、XML 导入、XML 导出	×	√
AVI 高品质视频输出	×	√
在 CAD 零件上生成轨迹	×	√
2D 绘图功能	×	√
改进的图形显示	×	√
支持 Python 2.7 版	×	√
通过互联网支持电子文档目录同步（库卡机器人库）	×	√
支持 3D 连接的空间鼠标（用于 CAD 用户）	×	√
可用以前版本的工作单元	√	√
快速模拟滑块	×	√
工作单元环境校准功能	×	√
KRL（*.src、*.dat）文档的导入和导出不通过 KUKA.OfficeLite	×	√
可创建 KRL 用户模板（KRL 导出）	×	√
$Config.dat 文档导入和导出（工具，基座）	×	√

注：×不可用，√可用。

下面介绍 KUKA.Sim Pro 3.0 的几个功能。

（1）支持智能组件

大规模的功能使机械设计零件更聪明，为机械设计几何图形加入运动功能（例如夹持器、焊枪、机床等）。I/O 组件之间通过信号向导实现 I/O 信号通信，创建自己的智能组件库，I/O 信号、传感器信号（例如射线传感器）等为工业 4.0 做好准备的智能组件，如图 1-2 所示。

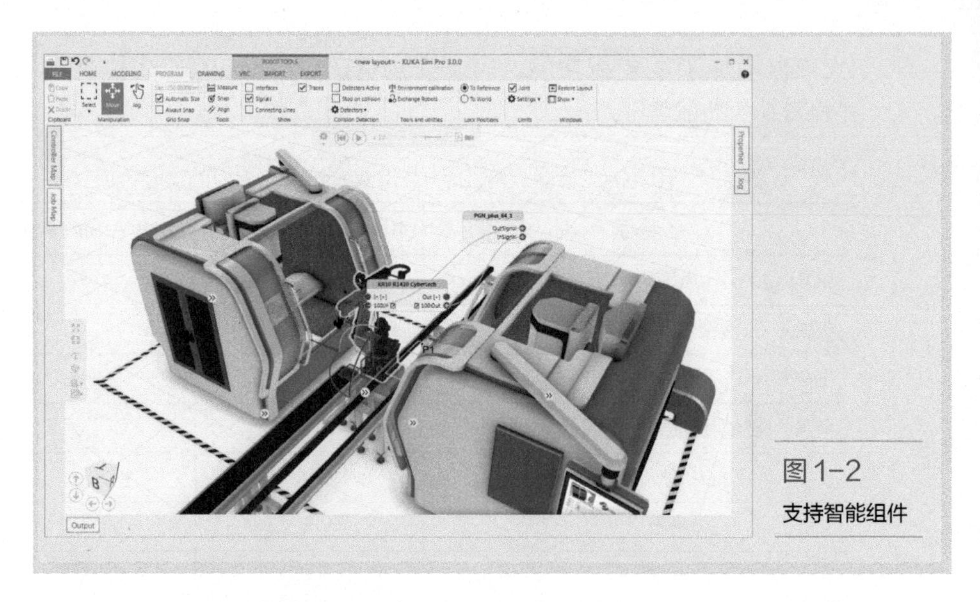

图 1-2
支持智能组件

（2）在 CAD 零件上生成轨迹

复杂路径需要的点位比较多，机器人编程示教点比较麻烦，KUKA.Sim Pro 3.0 软件支持在 CAD 零件上生成轨迹，可以选择曲线路径生成机器人运动轨迹，通过轨迹自动生成运动指令，完成轨迹程序编写。该功能支持自动扩展、曲线偏移、点密度、运动参数等的设置，如图 1-3 所示。

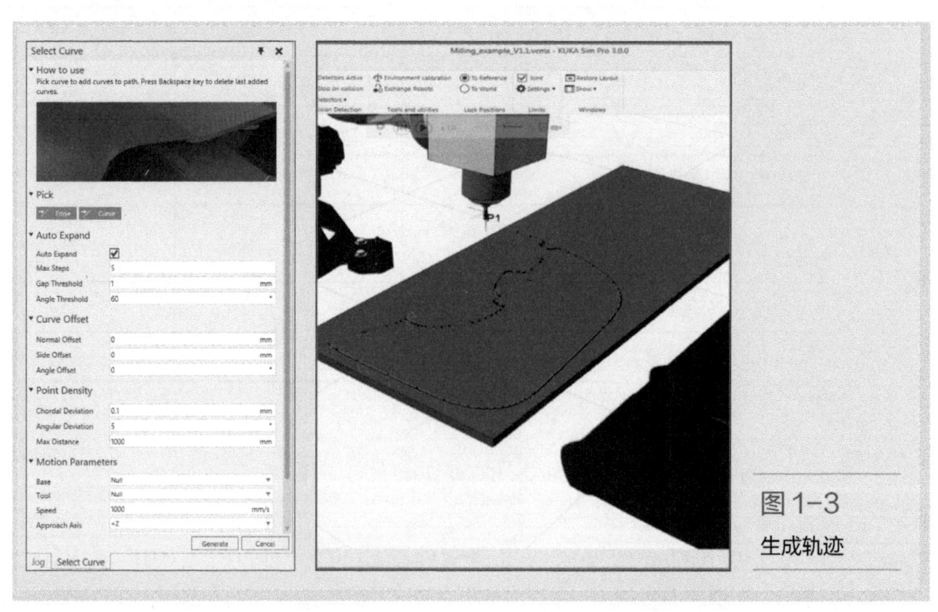

图 1-3
生成轨迹

（3）安全区、XML 导入、XML 导出

从控制器图可以访问安全区，每台机器人都可以添加安全工作区、安

全工具、安全单元，如图 1-4 所示。安全区可以导出为 XML 文件，也可以导入外部的安全区 XML 文件。XML 文件可以在 KUKA.WorkVisual 中用于安全区的配置。

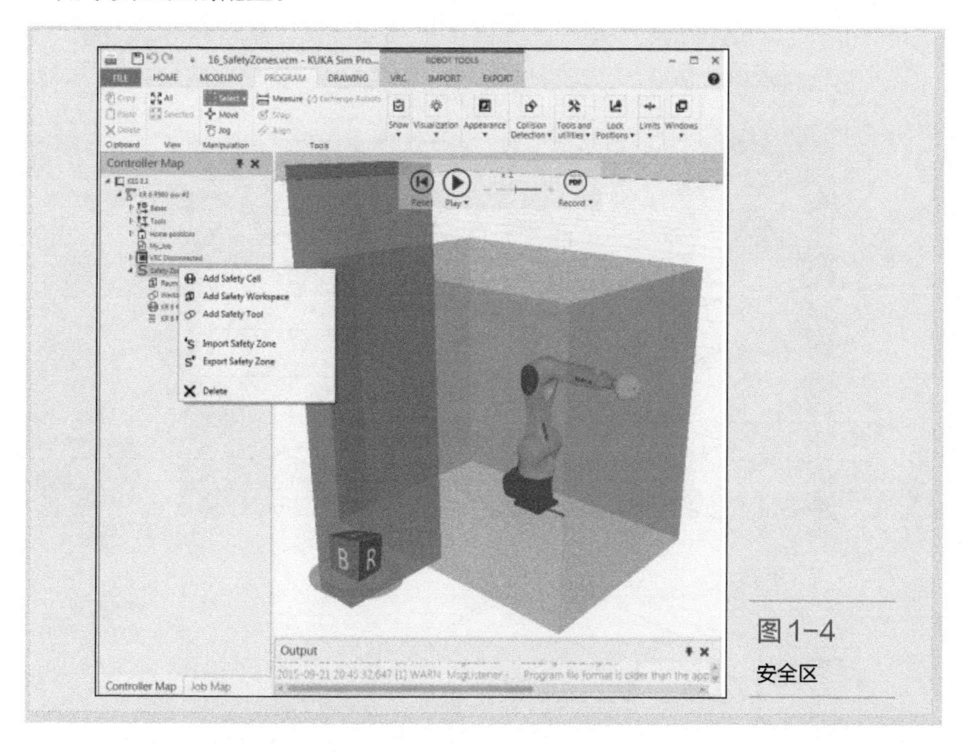

图 1-4
安全区

（4）2D 绘图功能

该功能可以选择的模板范围为 DIN A0 ~ A4，将从 3D 单元中插入的 2D 视图在模板中显示，如图 1-5 所示。除了显示 2D 平面图，还能创建物料清单，增加尺寸测量，导出 PDF 或 2D-DWG 文档，等等。

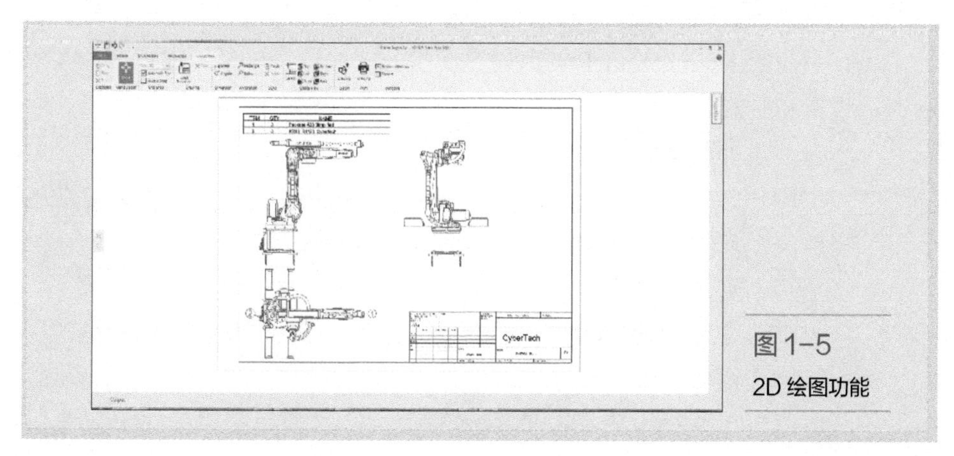

图 1-5
2D 绘图功能

（5）3D-PDF Acrobat Reader 输出、库卡模板

搭建完 3D 模型，完成机器人编程后可将带程序的项目输出为 3D-PDF，用 Acrobat Reader 打开生成后的文件，可以在 3D-PDF 中执行机器人动作和组件动作，如图 1-6 所示。该功能除了 3D 功能，还能看到物料清单（BOM），可以增加描述（BOM），做成自己的 PDF 模板。

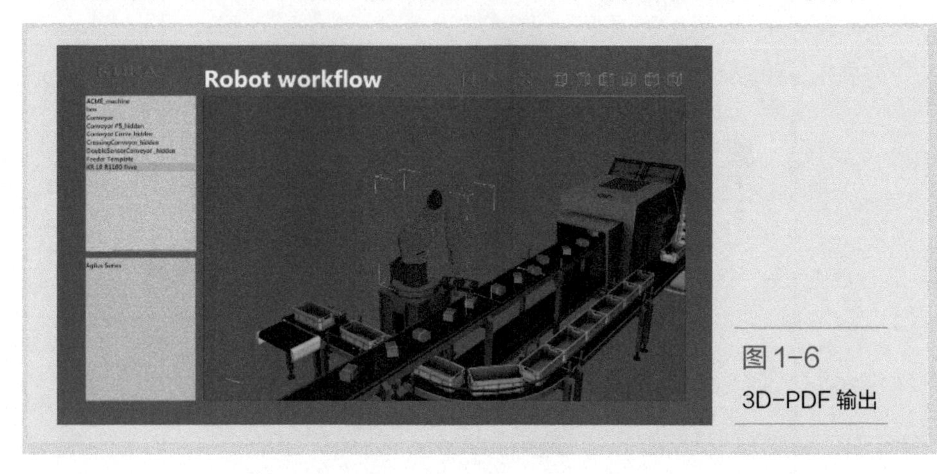

图 1-6
3D-PDF 输出

1.1.3 软件优点

快速、简单、高效是 KUKA.Sim Pro 在规划机器人应用时提供的关键优势。KUKA.Sim Pro 具备直观操作方式以及多种功能和模块，是离线编程时确保效率的良好解决方案。下面从四个方面进行说明。

（1）节省时间

使用 KUKA.Sim Pro 可通过虚拟方式快速、轻松地根据客户需求进行设备和机器人方案的规划。

（2）提高营业额

KUKA.Sim Pro 能协助销售人员进行销售，让销售人员以专业的方式将解决方案呈现给最终客户，进而提升销售业绩。

（3）规划可靠性

以精确的节拍时间事先规划解决方案，提升规划可靠性和竞争力。

（4）可检测性

通过可达性检查和碰撞识别来确保机器人程序和工作单元布局图可

以实现。

大部分工业机器人品牌都有自己的虚拟仿真软件，如 ABB 机器人公司开发的基于 Windows 操作系统的 RobotStudio 软件、FANUC 机器人公司开发的 ROBOGUIDE 软件、YASKAWA 机器人公司开发的 MotoSimEG-VRC 软件和 KUKA 机器人公司开发的 Sim Pro 软件等。每家机器人公司开发的虚拟仿真软件都有自己的特点，KUKA 机器人虚拟仿真软件 Sim Pro 特征与其他公司软件特征对比如表 1-2 所示。

表1-2 不同虚拟仿真软件特征对比

特征	KUKA	ABB	Fanuc	Yaskawa	Stäubli
集成解决方案	×	×	×	×	×
包括增强 CAD 阅读器	√	optional	×	×	Step
支持 PhysX	√	×	×	×	×
智能组件	√	×	×	×	×
虚拟机器人控制器	√	√	√	√	√
技术包仿真	√	√	√	√	√
搬运	√	√	√	√	√
上下料	√	√	√	√	√
电弧焊	×	√	√	√	×
涂绘（不是库卡业务）	×	√	√	√	×

注：×不可用，√可用。

1.2 KUKA.Sim Pro 软件安装

要想正常安装使用 KUKA.Sim Pro 3.0 仿真软件，安装该软件的计算机硬件和操作系统必须满足一定的要求。

扫码看：KUKA.Sim Pro 软件的安装与激活

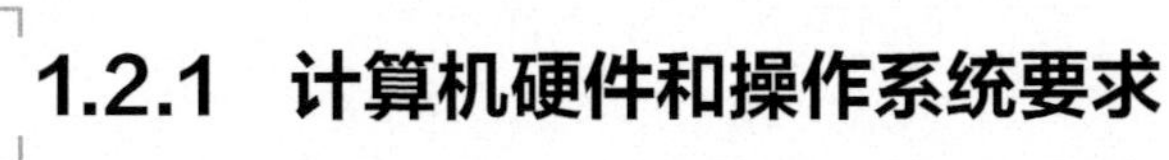

1.2.1 计算机硬件和操作系统要求

（1）计算机硬件要求

计算机硬件最低要求如下：

① CPU ：i5 Intel 或者同等处理器；

② 内存：4GB；

③ 可用磁盘空间：40GB；

④ 显卡驱动：拥有集成 HD440 或者类似产品；

⑤ 屏幕分辨率：最低 1280×1024；

⑥ 鼠标：三键（左、中、右）。

计算机硬件推荐配置如下：

① CPU ：i7 Intel 或者同等处理器；

② 内存：8GB 或者更大；

③ 可用磁盘空间：40GB；

④ 显卡驱动：（专业显卡）相当于 Nvidia Quadro 或者 AMD FirePRO，拥有至少 2GB 专用内存；

⑤ 图形显示分辨率 ：1920×1080 全高清或者更高；

⑥ 鼠标：三键（左、中、右）。

（2）操作系统要求

操作系统必须是 64 位的，可以是 Windows 7（64 Bit）、Windows 8.1（64 Bit）或者 Windows 10（64 Bit）。

操作系统必须为完整安装版的操作系统。精简版的操作系统指计算机供应商大批量安装的 Ghost 系统，在这样精简过的操作系统上安装和使用库卡的模拟软件会出现各种不可预测的问题和错误。

杀毒软件卡巴斯基（Kaspersky）和 360 软件与 KUKA.Sim Pro 3.0 不兼容，安装库卡模拟软件之前最好全部关闭或卸载。

1.2.2 软件安装

（1）安装前的准备工作

安装软件之前，首先进行以下的工作：

① 将库卡模拟软件光盘中的所有文档拷贝到需要安装 KUKA.Sim Pro 3.0 的计算机中并解压。

② 检查解压的文件夹里是否包含如图 1-7 所示的文档。

③ 用于安装 KUKA.Sim Pro 3.0 软件的计算机要能够访问互联网。

图 1-7
解压后文件

（2）软件安装

① 首先，需要安装如图 1-8 所示的 Dependencies 文件夹中的所有软件（如果计算机已经安装了这些软件，那么跳过这一步；如果计算机操作系统是 WIN7 或 WIN10，安装时一定要用鼠标右键选择“以管理员身份运行”）。

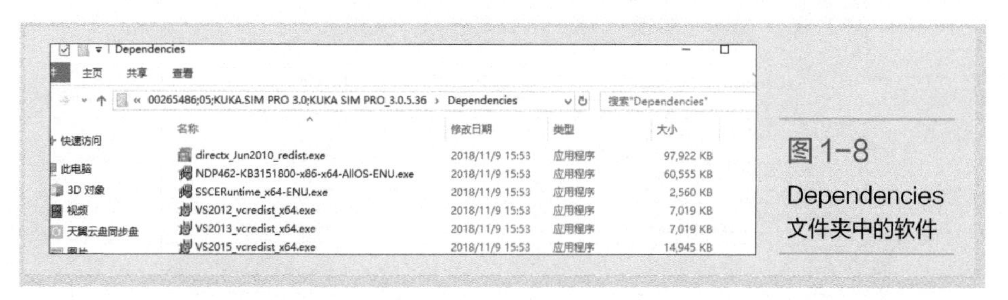

图 1-8
Dependencies
文件夹中的软件

② 安装 SetupKUKASimPro_305.exe，右键选择“以管理员身份运行此软件”，如图 1-9 所示。

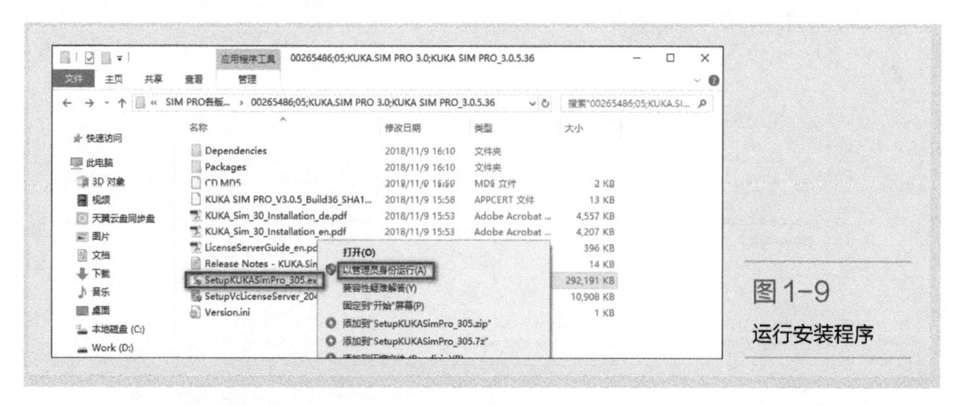

图 1-9
运行安装程序

③ 在欢迎页面，点击“Next”，如图 1-10 所示。

④ 在许可协议页面，选择接受协议，然后点击“Next”，如图 1-11 所示。

⑤ 在阅读页面，可以下拉阅读软件的说明，然后点击“Next”，如图 1-12 所示。

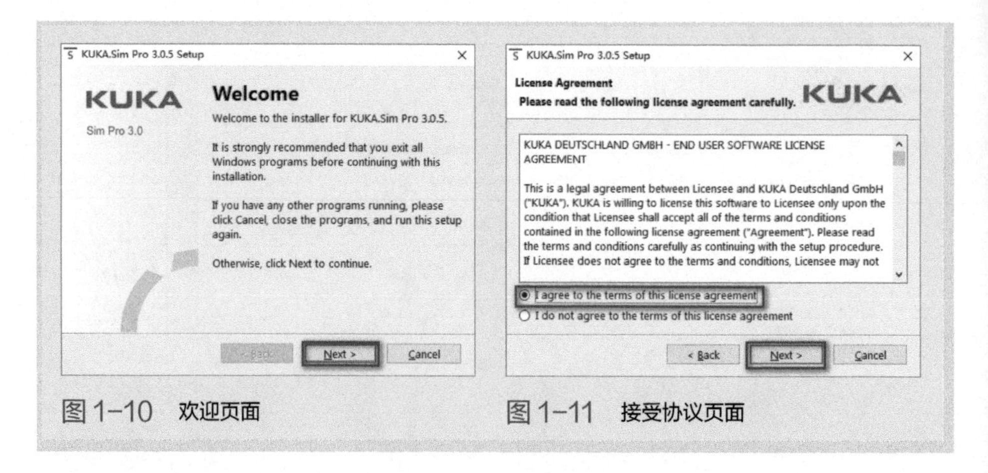

图 1-10　欢迎页面

图 1-11　接受协议页面

⑥ 在安装文件夹页面，接受或者更改存储 KUKA.Sim Pro 3.0 程序文件的位置，然后点击 “Next”，如图 1-13 所示。

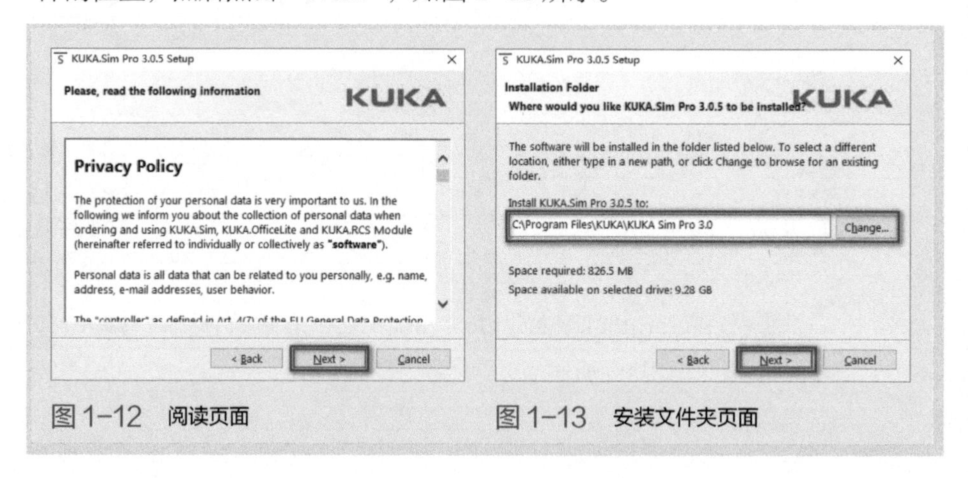

图 1-12　阅读页面

图 1-13　安装文件夹页面

⑦ 接下来进入安装进度页面，如图 1-14 所示。

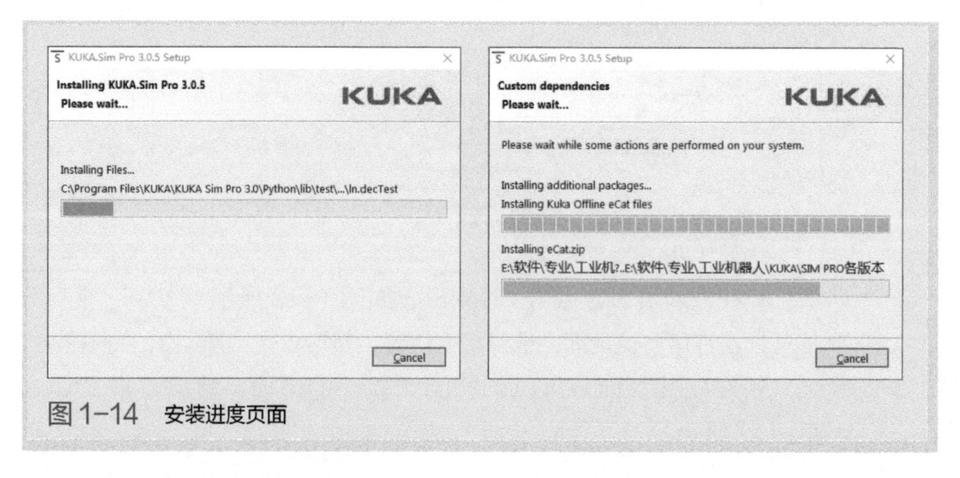

图 1-14　安装进度页面

⑧ 在安装成功后，点击“Finish”，如图 1-15 所示。

图 1-15
安装完成页面

1.2.3　软件卸载

① 根据设备和 Windows 版本，从控制面板，访问卸载或者更改程序页面。

② 在程序列表视图中，找到并选择 KUKA.Sim Pro 3.0 版本，而后右键点击卸载，如图 1-16 所示。

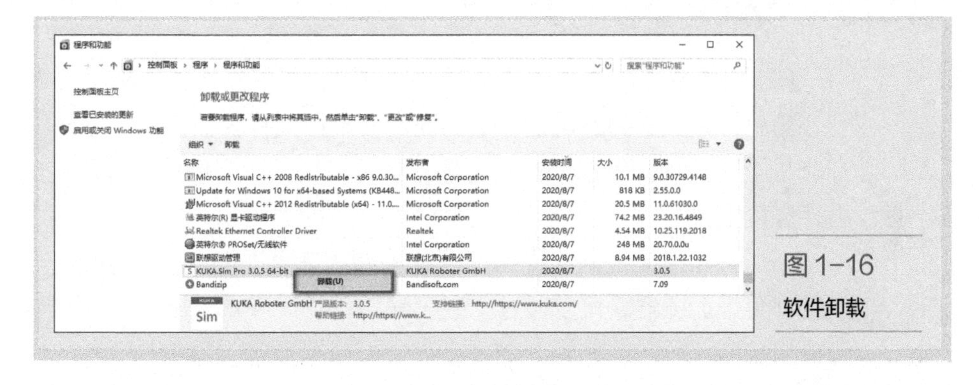

图 1-16
软件卸载

③ 在卸载 KUKA.Sim Pro 3.0 页面上，点击“Next”，如图 1-17 所示。

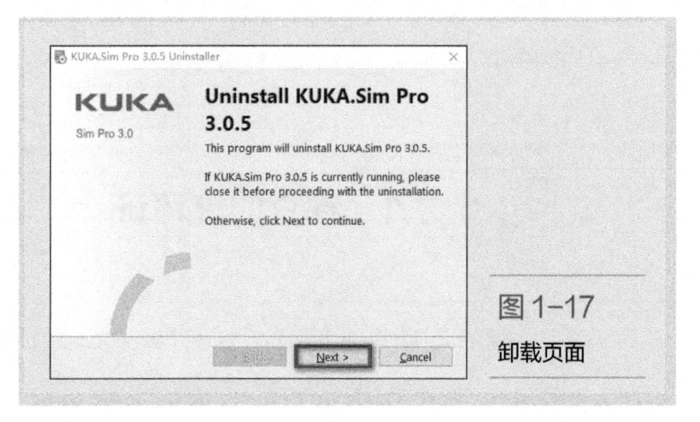

图 1-17
卸载页面

④ 在许可证注销页面，选择是否想要注销设备上有效的独

立许可证，然后点击“Next”，如图 1-18 所示。

⑤ 在卸载成功页面，点击“Finish”，如图 1-19 所示。

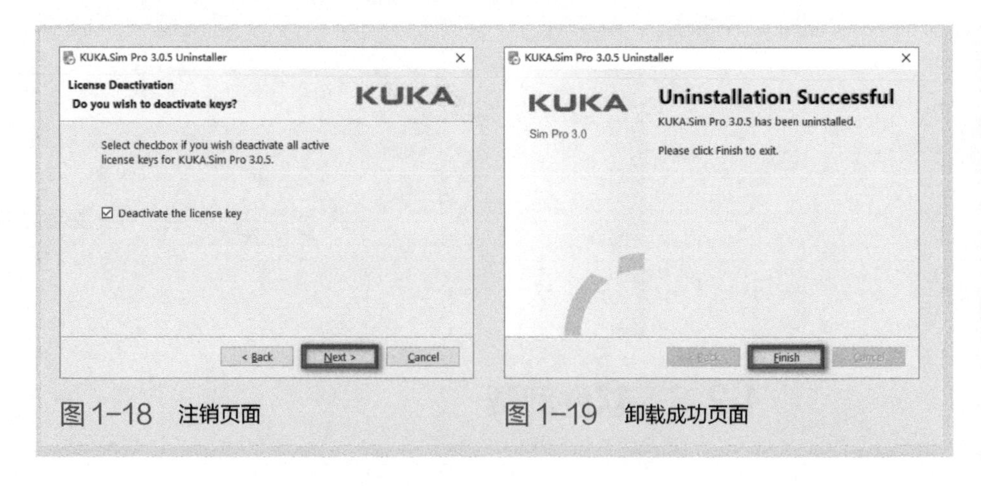

图 1-18　注销页面　　图 1-19　卸载成功页面

1.3 软件激活

KUKA.Sim Pro 3.0 的 License 分为三种：

第一种是独立的许可证。这种证书被用在装有 KUKA.Sim Pro 软件的计算机上，这种许可证密钥只对这台计算机有效，它也可以被转移到另一台计算机上。

第二种是浮动的网络许可证。这种许可证由许可证服务器分配，必须设置许可证服务器，可以通过安装了 KUKA.Sim Pro 的计算机网络访问许可证服务器获得。

第三种是试用许可证。许可证是通过电子邮件发送的。该许可证可免费试用 KUKA.Sim Pro 14 天。

1.3.1 独立的许可证

独立的许可证的激活有两种情况：一种情况是计算机连接了互联网；另一种情况是计算机没有连接互联网。

（1）计算机连接了互联网

独立的许可证激活步骤如下：

① 在桌面找到 KUKA.Sim Pro 的快捷方式，如图 1-20 所示。

图1-20 KUKA.Sim Pro 3.0 的快捷方式

② 双击鼠标左键打开软件后，弹出软件激活向导，点击“Next”，如图 1-21 所示。

③ 在许可证类别页面上选择“I have a standalone product key”，点击“Next”，如图 1-22 所示。

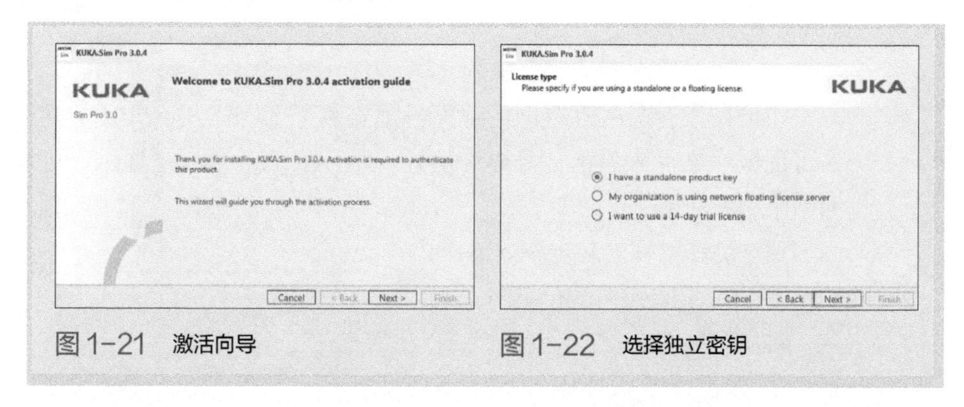

图1-21 激活向导　　　　图1-22 选择独立密钥

④ 然后在弹出来的页面，输入产品密钥，如图 1-23 所示。

⑤ 等待连接至许可证服务器，如图 1-24 所示。

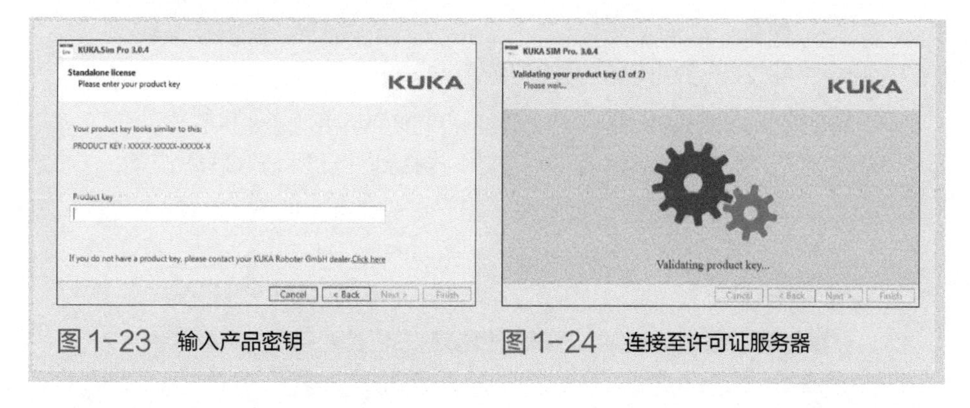

图1-23 输入产品密钥　　　　图1-24 连接至许可证服务器

⑥ 在左边输入电子邮件地址和密码，然后点击“Login”进行登录。如果没有电子邮件地址和密码，填写右边的字段，使用任何密码，然后单击“Register”进行注册，密码在这里分配。如果以后再进行注册，请单击“Skip”，如图 1-25 所示。

⑦ 单击“Finish”完成授权，如图 1-26 所示

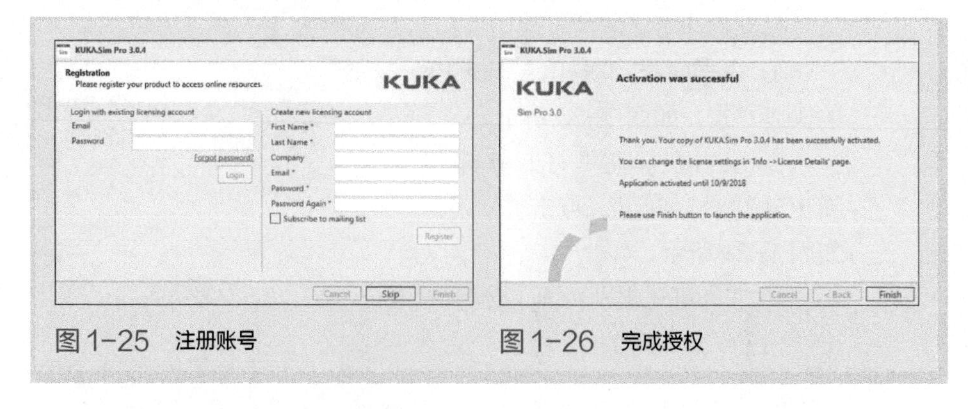

图 1-25 注册账号　　图 1-26 完成授权

（2）计算机没有连接互联网

如果在没有连接互联网的计算机上安装了 KUKA.Sim Pro，则可使用许可证激活文件来激活计算机许可证。KUKA.Sim Pro 是通过许可证官方网站手动激活的。

独立的许可证安装步骤如下：

① 启动 KUKA.Sim Pro 软件，将显示如图 1-27 所示窗口。

② 点击“Generate”，将生成许可证激活文件。

③ 将许可证激活文件保存在移动硬盘，例如 U 盘。

图 1-27 离线打开页面

④ 在一台可以上网的电脑上访问网站“https://license.visualcomponents. net/KUKA”。

⑤ 将 U 盘的许可证激活文件连接到计算机与互联网访问。

⑥ 先进行注册，然后使用电子邮件地址和密码登录，如图 1-28 所示。

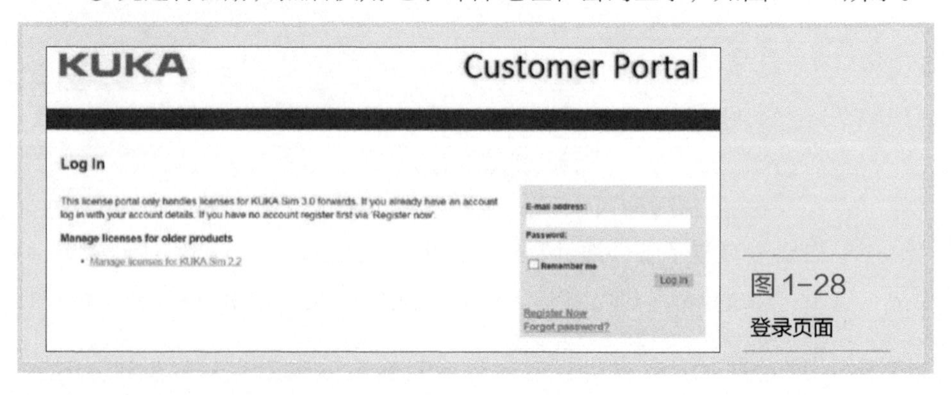

图 1-28 登录页面

⑦ 选择手动证书菜单 Manual Licensing，如图 1-29 所示。

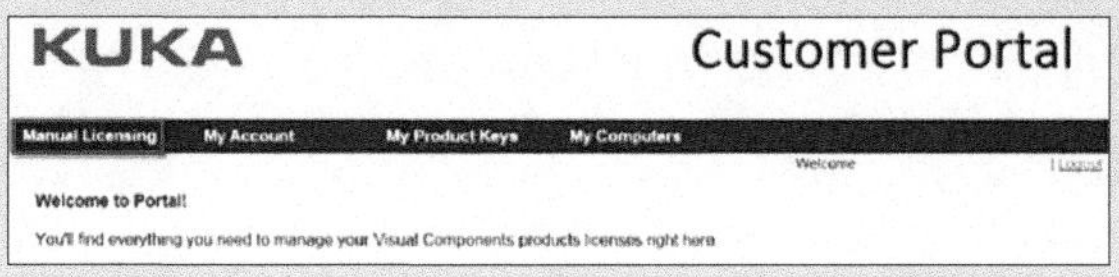

图 1-29 选择手动证书菜单

⑧ 上传 U 盘里的许可证激活文件，如图 1-30 所示。

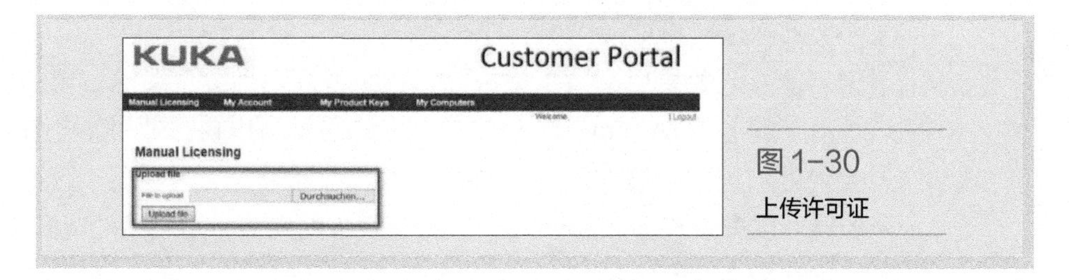

图 1-30 上传许可证

⑨ 选择“Confirm”，证书文件被创建，如图 1-31 所示。

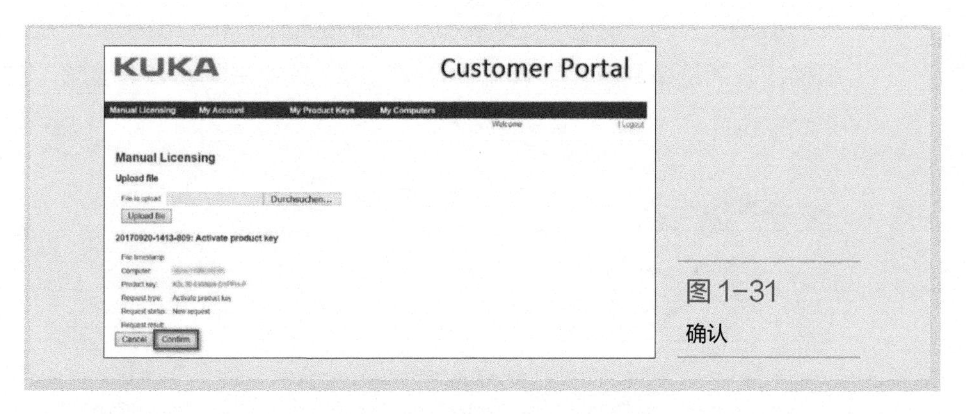

图 1-31 确认

⑩ 点击“Download file”保存证书文件，如图 1-32 所示。

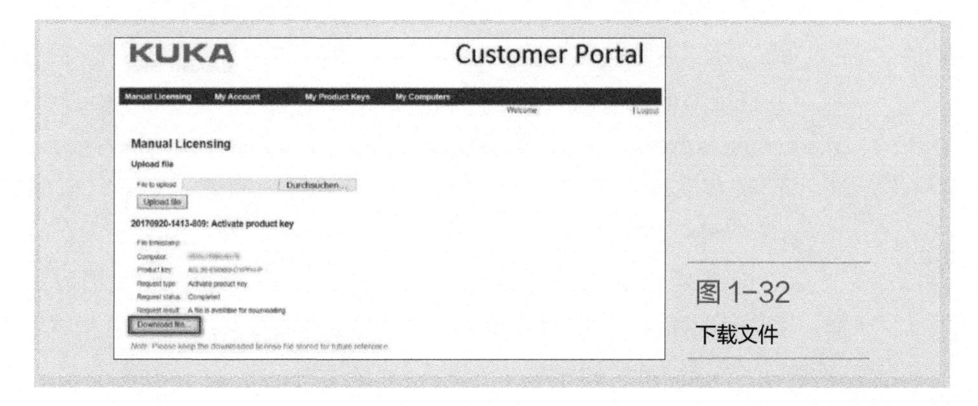

图 1-32 下载文件

⑪ 保存生成的许可证文件在 KUKA.Sim Pro 计算机上。

⑫ 点击“Upload”将许可文件导入 KUKA.Sim Pro。

⑬ 点击“Register”即可激活 KUKA.Sim Pro。

1.3.2 浮动的网络许可证

浮动的网络许可证提供了一种在多台电脑上使用 KUKA.Sim Pro 授权证书的方法。只要有电脑请求许可证，就会将许可证分配给这台电脑，关闭这台电脑的 KUKA.Sim Pro 软件，这个许可证可以再次使用，并且可以被另一台电脑访问。这种浮动的网络许可证需要服务器来管理，这种许可证服务器可以安装在 Windows XP 或更高版本的任何可用网络的电脑上。

（1）安装许可证服务器

许可证服务器的安装过程如下。

① 找到安装可执行文件 SetupVcLicenseServer_204.exe，如果计算机操作系统是 WIN 7 或 WIN 10，安装时一定要用鼠标右键选择“以管理员身份运行”，如图 1-33 所示。

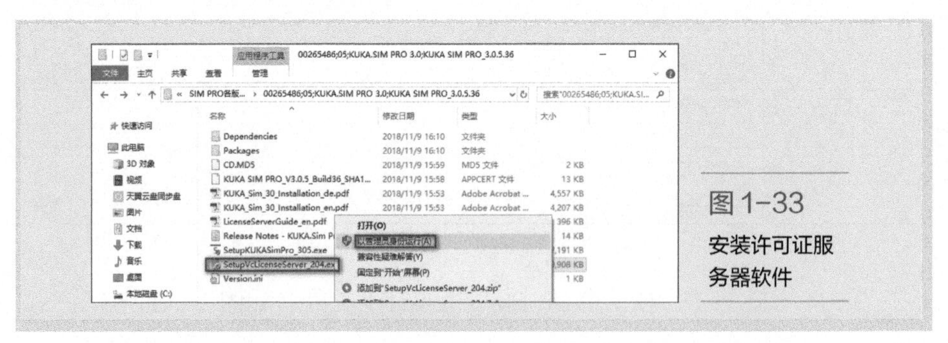

图 1-33 安装许可证服务器软件

② 安装欢迎页面被打开，继续安装，点击“Next”，如图 1-34 所示。

③ 在证书同意页面下，选择我同意证书条款“I agree to the terms of this license agreement”，然后点击“Next”，如图 1-35 所示。

④ 选择安装目录，默认是 C 盘，不建议更改，选择完目录点击“Next”，如图 1-36 所示。

⑤ 选择或创建要保存链接的文件夹。此外，通过选择相应的复选框，可以确定链接是仅对当前用户可用还是对所有用户可用。然后点击“Next”，如图 1-37 所示。

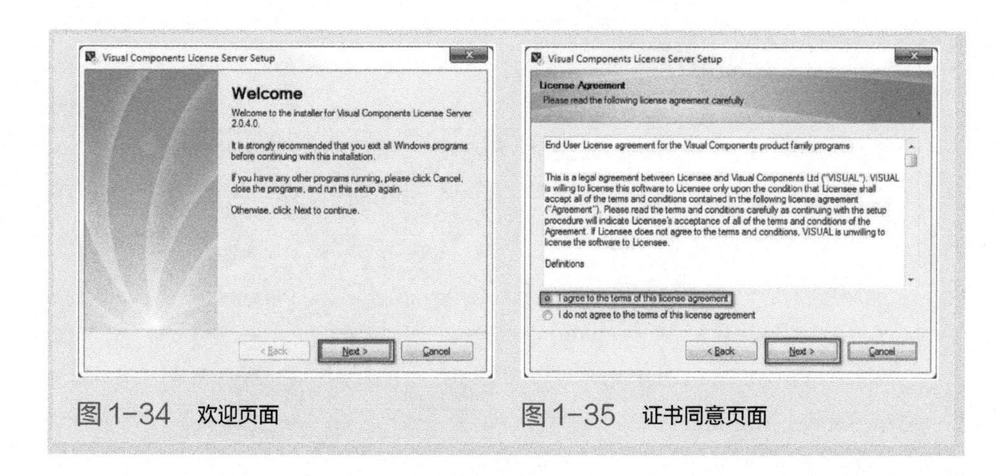

图 1-34 欢迎页面

图 1-35 证书同意页面

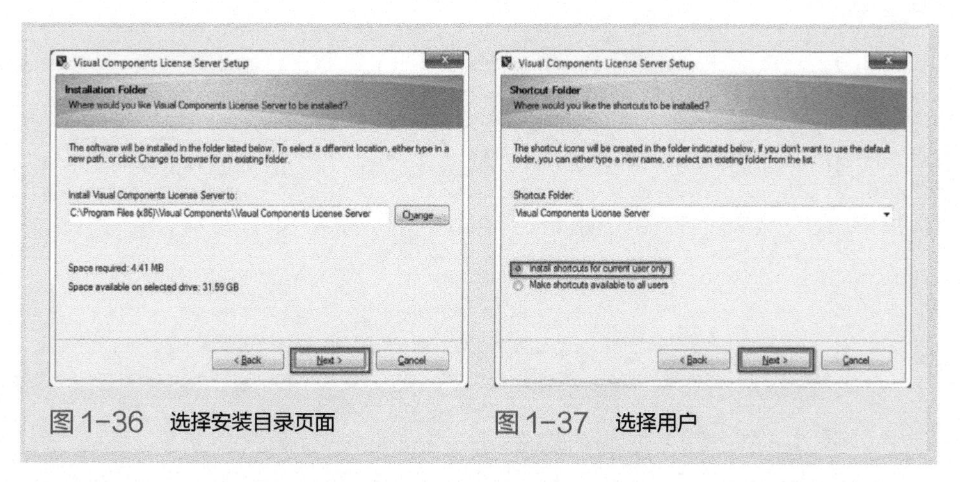

图 1-36 选择安装目录页面

图 1-37 选择用户

⑥ 点击“Next”开始安装，如图 1-38 所示。

⑦ 安装成功后点击“Finish”，如图 1-39 所示。

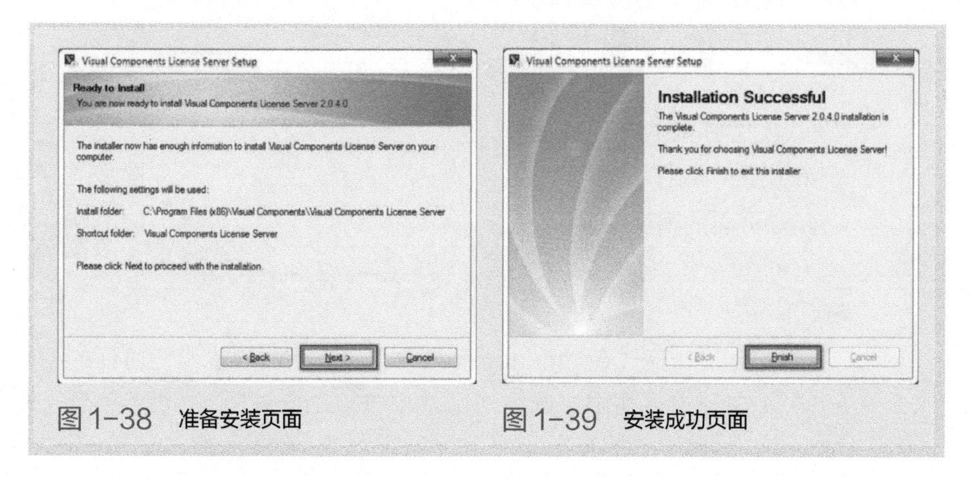

图 1-38 准备安装页面

图 1-39 安装成功页面

（2）设置许可证服务器

① 通过计算机开始菜单，在程序下面找到“Visual Components License Server Manager”，如图 1-40 所示。

图 1-40 找到许可证服务器管理软件

② 点击打开“Visual Components License Server Manager”，如图 1-41 所示。

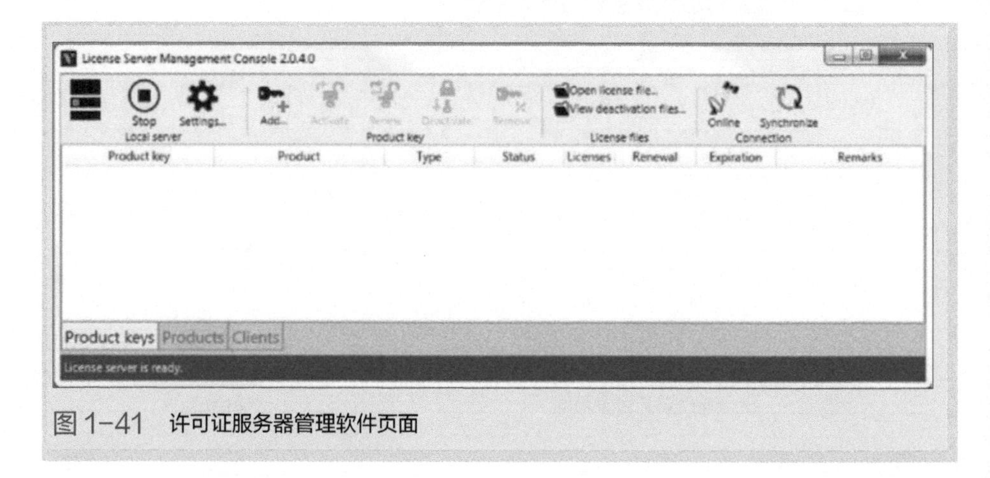

图 1-41 许可证服务器管理软件页面

③ 点击“Settiing”设置，许可证服务器设置页面被打开，如图 1-42 所示。

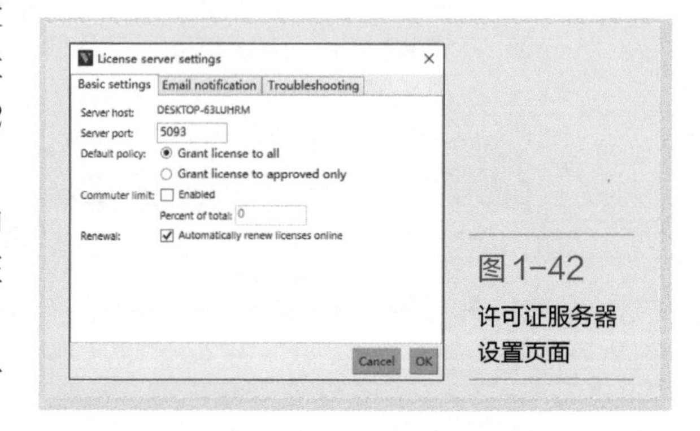

图 1-42 许可证服务器设置页面

④ 做好相关设置后确定好点击“OK”，许可证在开始页面的列表中显示。

- 已分配端口号 5093。
- 通勤限制（Commuter limit）可以指定可以检出许可证的百分比。

⑤ 在开始页面中，选择许可并单击“Add…”，许可证密钥的输入框被打开，如图 1-43 所示。

⑥ 输入产品密钥后点击“Add”进行添加，如图 1-44 所示。

图 1-43 许可证密钥的输入框　　图 1-44 输入产品密钥

⑦ 最后可以在开始页面看到产品密钥激活状态和密钥有效期，如图 1-45 所示。

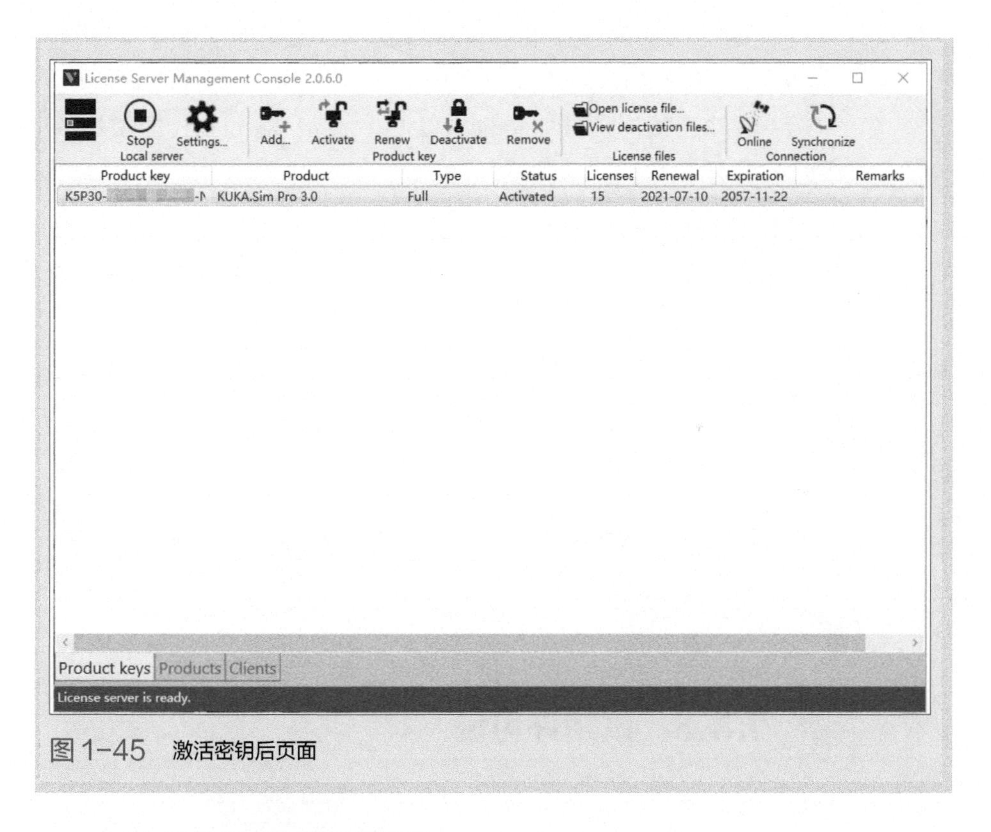

图 1-45 激活密钥后页面

（3）浮动的网络许可证授权

浮动的网络许可证激活的前提条件是想要激活软件的计算机必须和服务器计算机 IP 处于同一网段，不管是否联网都行，处于同一局域网或连接了同一网络，激活步骤如下。

① 在桌面找到 KUKA.Sim Pro 3.0 的快捷方式。

② 双击鼠标左键打开软件后，显示软件激活向导。

③ 在许可证类别页面上选择“My organization is using network floating license server”，点击“Next”，如图 1-46 所示。

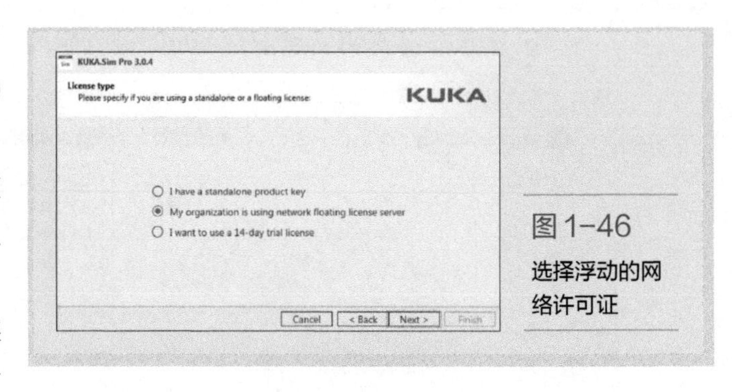

图 1-46 选择浮动的网络许可证

④ 输入连接数据后点击“Next”，如图 1-47 所示。

- 安装了证书服务器的计算机名或 IP 地址。
- 服务器端口：5093。

⑤ 软件连接许可证服务器成功后，点击“Finish”即激活成功，如图 1-48 所示。

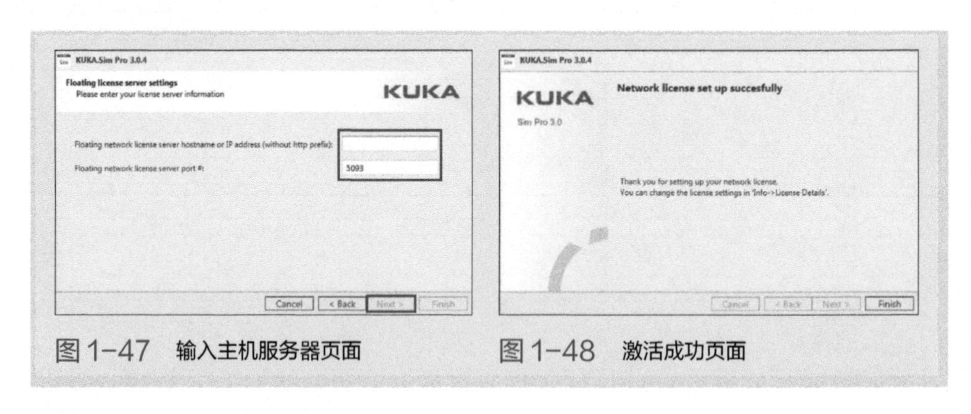

图 1-47 输入主机服务器页面　　图 1-48 激活成功页面

1.3.3 试用许可证

KUKA.Sim Pro 可以免费试用 14 天，这样就可以了解该软件的功能和选件。

试用许可证激活步骤如下。

① 打开 KUKA.Sim Pro 软件后，在许可证类型窗口选择“I want to

use a 14-day trial license”，如图 1-49 所示。

② 在弹出来的页面，输入可用的电子邮箱地址，服务器会发送一个试用版的密钥到输入的电子邮箱，如图 1-50 所示。

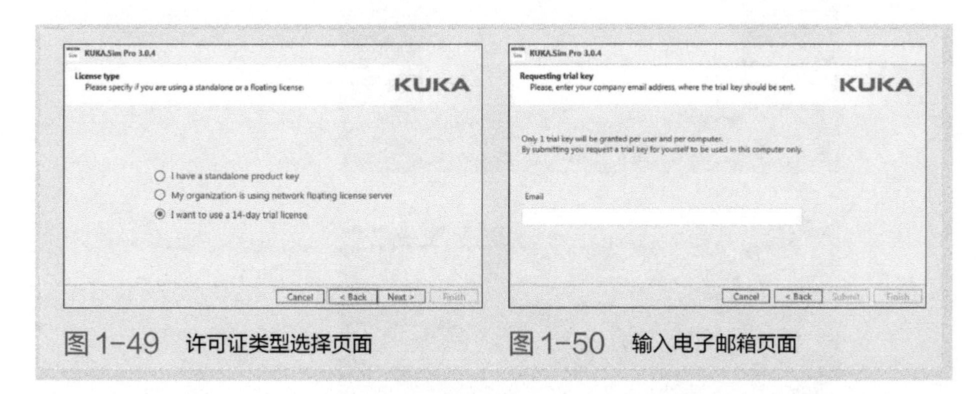

图 1-49　许可证类型选择页面　　图 1-50　输入电子邮箱页面

③ 登录输入的电子邮箱，然后将试用版的密钥输入到软件的激活页面，点击“Next”，软件会自动联网激活（注：每台计算机只能申请一次试用版的密钥），如图 1-51 所示。

④ 点击“Finish”即激活成功，如图 1-52 所示。

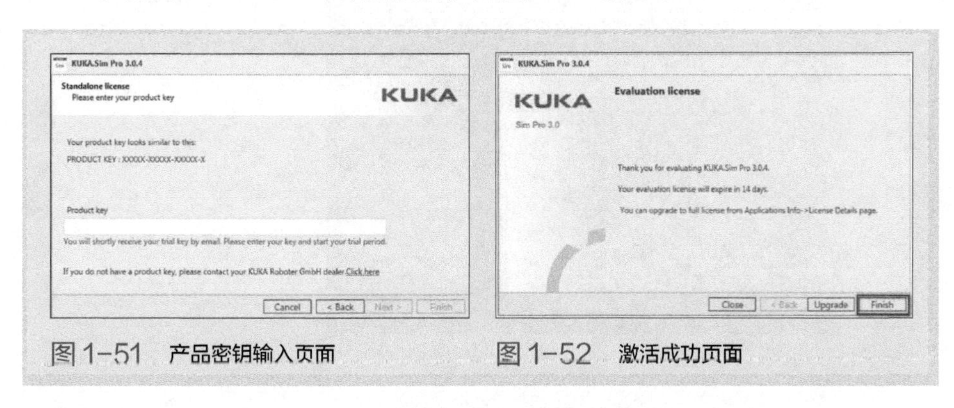

图 1-51　产品密钥输入页面　　图 1-52　激活成功页面

1.4 语言设置

KUKA.Sim Pro 3.0 版本软件从 3.0.5 开始及更高版本都是支持中文的，3.0.5 之前的版本只支持英文和德文。软件安装后打开的默认语言是英文，需要手动设置中文语言，语言设置步骤如下。

步骤1　打开KUKA.Sim Pro仿真软件，打开后软件是一个空项目。

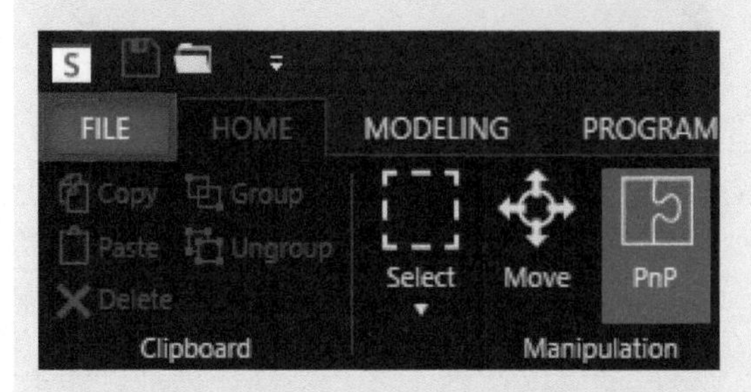

步骤2　点击菜单栏“FILE”。

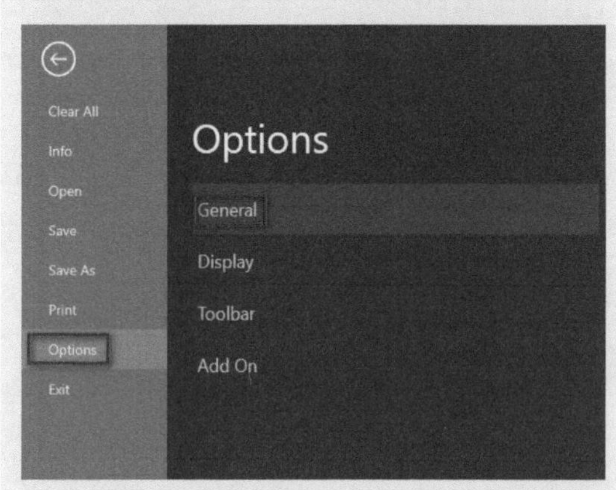

步骤3　在弹出的文件菜单栏选择“Options”，选择右边第一个“General”。

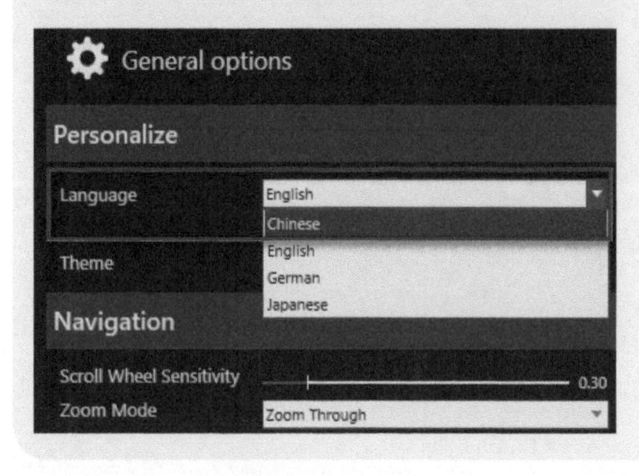

步骤4　在通用选项的“Language”下点击三角形，选择“Chinese”，将默认的英文改成中文。

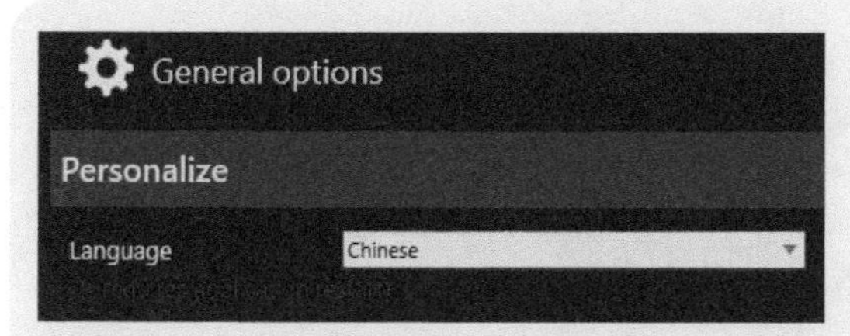

步骤5 这时会弹出提示“requires application restart”，要求重启应用。

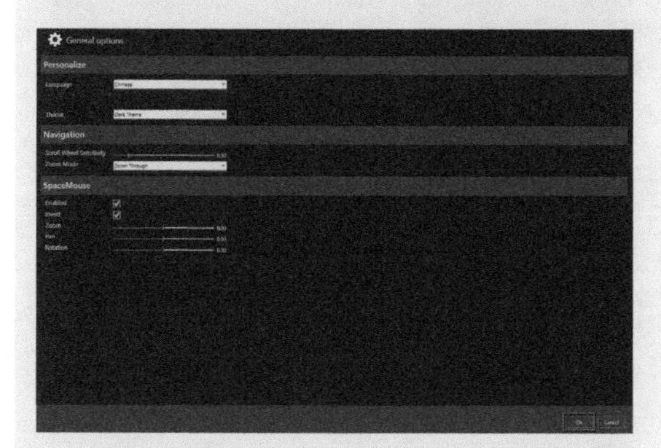

步骤6 点击右下角“OK”按钮完成确认。

步骤7 这时软件界面有些文字已经变成中文，但有些文字还是英文，这些英文需要重启应用才会被更改。

步骤8 点击“确定”后，关闭软件，重新打开软件KUKA.Sim Pro仿真软件，即完成语言设置。

KUKA.Sim Pro

第2章 创建焊接机器人基本工作站

为更好地学习 KUKA.Sim Pro 仿真软件菜单功能，这里以创建焊接机器人基本工作站为例，初步了解该软件的项目创建及使用步骤。完整了解一个焊接实例的创建及编程后，再以该实例更好地讲解菜单栏。

扫码看：创建焊接机器人基本工作站

知识目标

① 了解一个项目的基本构成。
② 熟悉软件自带的组件。
③ 掌握 3D 空间的基本操作。

能力目标

① 能添加工业机器人，并给机器人添加软件自带的焊枪。
② 会设置工业机器人的工具坐标系。
③ 能用仿真软件给工业机器人进行简单编程。
④ 能简单创建组件并操作组件。

2.1 创建工业机器人 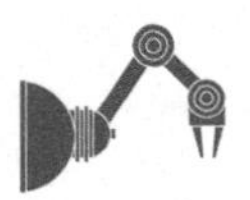

扫码看：创建工业机器人

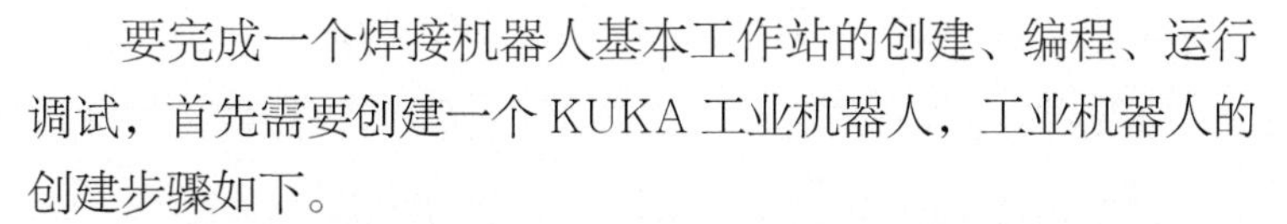

要完成一个焊接机器人基本工作站的创建、编程、运行调试，首先需要创建一个 KUKA 工业机器人，工业机器人的创建步骤如下。

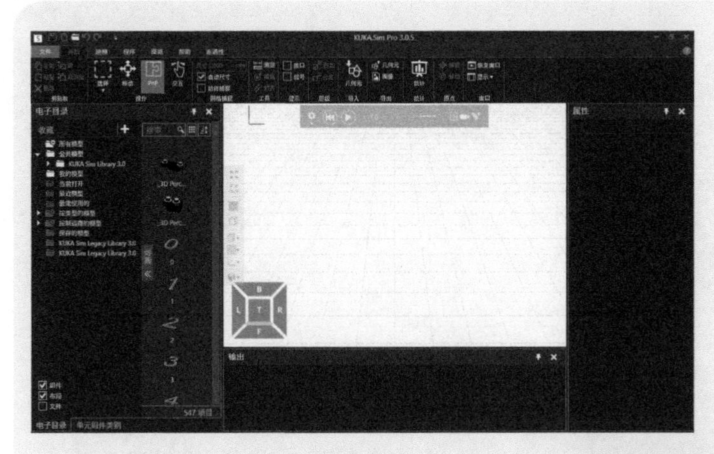

步骤1　打开KUKA.Sim Pro仿真软件，打开后软件是一个空项目，空项目默认在开始菜单下。

步骤2　选择工业机器人型号。

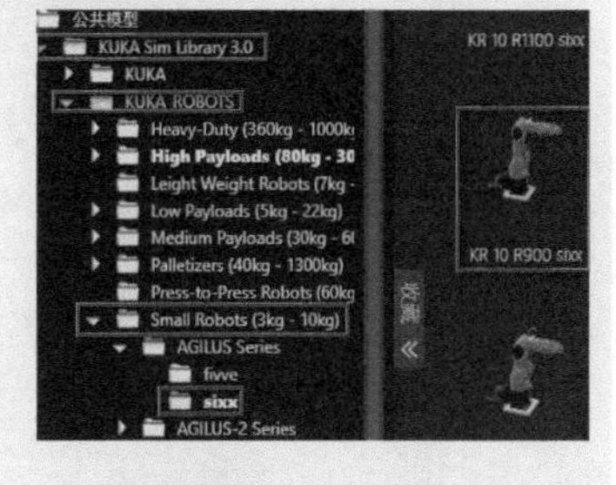

① 选择“KUKA Sim Library 3.0”。

② 选择“KUKA ROBOTS”。

③ 选择“Small Robots（3kg-10kg）”。

④ 选择“sixx”。

⑤ 在右边选择“KR 10 R900 sixx”型号机器人。

默认下级菜单是不显示的，需要用鼠标左键点击上级菜单前面的三角形。

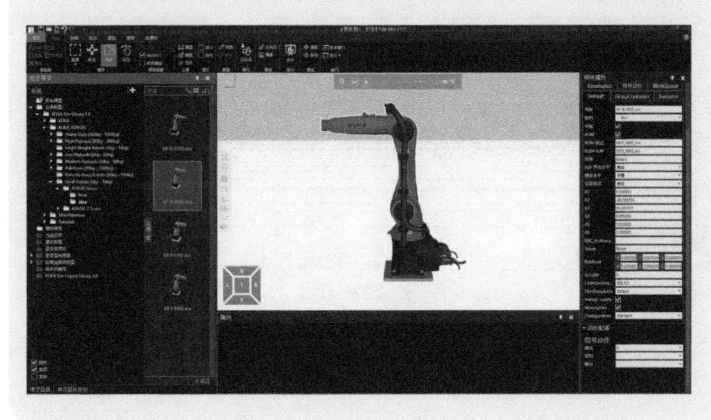

步骤3　这时系统工作空间出来KUKA工业机器人。

2.2 鼠标操作工作空间

为更好地操作工业机器人，控制工作空间，更加高效地完成后面焊接工作站的创建工作，先来了解一下工作空间中机器人的视角操作，包括旋转、平移、缩放、视图中心等，操作步骤及说明如下。

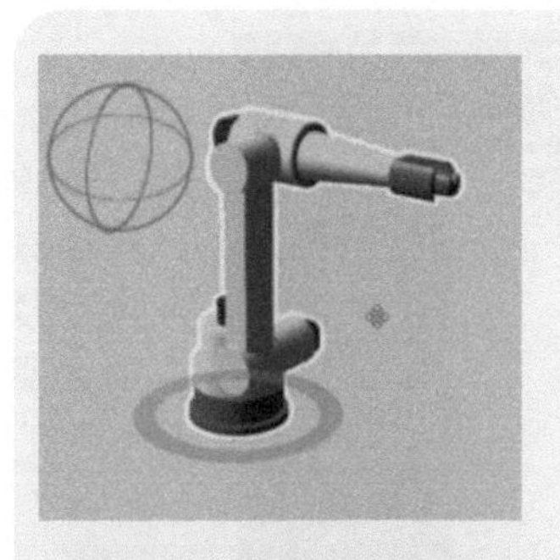

步骤1　旋转。鼠标右键（RMB）会旋转视图，但仅在3D世界中，因为图纸是一个二维视图，无法旋转。

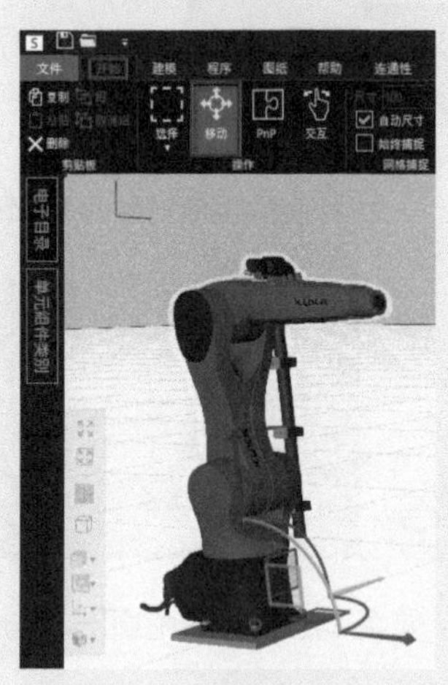

步骤2　平移。在开始菜单下，点击“平移动”，选中机器人，可以看到机器人的世界坐标系红绿蓝三种颜色。用鼠标左键和右键（LMB+RMB）使机器人沿着视图端口的横轴和纵轴平移。视图端口是显示诸如3D世界等的模拟环境的屏幕或窗口。

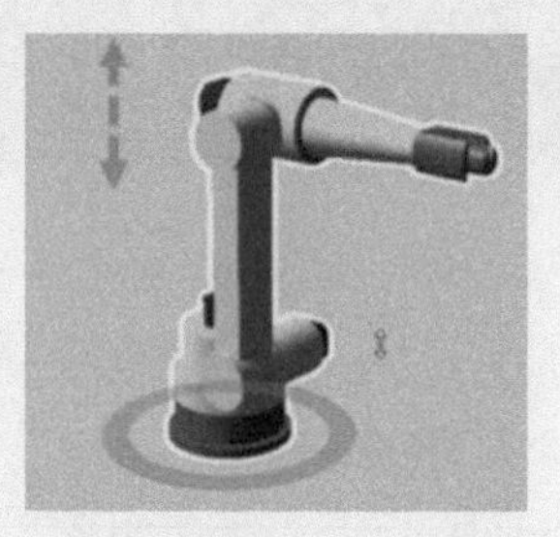

步骤3　缩放。若要缩放视图，可以旋转鼠标滚轮或者按Shift及鼠标右键（Shift + RMB）。可在通用选项下的后台视图中更改步子大小或者缩放因子。默认状态下，视图将对目标定焦，包括其点选中心。如不想让视图对其点选中心定焦，可在常规选项的后台视图中更改缩放模式。

步骤4　视图中心，若要对焦或确定视图中心，可以按下Ctrl并右击模拟环境中的物体。

2.3 给机器人添加焊枪

扫码看：给机器人添加工具

添加完工业机器人，第二步就是添加工业机器人的焊枪。KUKA.Sim Pro 仿真软件中有公共模型，这些模型库中有很多可以直接使用的焊枪模型组件，也可以添加自己用 3D 绘图软件做好的焊枪模型，这里以软件中的焊枪模型组件为例进行操作步骤说明，具体操作步骤如下。

步骤1 选择焊枪型号。

① 选择“公共模型”。

② 选择“KUKA Sim Liraray 3.0”。

③ 选择“Miscellaneous”。

④ 选择“Applikations”。

⑤ 选择“ArcWelding”。

⑥ 选择“Torch”。

⑦ 选择“ZH_Watar_cooled”。

⑧ 单击鼠标左键选中焊枪。

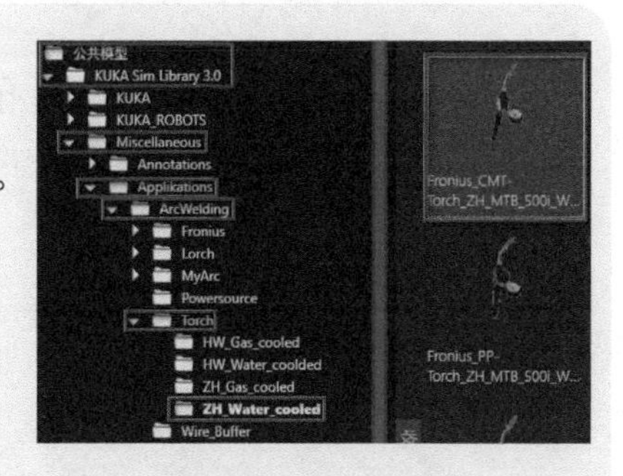

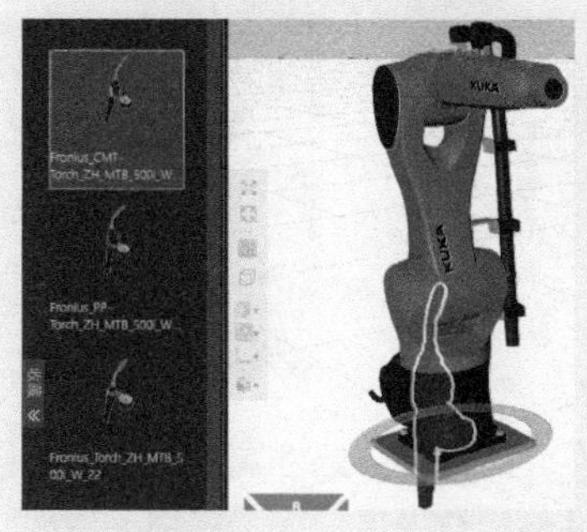

步骤2 选中焊枪后双击鼠标左键，视图中心会显示焊枪，或单击鼠标左键选中焊枪直接往3D视图中拖。

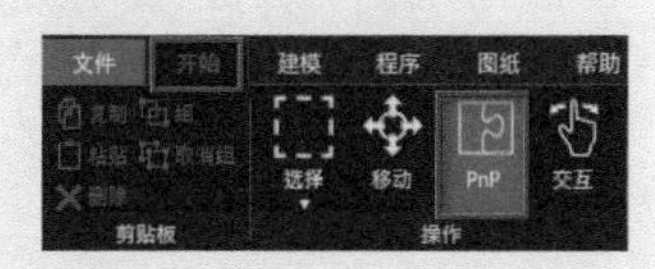

步骤3 在开始菜单中用鼠标左键单击“PnP”。

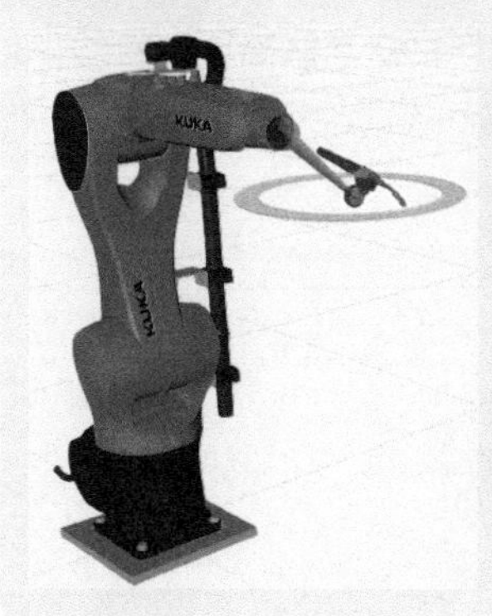

步骤4 在视图中心，用鼠标左键选中焊枪，按下左键不放拖到机器人的第六轴也就是法兰盘位置，直到看到图中绿色形状。

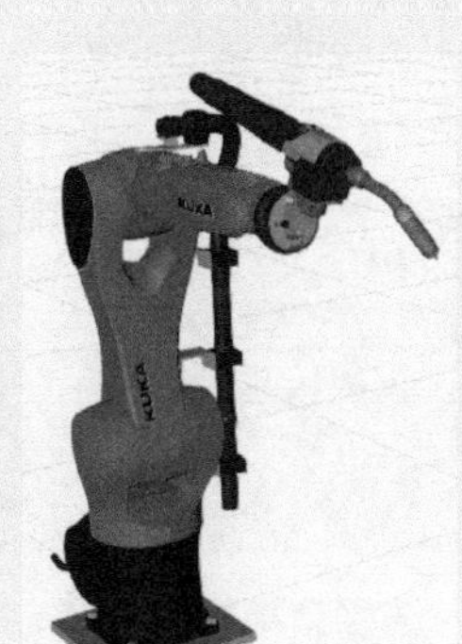

步骤5 放开鼠标左键，焊枪添加至机器人末端完成。

2.4 创建焊接工作台

工业机器人的焊接工作台多种多样，这里以搭建一个最简单的焊接工作台为例，用 KUKA.Sim Pro 软件里自带的组件当作工作台，具体操作步骤如下。

步骤1　在“开始”菜单下：

① 选择“电子目录”。
② 选择“公共模型”。
③ 选择“KUKA Sim Library 3.0”。
④ 选择“Miscellaneous”。
⑤ 选中右边的“Block”。

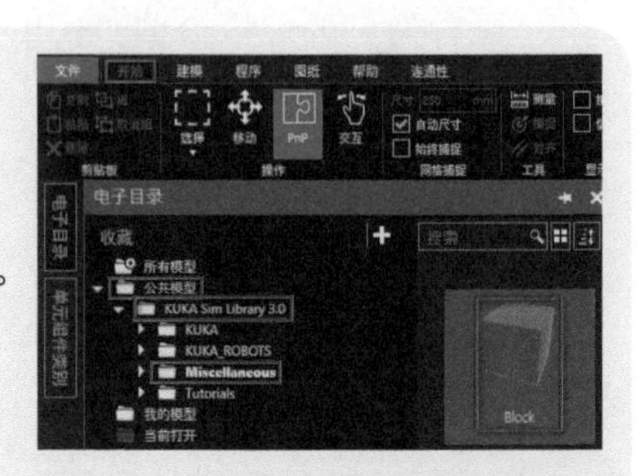

步骤2　这时组件将会出现在软件世界坐标系的中心点。该组件默认的尺寸比较大，长宽高为1000mm × 1000mm × 1000mm，需要修改它的尺寸。

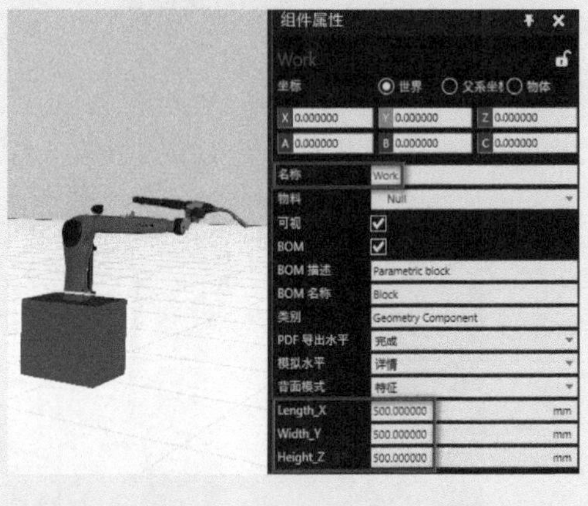

步骤3　在右边“组件属性”下面可以看到该组件的所有属性，在“名称”后面给该组件取个名称。在“Length_X、Width_Y、Height_Z”长宽高后面填入数值，将该组件的长宽高都改为500mm。

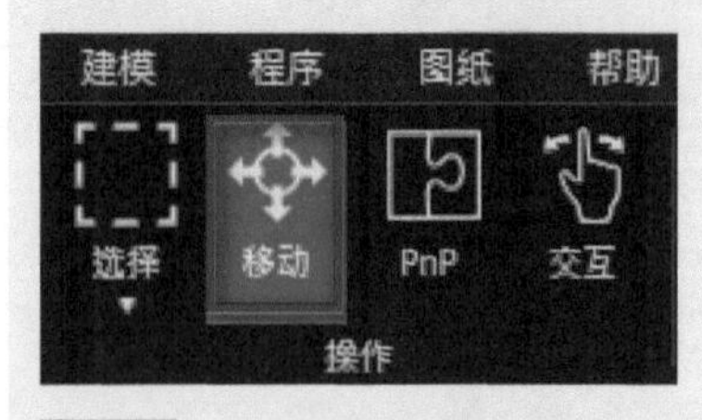

步骤4　选择菜单栏的“移动”选项。

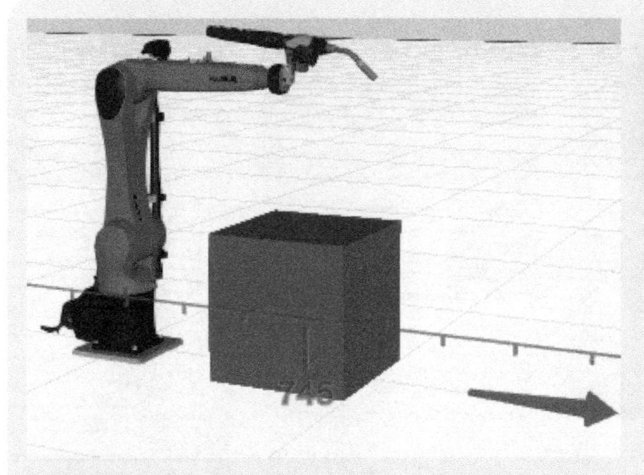

步骤5 鼠标左键选中红色X轴，拖动一定距离，这里拖动745mm。

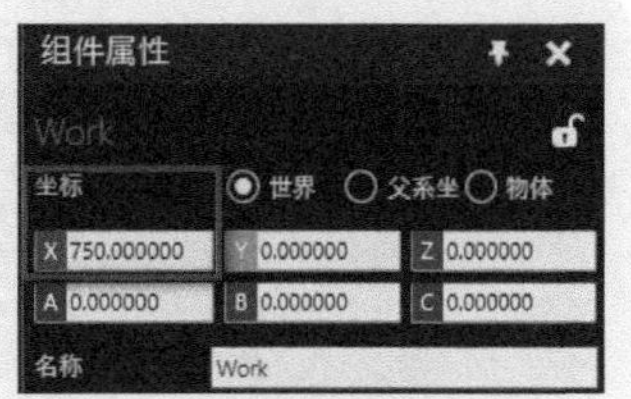

步骤6 或者直接在“组件属性”的“坐标”下面将750填入X轴，鼠标随便点击空白处确认即可。

2.5 设置工具坐标系 

要完成工业机器人焊接编程，必须设置好焊枪的工具坐标系，这样机器人在焊接的时候才能保持焊接点姿势不变，保证焊接位置的正确性，工具坐标系的设置步骤如下。

步骤1 选择“程序”菜单栏。

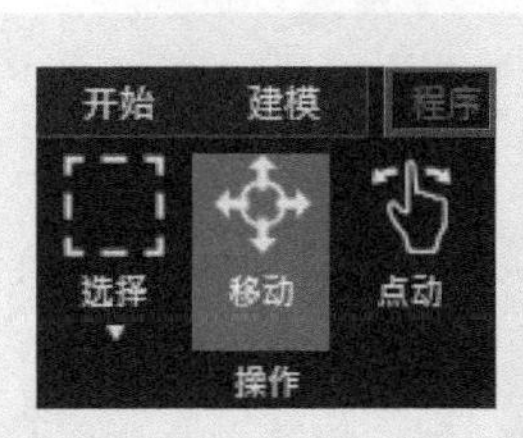

步骤2 选择KUKA工业机器人本体，在菜单栏选择“点动”，可以看到机器人法兰盘出现初始坐标系。若不设置工具坐标系，工具坐标系默认就在法兰盘位置，由于机器人已经添加了焊枪，需要将工具坐标系设置在焊枪的尖端点。

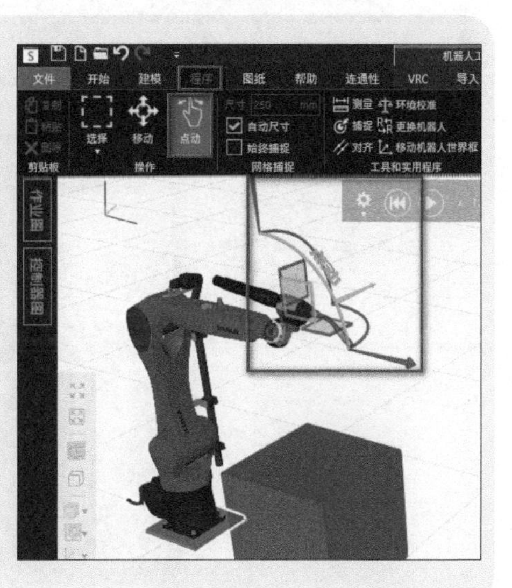

步骤3　在软件右侧“点动”属性下面可以看到工具坐标系是空的，默认没有选择，点击三角形出来选项栏，可以在“TOOL_DATA [1]”到“TOOL_DATA [16]”中选择，在没有设置之前，这16个工具坐标系都一样，都只是初始数据。

步骤4　选择好要设定的工具坐标系“TOOL_DATA[1]”，点击右侧的“选择”进入“工具属性”。

步骤5　在“工具属性”可以设置该工具“名称”。

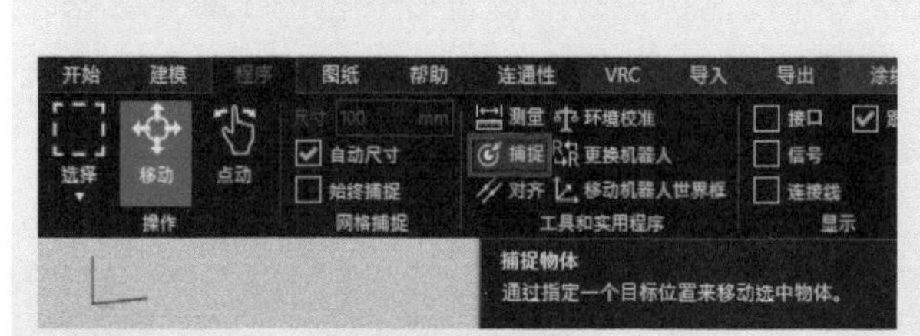

步骤6　接下来设定工具坐标系的原点，也就是TCP。在“程序”菜单下选择“捕捉”工具。

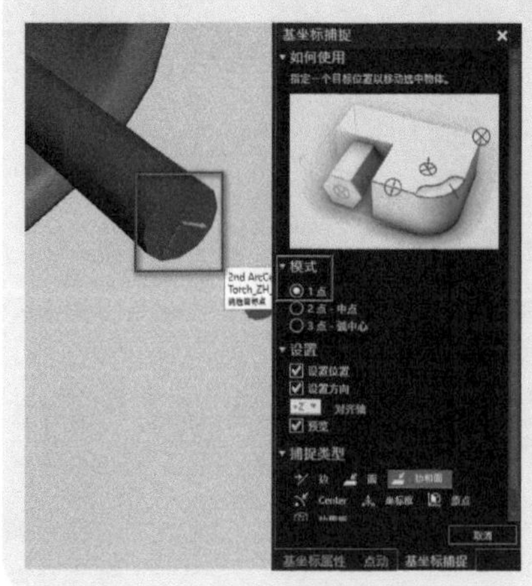

步骤7　右侧会出来捕捉属性，在属性下“模式”选择“1点”，其他属性用默认值。将焊枪放大，选择焊枪中心点，软件会自动捕捉中心点，点击鼠标左键完成工具坐标系设定。

步骤8　设定完可以看到焊枪前面出来一个坐标系，也就是刚刚设定的工具坐标系，设定的名称也会显示。

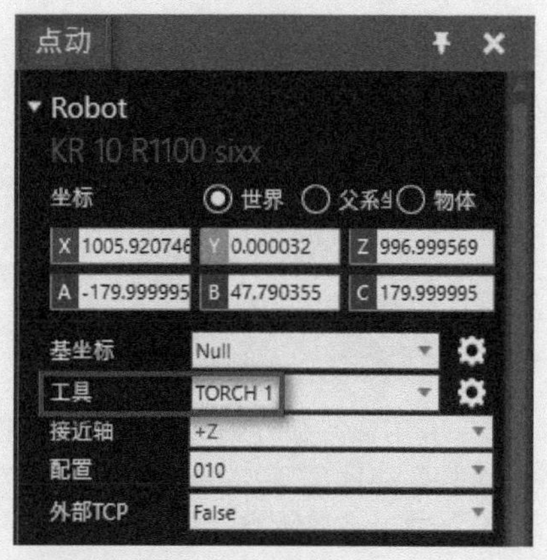

步骤9　这样也只是设定好了工具坐标系，但工业机器人的工具坐标系默认为“NULL”。要选择设定好的焊枪工具坐标系，需在“点动”属性下选择设定好的工具。

2.6　焊接轨迹编程 

设置完焊枪的工具坐标系才可进行焊接编程，KUKA.Sim Pro 软件里并没有直接焊接的指令，这里仅模拟机器人焊接工作台走焊接轨迹的简单编程，程序编写步骤如下。

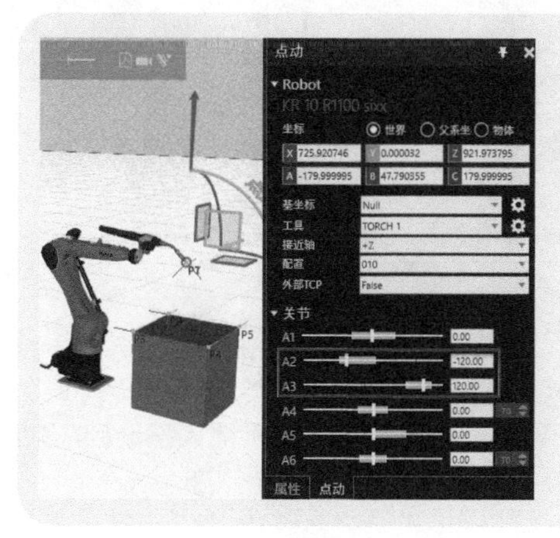

步骤1　首先确定机器人原点位置，可手动移动机器人，也可直接输入数值。这里以输入关节数据为例，在A2和A3关节中分别输入-120和120。

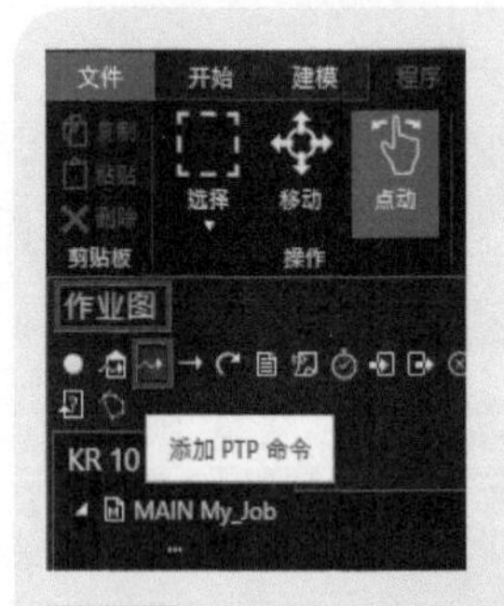

步骤2　确定好原点位置即可插入第一条移动到原点指令，在“程序”菜单下，进入左边“作业图”，点击鼠标左键添加“PTP”点到点移动命令。

步骤3　机器人MAIN主程序中出现PTP指令的完整形式，包括到达的位置点P1，速度Vel，工具坐标系和基坐标系。

步骤4　在机器人当前位置，焊枪的TCP点可以看到刚刚创建的P1点坐标框。

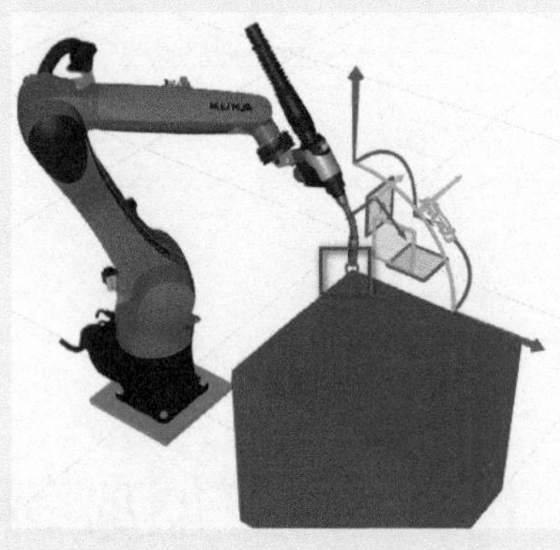

步骤5　将机器人移动到P2点，可直接拖动*XYZ*红绿蓝颜色坐标轴移动机器人。

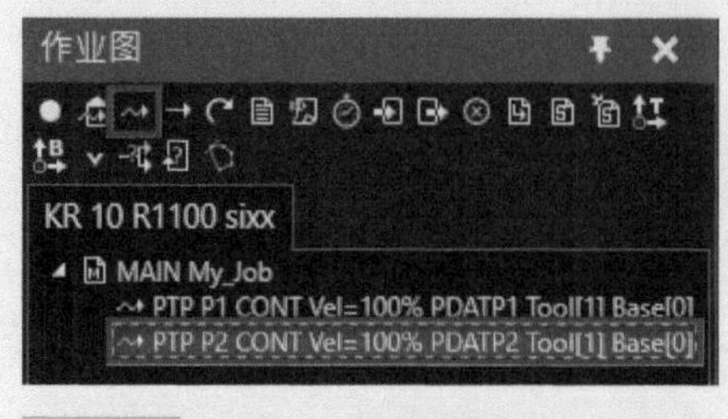

步骤6　在“作业图”中，添加“PTP”命令，MAIN程序中出来PTP移动到P2点程序。

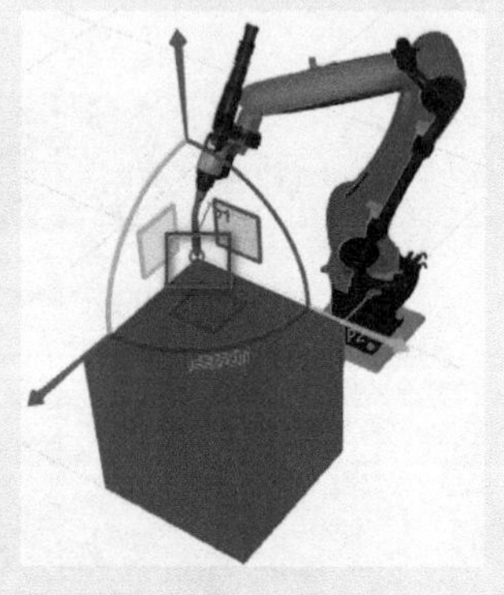

步骤7　将机器人移动到P3点，保持机器人姿势不变。

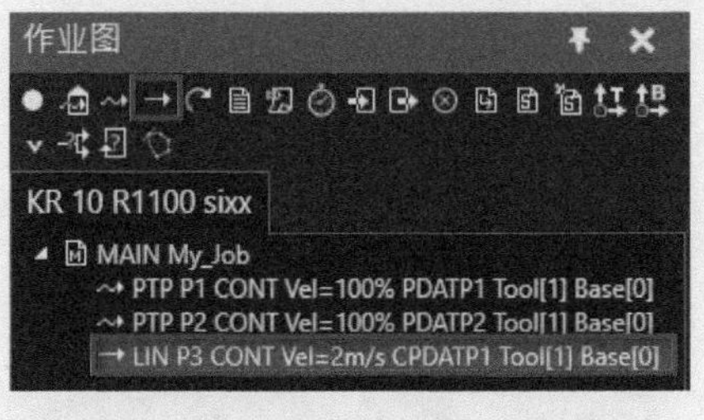

步骤8　添加“LIN”直线移动指令，MAIN程序中出来LIN移动到P3点程序。

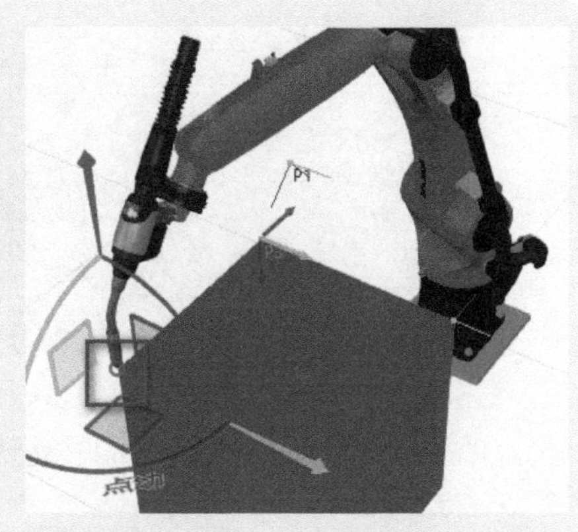

步骤9　将机器人移动到P4点，保持机器人姿势不变。

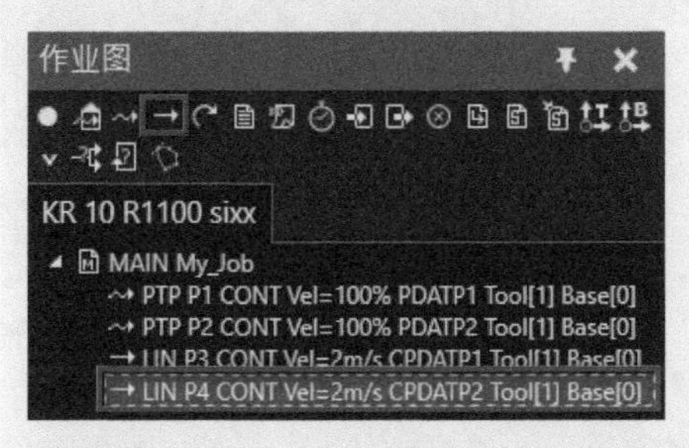

步骤10　添加“LIN”直线移动指令，MAIN程序中出来LIN移动到P4点程序。

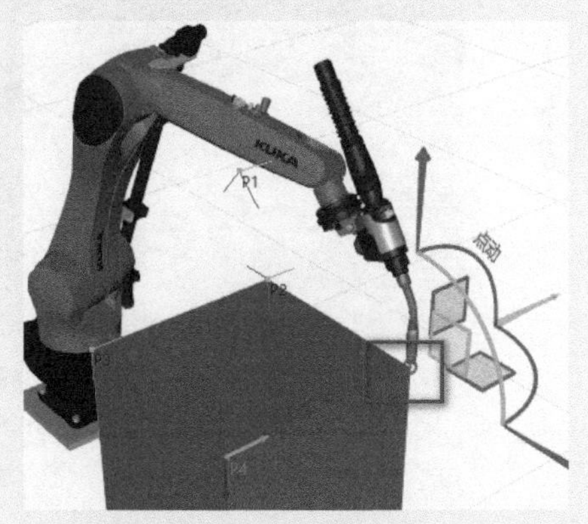

步骤11　将机器人移动到P5点，保持机器人姿势不变。

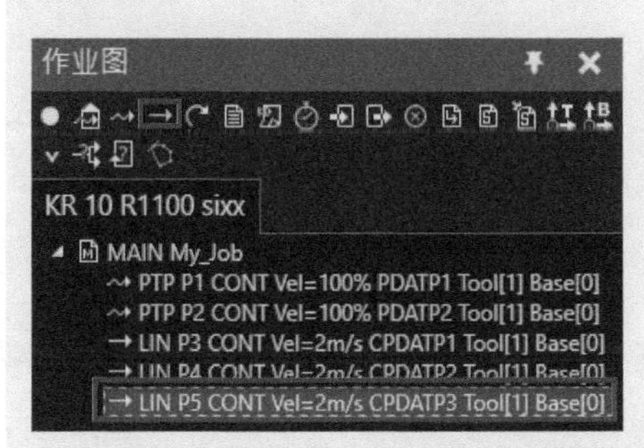

步骤12　添加“LIN”直线移动指令，MAIN程序中出来LIN移动到P5点程序。

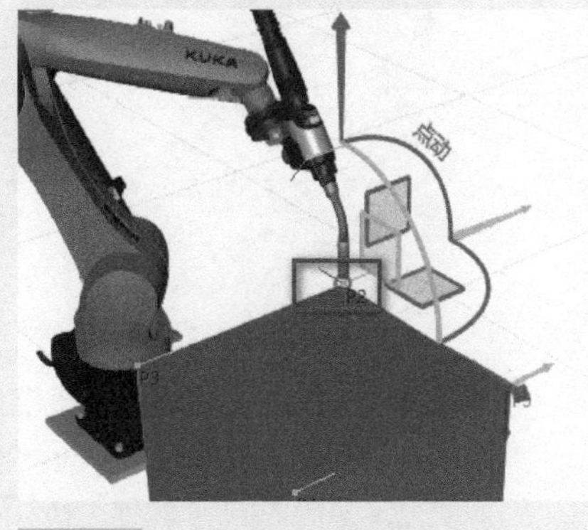

步骤13　将机器人移动到P6点，也就是原来的P2点，保持机器人姿势不变。

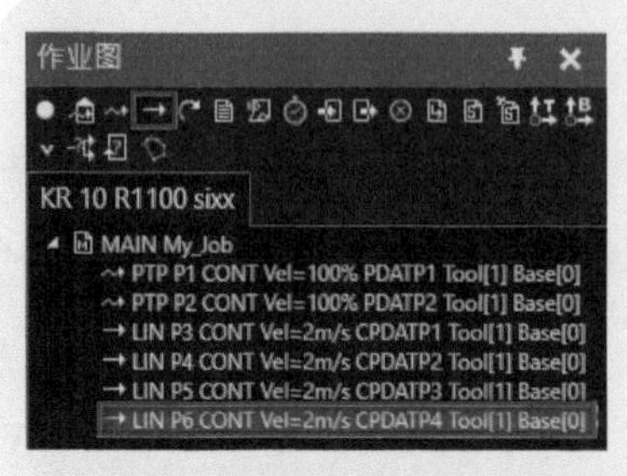

步骤14　添加“LIN”直线移动指令，MAIN程序中出来LIN移动到P6点程序。

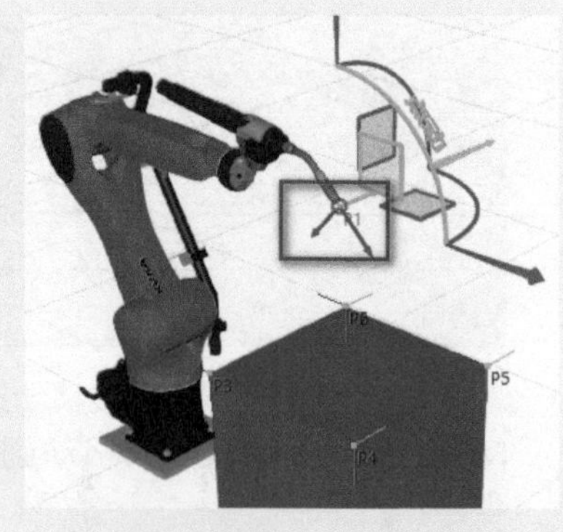

步骤15　最后将机器人移到原点位置，该原点也可以是P1点。

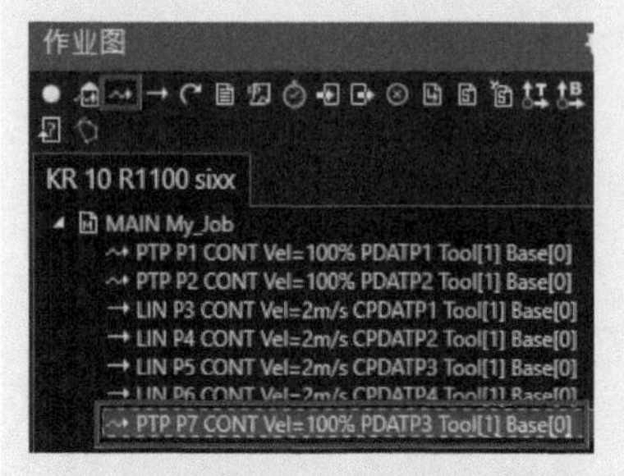

步骤16　添加PTP点到点移动指令，MAIN程序中出来PTP移动到P7点程序，程序编写完成。

步骤17　现在要模拟运行一下程序，看程序是否有问题，设置好播放速度，这里设置0.43倍速，点击播放栏的“播放”按钮。

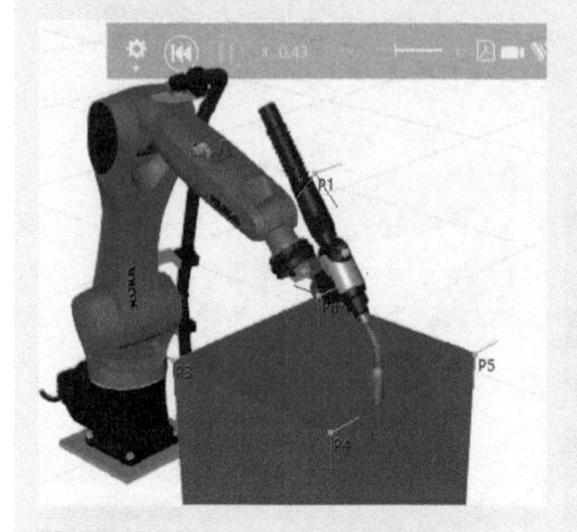

步骤18　程序开始运行，机器人首先回到原点，接着沿着工作台示教的点移动轨迹。如果点击“播放”按钮程序没有执行，可先点击旁边的“重置”按钮，再点击“播放”运行程序。

步骤19　验证程序无误后可保存好项目。项目包含很多信息，有组件、原始路径、程序等。点击“文件”菜单，选择“信息”，选择“布局”。

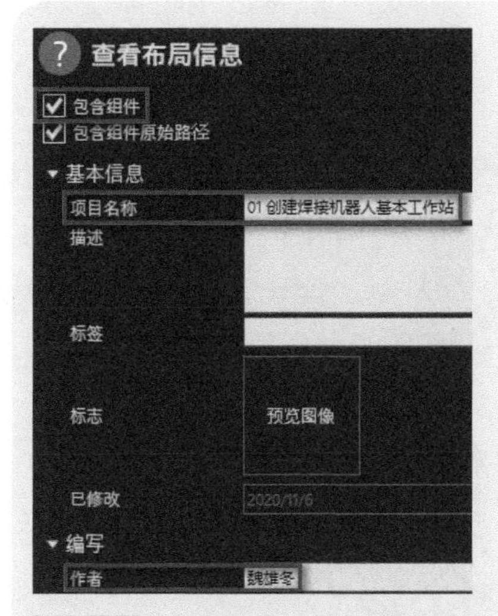

步骤20　在右侧的布局信息下将“包含组件”“包含组件原始路径”前面的框都选中，下面是项目的基本信息，在“项目名称”下给该项目填写名称，后面还可以给项目作者署名。

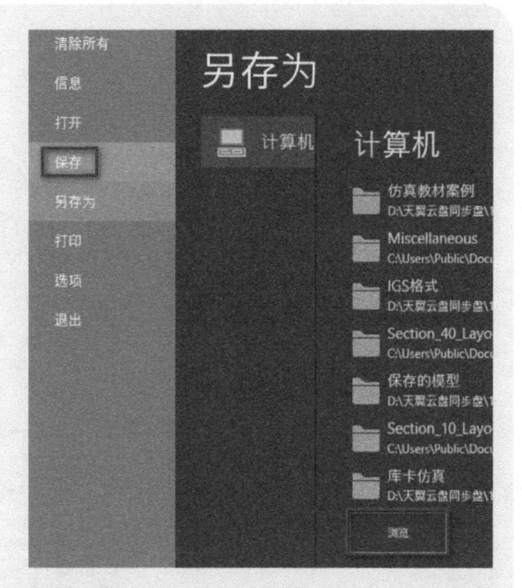

步骤21　项目信息填写好即可保存。选择“保存”栏，第一次点击保存右侧会出来另存为的信息，不要以为是点了“另存为”。因为第一次保存需要选择保存路径，在右侧选择“浏览”。

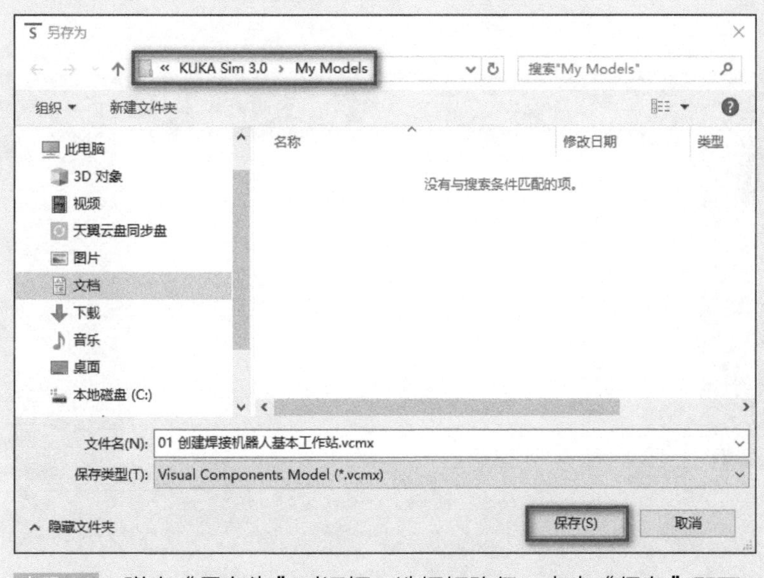

步骤22　弹出“另存为”对话框，选择好路径，点击“保存”即可。

KUKA.Sim Pro

第3章 仿真软件操作界面介绍

KUKA.Sim Pro 虚拟仿真软件的操作界面和其他工业机器人虚拟仿真软件操作界面比较类似，软件打开后是一个空项目，软件界面由菜单功能区、项目菜单属性区、3D 世界视图、输出面板、目标属性等组成，如图 3-1 所示。

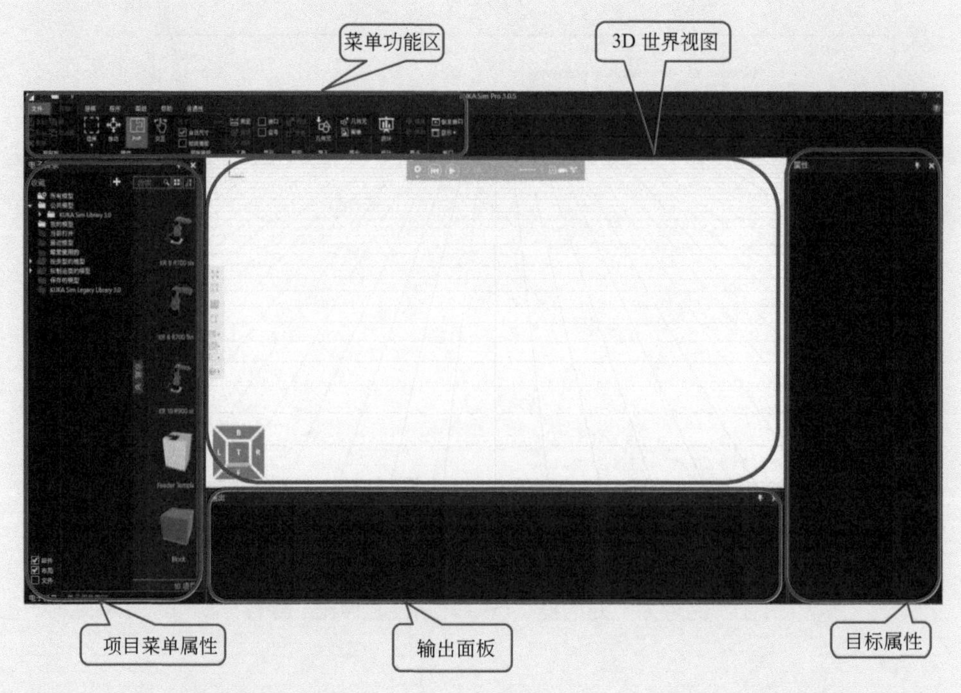

图 3-1 软件界面组成

知识目标

① 了解文件菜单的基本功能。
② 熟悉菜单栏各操作界面。
③ 熟悉各种面板属性及功能。

能力目标

① 能在文件菜单设置项目信息，进行文件打印。
② 会操作菜单栏各界面工具。
③ 会操作其他各种面板。

扫码看：文件功能介绍

3.1 文件菜单功能介绍

文件菜单功能和其他菜单不一样，文件菜单进去后直接进入文件后台视图，其他菜单进去后软件界面不变，菜单栏只进入当前选择的工具栏，如开始、建模、程序、图纸、连通性等。

3.1.1 自定义快速访问工具栏

KUKA.Sim Pro 虚拟仿真软件打开后就已经新建了一个空项目，3D 视图中会出现空地板，可以直接在当前项目下进行操作，再修改项目属性信息。若当前项目已经操作完需要重新建立一个新项目，需要用到自定义快速访问工具栏。

点击软件左上角向下的三角形图标，如图 3-2 所示，可以看到“自定义快速访问工具栏”，该工具栏可以将“新的”“打开”“保存”“另存为”“撤消”“重复”等这些功能前面的框选中（√），全部选中后可以看到这些功能的快捷工具图标，如图 3-3 所示，该快捷工具的功能如表 3-1 所示。

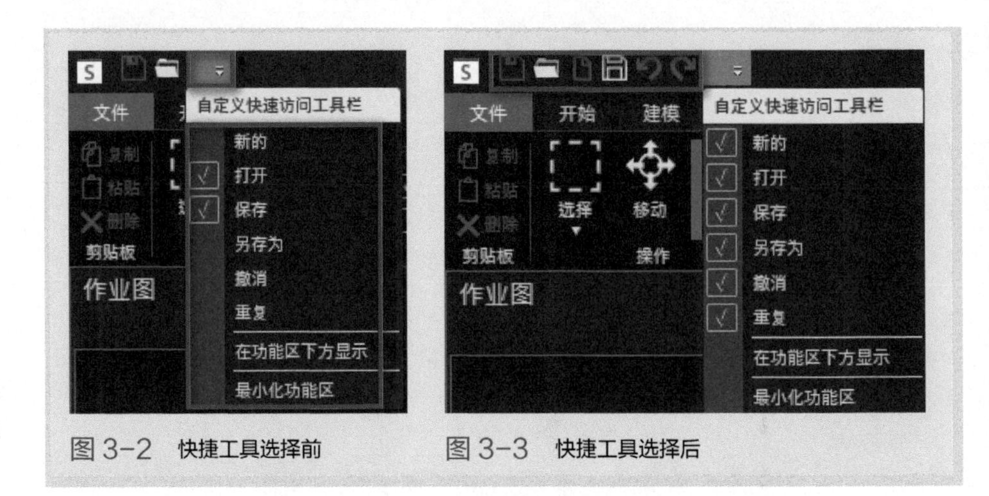

图 3-2　快捷工具选择前　　图 3-3　快捷工具选择后

表3-1　快速访问工具功能表

快捷工具	功能
新的	新建一个空项目，在布局和图纸区创建一个空布局，快捷方式（Ctrl + N）
打开	打开一个旧项目，浏览并打开一个组件或者布局，快捷方式（Ctrl + O）
保存	将当前项目保存到当前设定的文件夹下，保存对布局做出的更改，快捷方式（Ctrl + S）
另存为	将当前项目保存到另一个目录下，快捷方式（Ctrl + Alt + S）
撤消	取消当前操作，回到上一步状态。不是所有操作都能撤消，只能取消在3D 视图中的选择上执行的操作，如移动组件、移动机器人，快捷方式（Ctrl + Z）
重复	取消最后一个撤消动作，回到撤消前的状态，快捷方式（Ctrl + Y）
在功能区下方显示	自定义快速访问工具栏在菜单功能区下方显示
最小化功能区	菜单功能区最小化，只有点击菜单栏功能区才会出来

3.1.2　文件信息

文件信息主要用来显示产品和许可证信息，以及 3D 视图中当前布局的元数据，具体功能介绍如下。

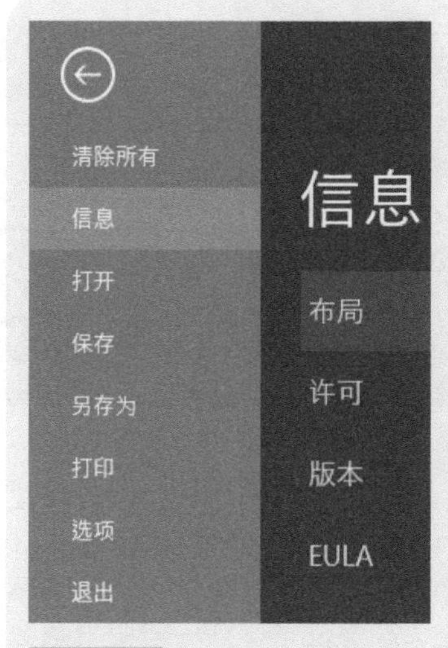

文件信息

信息包括布局、许可、版本、EULA。

布局

布局信息就是项目信息，可以设置的布局信息包含组件、项目名称、项目描述、作者、项目创建时间、修订版次、添加公司信息等。

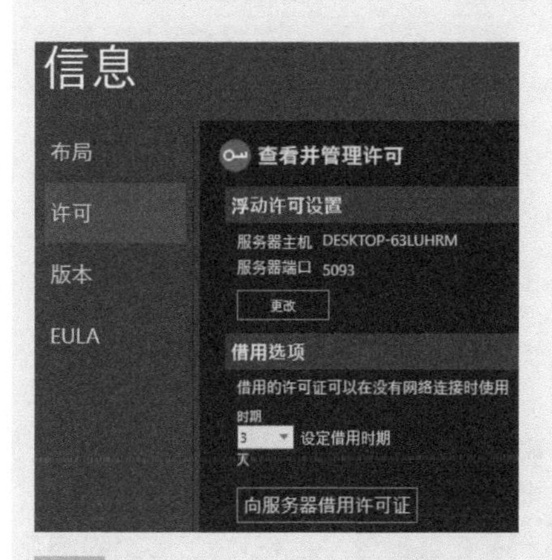

许可

许可信息包含当前许可证设置信息，这里使用的是浮动许可证，可以看到连接的服务器主机名和端口号。浮动许可证还可以借用，借用的许可证可以在没有网络连接时使用。点击3天后面的三角可以设定借用天数，再点击下面“向服务器借用许可证”即可完成借用。

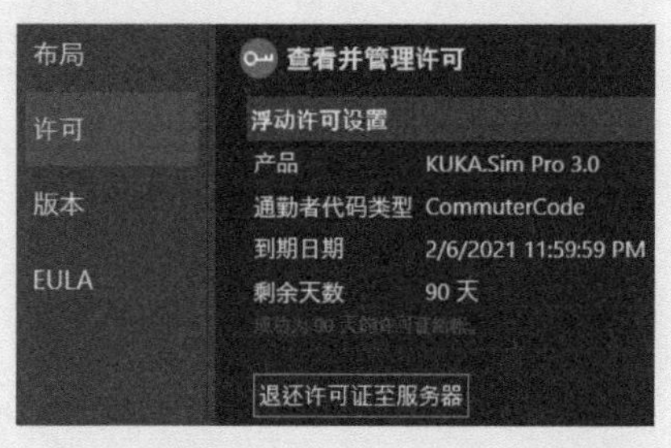

借完可以看到借用的产品、到期日期、剩余天数，若不想借用，可直接点击“退还许可证至服务器”即可。

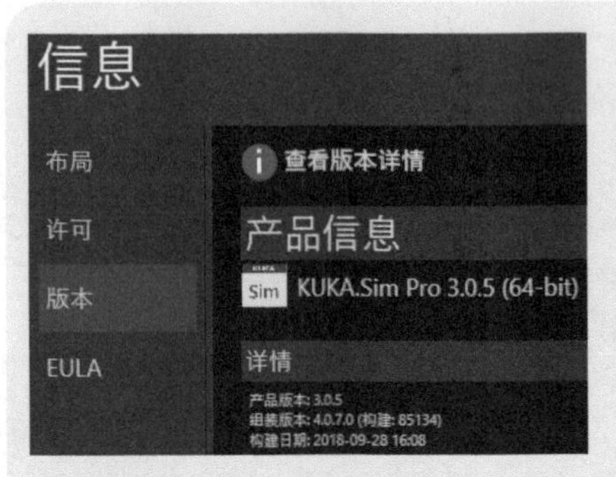

版本

显示当前软件的具体版本号。

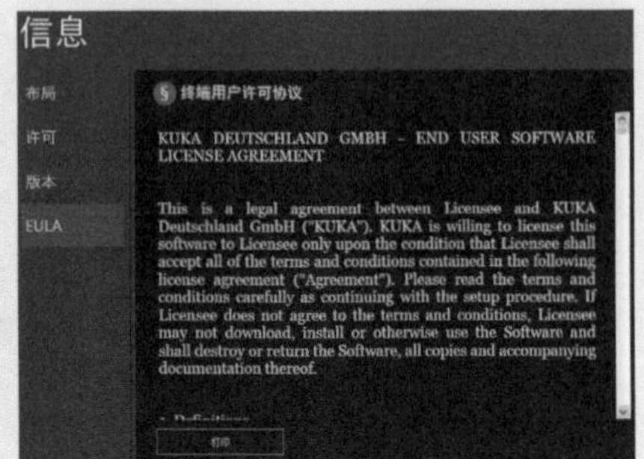

EULA

EULA是最终用户软件许可协议英文的首写字母，该协议是被许可方与KUKA之间的法律协议。KUKA愿意将本软件许可给被许可方，前提是被许可方必须接受该许可协议中所包含的所有条款和条件。

3.1.3 文件打印

文件打印功能跟常用文档的打印功能一样，只是这个是用来打印当前项目布局图纸和图表的，它可以打印 3D 视图、当前图纸、统计图表三种文档，默认输出格式为 PDF 文档，具体功能介绍如下。

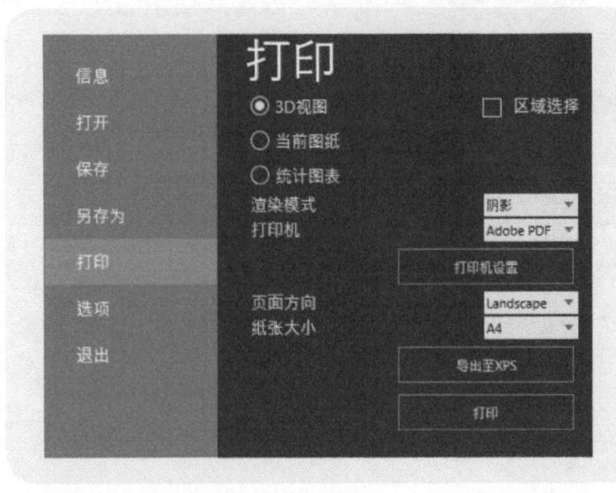

打印

点击“打印”功能，可以选择打印“3D视图”“当前图纸”“统计图表”三种文档。可以设置打印机属性、打印机输出格式、页面方向、纸张大小等。

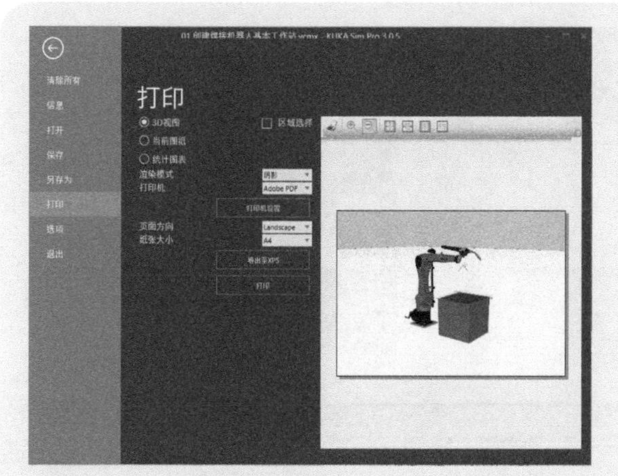

3D视图

默认是“3D视图”，在没有勾选“区域选择”框时，打印的3D视图预览是当前项目布局的显示视图。

勾选“区域选择”时，软件自动进入3D视图中，左上角提示“选择要从3D世界中打印的区域”，此时按住鼠标左键选中区域，选中的区域为左图中红色框区域。

区域选择完可以看到要打印的预览图。

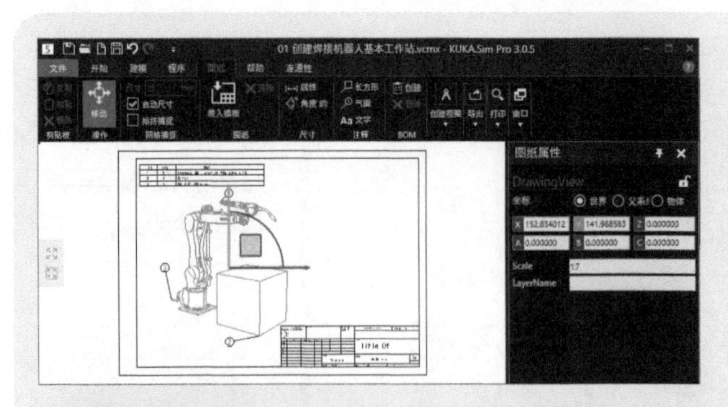

当前图纸

在选择“当前图纸”前，必须在菜单栏“图纸”下面先导入模板、生成图纸和创建BOM清单。

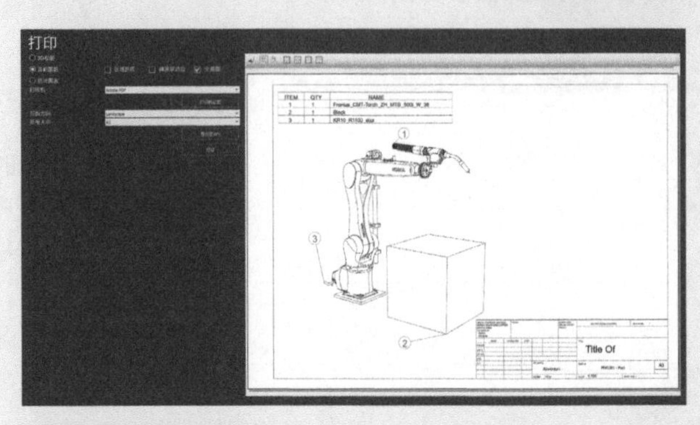

选择“当前图纸”，根据自己需要可以勾选“区域选择”“缩放以适合”“全视图”来显示要打印的区域，这里以“全视图”为例。

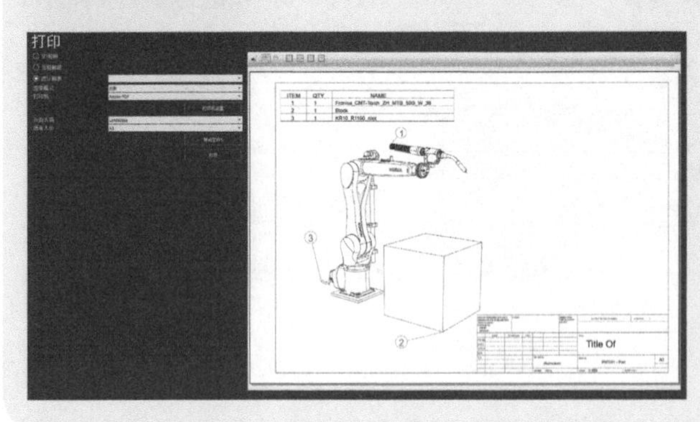

统计图表

在选择“统计图表”前，必须在菜单栏“图纸”下面先导入模板、生成图纸和创建BOM清单。选择“统计图表”，生成预览图，点击“打印”即可。

3.1.4 文件选项

文件选项功能主要用来做一些软件个性化的设置，如显示语言、黑白主题显示、鼠标滚动缩放、地面显示参数等，还可以决定是否要开通软件的一些功能，如连通性、涂绘等插件，具体功能介绍如下。

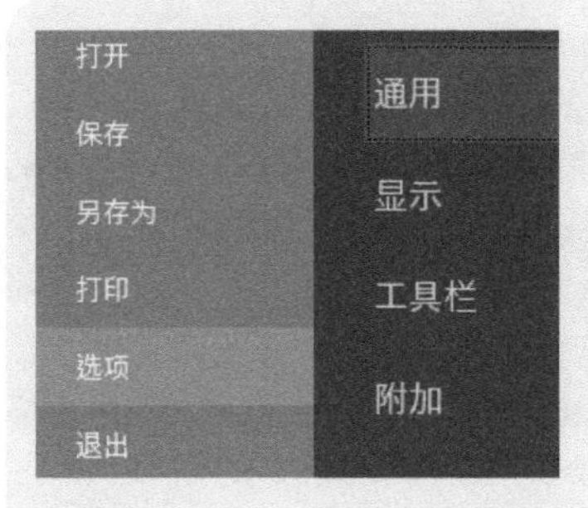

选项

选项设置分为四部分，分别是“通用”“显示”“工具栏”“附加”。

通用

通用选项可以设置仿真软件语言为中文、英文、德文、日文；主题可以设置成深色主题和白色主题；可以设置鼠标滚轮缩放百分比和滚轮缩放模式（定焦或保持兴趣中心）；还能设置鼠标操作空间功能是否开启、翻转功能是否开启以及缩放、平移、旋转的灵敏度。

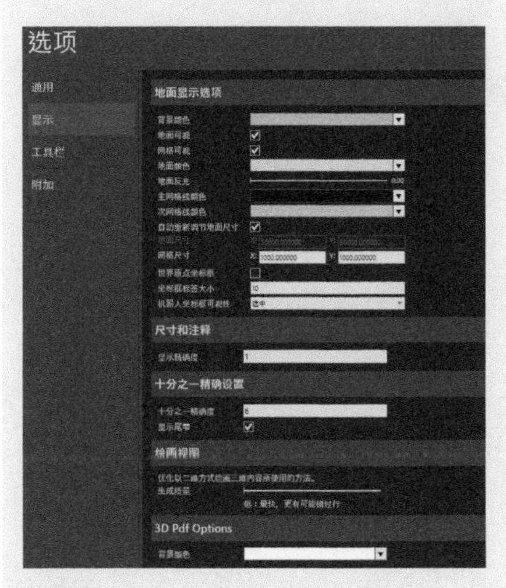

显示

显示功能用来更改模拟世界在屏幕上显示的方式。如地面背景颜色、地面显示、网络显示、地面颜色、网络尺寸、3D PDF背景颜色等，由于参数比较多，这里就不一一介绍了，一般用默认就可以了，感兴趣可以自行尝试。

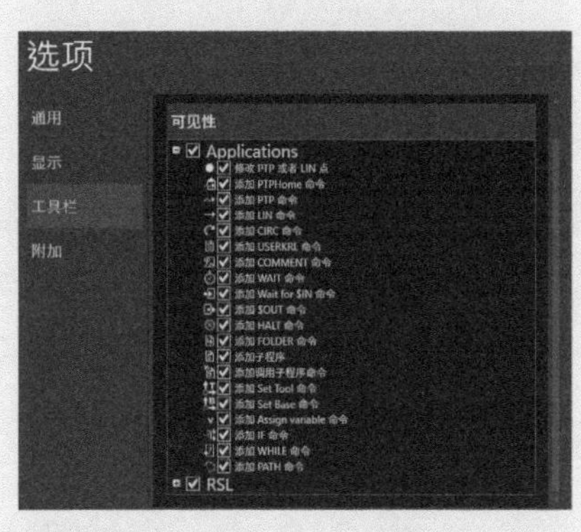

工具栏

工具栏用来自定义仿真软件的编程命令是否可用，这里一般都会全部勾选。

附加

附加功能用来查看并管理附加组件，这里有两个附件组件，分别为“连通性”和“涂绘”。连通性组件可以使模拟变量与外部控件数据快速同步。这可以使如可编程逻辑控制器（PLC）等的模拟信号控制用于验证控制软件。涂绘组件可以模拟涂绘流程，可以依据用户需要对这些流程进行自定义和修改，并且根据真正的颜料设置进行校准，例如涂绘棚和喷枪工具的高质量表现。要使用这两个组件功能，需要点击后面的“启用”按钮，然后点击“确定”，重启仿真软件这两个组件功能才会生效。

3.2 菜单栏介绍

每个软件基本都有菜单栏，软件所有功能都集中在菜单栏。KUKA.Sim Pro 虚拟仿真软件也不例外，该软件的菜单栏分为文件、开始、建模、程序、图纸、帮助、连通性（需开启）等。

3.2.1 开始界面

软件打开默认是开始界面，在这个界面，可以实现组件的一些基本功能，如：

① 组件的选择、移动、捕捉、交互等。

② 使用工具捕捉、测量、对齐到某一个点。

③ 显示组件的接口和信号。

④ 在两个组件之间添加层级和分离层级。

⑤ 导入外部 CAD 文件。

⑥ 导出几何元和图像。

⑦ 对布局的组件、零件、机器人关节值等进行统计。

⑧ 捕捉和移动组件原点。

开始界面各菜单工具功能如下。

（1）剪切板

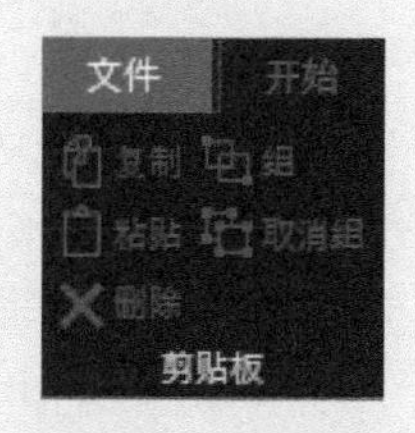

复制：添加3D世界中的一个选择至剪切板。

粘贴：添加剪切板上的内容至文档。

删除：永久删除3D世界中的一个选择。

组：添加一个选择至一个特定组以在3D世界快速选择，可以选中一个组件，再按住Shift键选中另一个组件，点击“组”即可将两个组件分到同一组。

取消组：从组中删除一个选择。

（2）操作

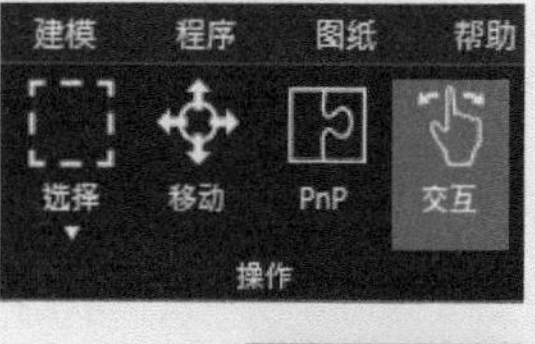

操作功能可以选择机器人、移动机器人、智能组件间的连接以及组件上交互部件的移动。

① 选择。

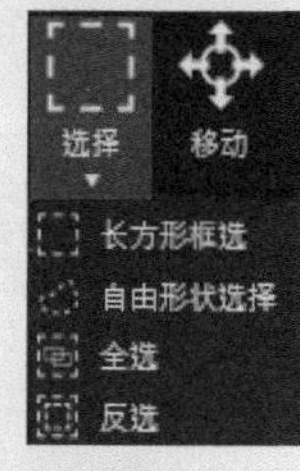

长方形框选：按住鼠标左键框选，跟长方形框有交集的所有组件将被选中。

自由形状选择：按住鼠标左键选择一个区域，跟该区域有交集的所有组件将被选中。

全选：选择该功能，3D世界中所有组件都会被选中。

反选：选择该功能，3D世界中选中的组件变成没有选中，没有选择的组件被选中。

② 移动。

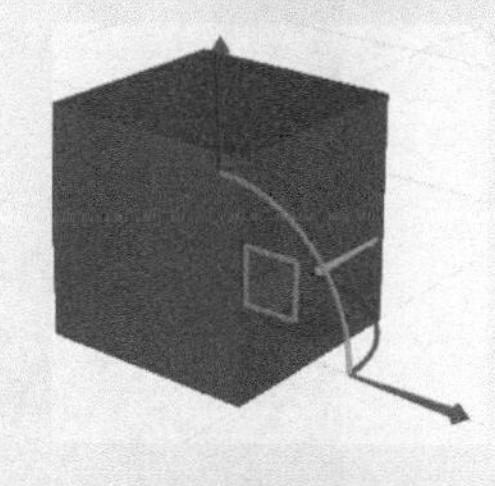

选择一个组件，如长方体组件，将该组件的原点坐标系*XYZ* 显示出来。*XYZ* 轴的颜色分别为红绿蓝，可通过拖动*XYZ* 轴手动移动组件。

③ PnP（即插即用）。

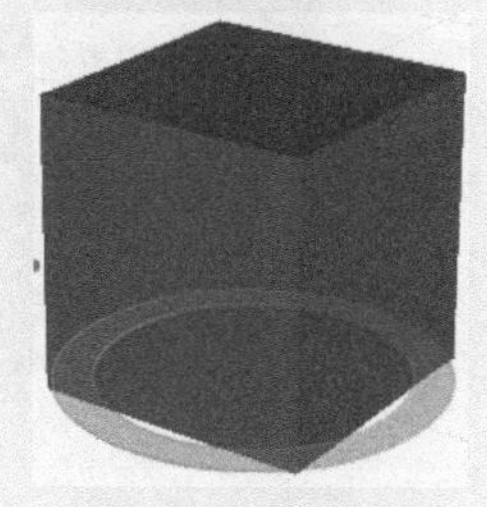

选中PnP操作，选择一个组件，如长方体组件，被选中的组件底下出来一个圈，鼠标放在3D世界中任意地方，按住鼠标左键并移动可以移动长方体，若鼠标刚好放在圈上，按住鼠标左键并移动可以旋转长方体。若两组件之间有一对一接口，可直接将一个组件接口拖动到另一个组件的接口上，这两个组件将自动粘合在一起，如将焊枪拖动到机器人的法兰盘，法兰盘自动连接焊枪。

④ 交互。

将鼠标移动到任何可以移动的关节处，如机器人第五轴，会出来一只手的图标，按住鼠标左键，移动鼠标可以让该关节转动。

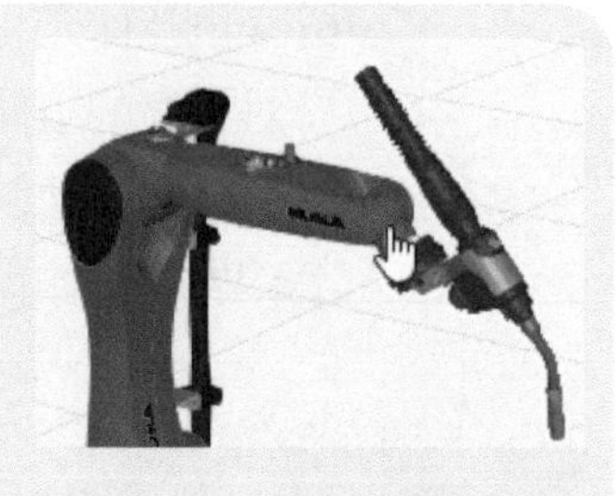

（3）网络捕捉

网络捕捉是使用移动工具的当前*XYZ*捕捉尺寸。始终捕捉和自动尺寸会定义捕捉完成的方式。

自动尺寸：勾选时，根据缩放水平自动计算*XYZ*捕捉尺寸；未勾选时，手动输入*XYZ*捕捉尺寸。

始终捕捉：勾选时，在使用平面或单轴拖入移动工具时始终使用捕捉尺寸捕捉*XYZ*坐标值；未勾选时，在拖动单轴并将鼠标游标定位在3D视图中的标尺上时只使用捕捉尺寸进行捕捉。

（4）工具

测量：测量工具能够计算两点之间的距离，使用捕捉过滤器帮助选择点。

捕捉：通过指定一个目标位置来移动选中物体。

对齐：可根据3D世界中两点的位置和/或方向对齐选中的组件。

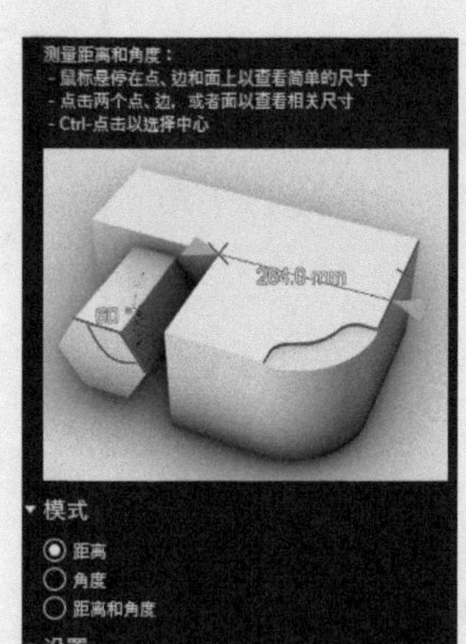

① 测量。

选中“测量”工具，右边出来测量工具的设置，这里可以设置测量模式，测量工具可测量距离、测量角度，这里以测量距离为例。

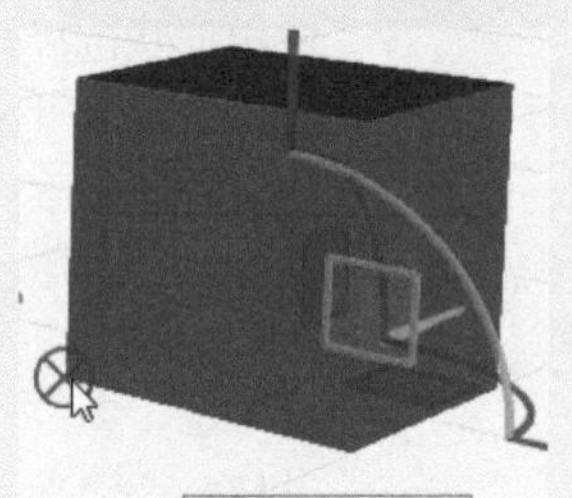

选择首个测量点，软件会自动捕捉，选择好后点击鼠标左键。

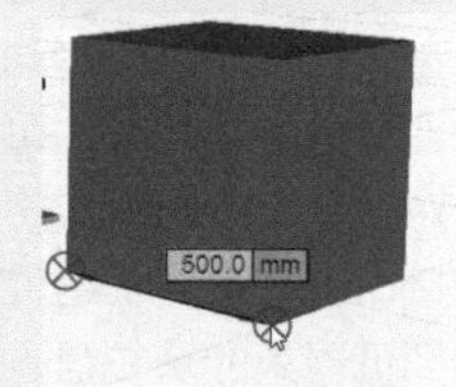

选择第二个测量点，选择好后再次点击鼠标左键即完成测量，测量的距离之间会显示长度，单位是mm。

② 捕捉。

要使用捕捉工具，必需先选择一个组件，否则捕捉工具无法选择。这里以正方体组件为例，选中正方体组件，选择捕捉工具，模式和其他设置都用默认设置。

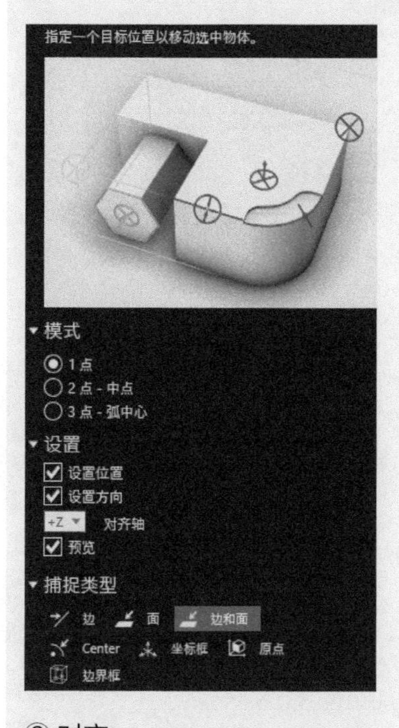

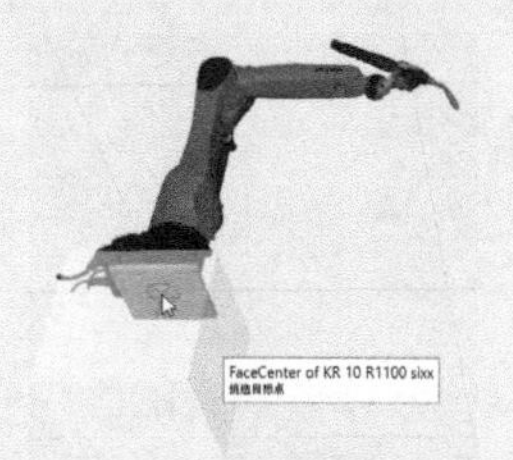

选择捕捉目标点。

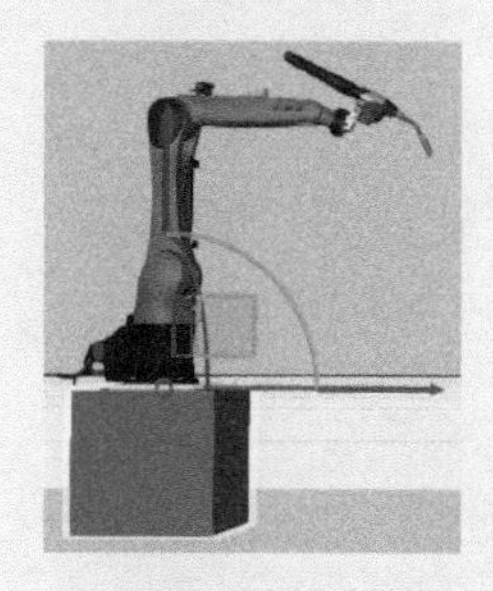

点击鼠标左键，长方体便移动到捕捉的目标点。

③ 对齐。

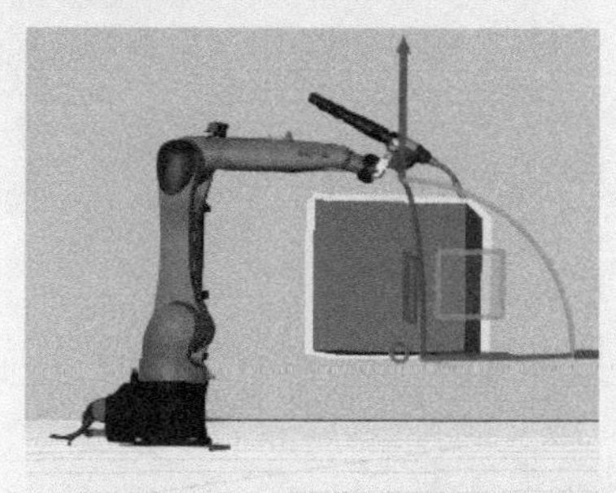

要使用对齐工具，必选先选择一个组件，否则对齐工具无法选择。这里以长方体高于机器人为例，让长方体对齐机器人。

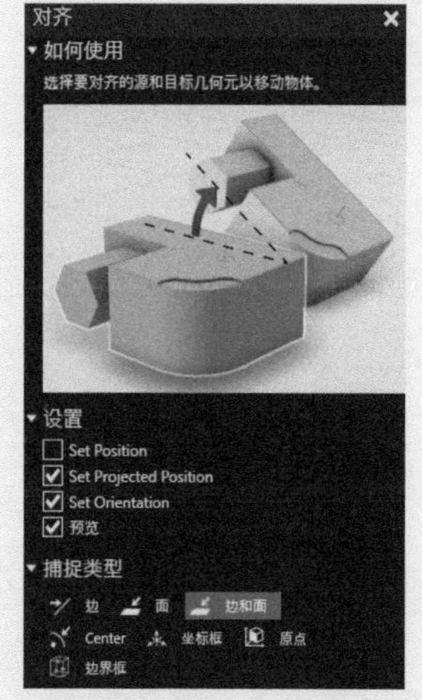

选中对齐工具，设置对齐属性，这里使用默认属性。

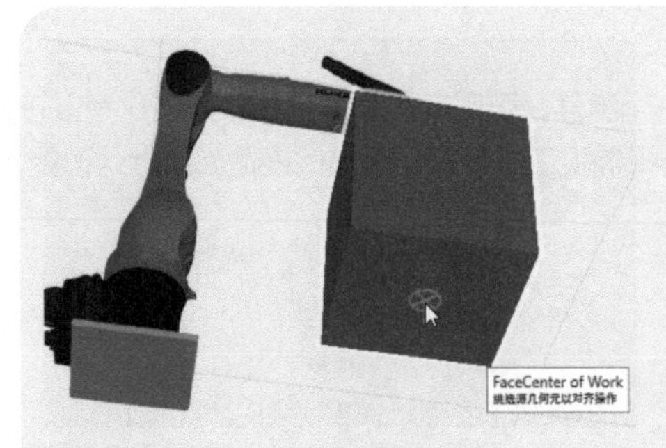

选择长方体要对齐的面中心点，点击鼠标左键。若要退出对齐命令，按Esc或者在对齐任务面板，点击关闭。

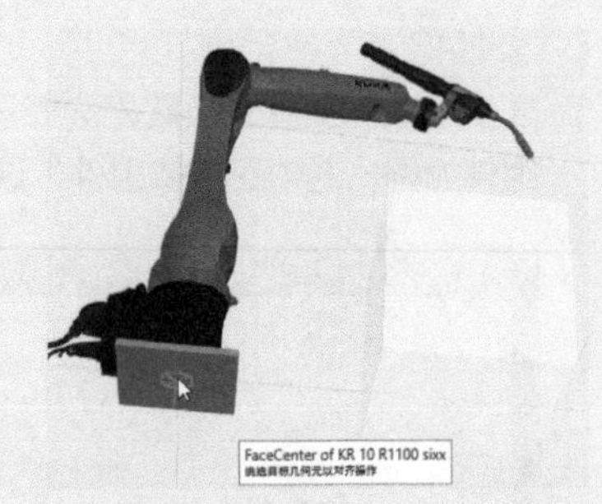

选择要对齐的机器人底座中心点，点击鼠标左键完成对齐。

（5）显示

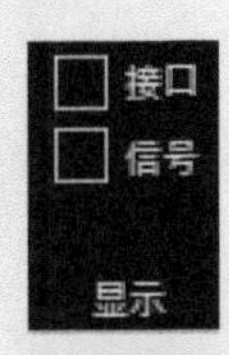

接口：启用接口连接。

信号：允许在3D世界中远程连接拥有无线接口/端口的组件，常用来连接I/O信号。

（6）层级

附加：连接节点至一个新父系坐标系，选中的节点已经连接至一个新父系坐标系节点。

分离：从父系坐标系分离，选择从它们的父系节点分离的节点，而后附加至世界的根。无法分离附加至世界根的节点。

（7）导入

导入外部CAD文件。

点击该功能会出来选择CAD文件对话框，从后面所支持的几何元文件可以看出，KUKA.Sim Pro虚拟仿真软件支持的CAD文件有很多，常用的格式基本都支持。

（8）导出

可以将当前3D布局导出至几何元或图像。

① 几何元。

选择“几何元”，出来“导出布局”对话框，选择好导出格式，这里默认是PDF格式，点击“导出”。

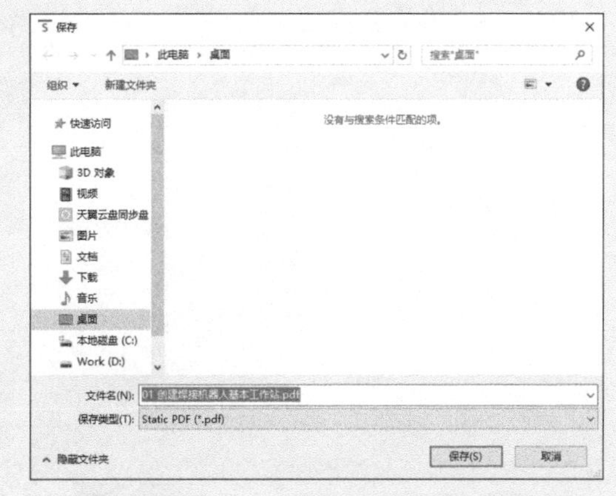

选择保存路径，这里选择桌面，点击“保存”。

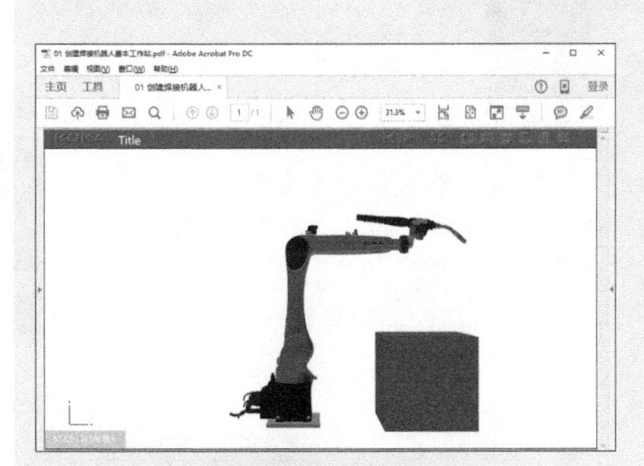

PDF文件生成完成后，打开文件，可以看到PDF生成的文件效果。该文件为3D-PDF文档，在PDF中打开后可以进行各个角度旋转，可以放大缩小视角。请用Adobe Acrobat PDF软件打开，其他软件可能不支持3D功能。

② 图像。

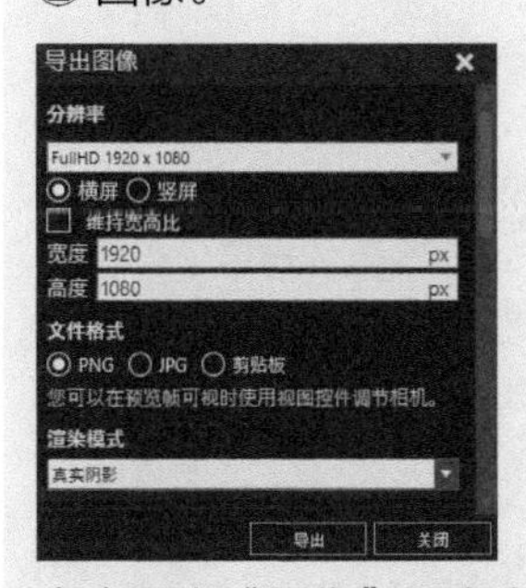

点击导出“图像”，出来导出图像属性设置，这里可以设置图像分辨率、图像是横屏显示还是竖屏显示、图像的输出格式以及渲染模式。

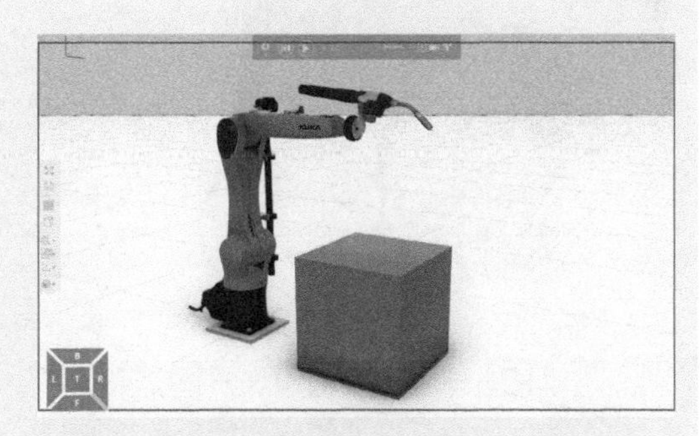

选择好参数后3D视图中会出来一个红色框，红色框就是图像显示区域。确定无误后点击“导出”，选择保存路径，这里选择桌面，点击“保存”。

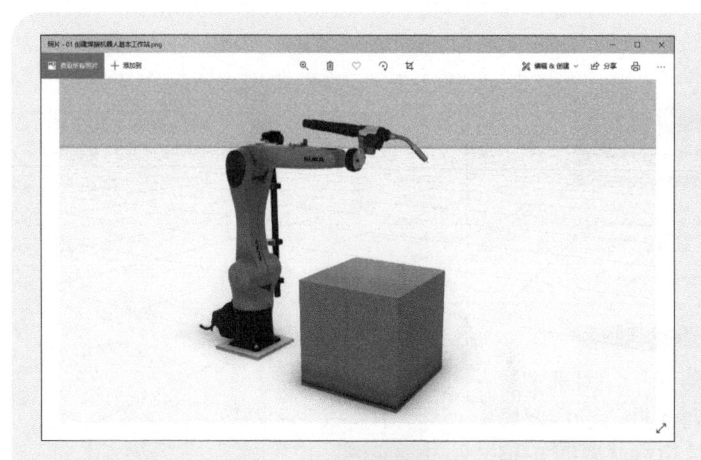

打开桌面上刚刚保存的图片，其和刚刚红色框选的区域一样。

(9) 统计

可以添加统计面板。

(10) 原点

每个组件都有坐标原点，该组件上的任何一个点都是以该原点为参考。要改变原点，有两种方式，一种是捕捉，一种是移动，这两种方式必须要选中组件才可用。

① 捕捉。

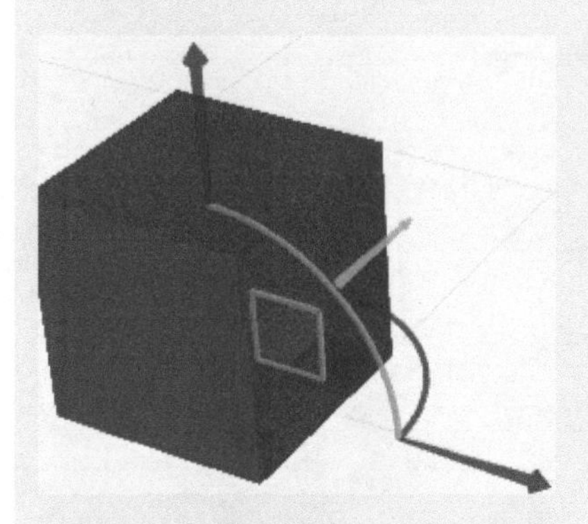

以长方体为例，选中长方体，可以看到原点在底面的中心点，要把原点移动到左侧面的左下角。

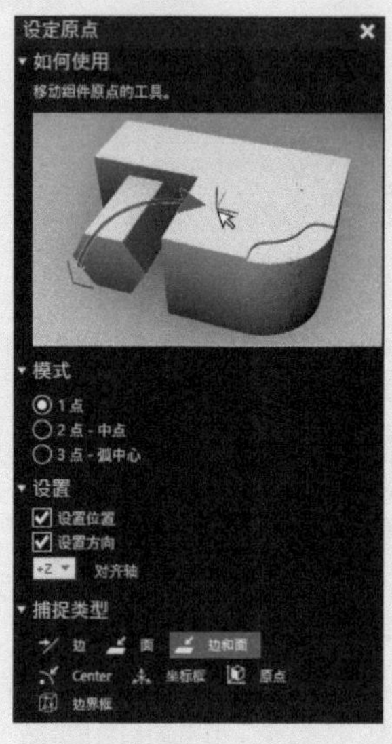

选中“捕捉”，设定原点捕捉参数。

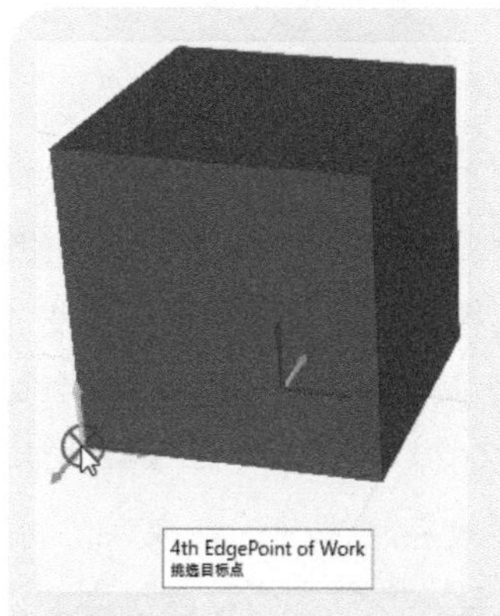

选择目标原点位置，单击鼠标左键。

点击右边“应用”按钮，长方体原点更改完成。

② 移动。

选择“移动”，设置移动原点具体坐标系，这里可以直接填入数值，选择该数值是相对世界坐标系、父系坐标系还是相对物体。也可通过鼠标移动原点。

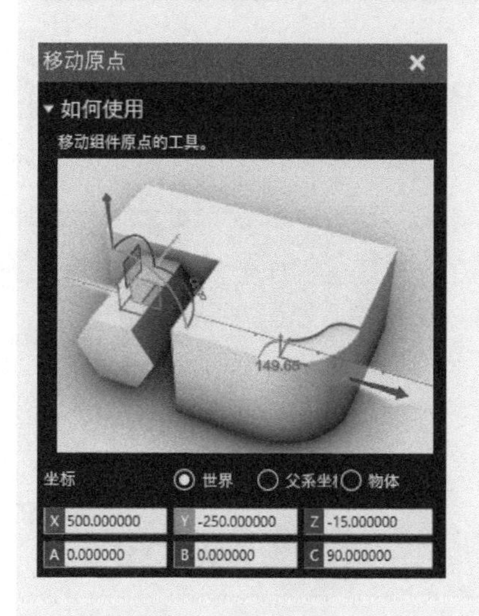

将鼠标放到原点位置，按住鼠标左键不动，移动到长方体底面的中心点，松开鼠标左键，点击“应用”，更改完成。

（11）窗口

可以勾选仿真软件一直显示哪些窗口，可通过“恢复窗口”一键恢复到默认显示的窗口。

3.2.2 建模界面

建模界面主要用来进行建模工作，这里的建模不像其他机械设计软件中的建模，它除了建模还可以给建好的模型设置动作属性，进行脚本编程。KUKA.Sim Pro 虚拟仿真软件中加入了智能组件，所谓的智能组件就是在常用的 3D 模型上添加了一些智能功能，如模型的动作、模型的信号、模型的编程等。通过智能功能，达到简单高效控制模型的效果，也可以通过编程随意控制模型。在该软件中不管是机器人模型，还是自己创建的模型，都可以称之为组件。

为了方便操作，建模界面的有些菜单工具跟开始界面的菜单工具一样，这里不再重复介绍。建模界面的菜单工具功能介绍如下。

(1) 剪切板

跟开始界面的剪切板功能一样，只是这里的剪切板只针对建模菜单下选中的几何元、文本、坐标框等。

(2) 操作

跟开始界面的操作功能差不多，只是这里少了PnP（即插即用）工具。还有一点要注意的是这里的操作全部针对分离的模型组件，并不是操作一个整体，如在该菜单下，可以操作机器人其中的一个轴，但开始菜单只能操作整个机器人组件。

(3) 网络捕捉

跟开始界面的网络捕捉功能一样。

(4) 工具

跟开始界面的工具功能一样。

(5) 移动模式

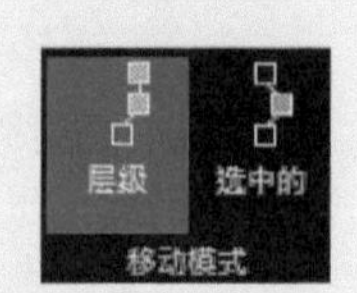

移动模式分层级和选中的两种。

层级：移动、捕捉和对齐会影响选中的特征、节点或关节和它们的子系。

选中的：移动、捕捉和对齐仅会影响选中的特征、节点或关节（绝不会影响子系）。

(6) 导入

跟开始界面的导入功能一样。

（7）组件

用来创建新的组件，保存和另存为已创建好的组件。

（8）结构

创建链接：为选中节点创建一个新的子链接。

显示：用来显示组件结构。

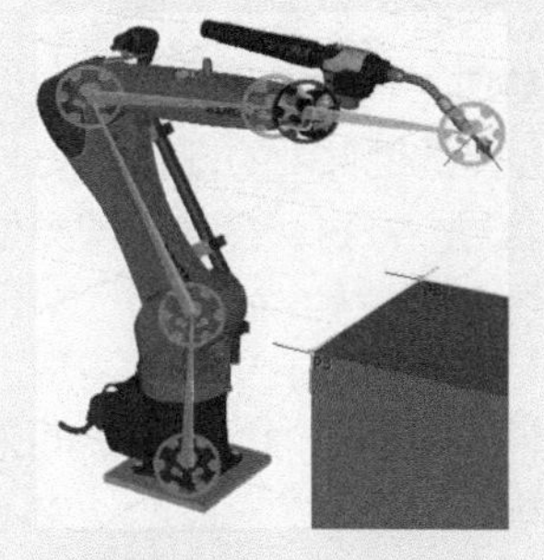

在开始菜单，选中机器人，将建模菜单结构功能的“显示”工具前面的框勾上，可以看到机器人的组件结构。

（9）几何元

几何元有特征和工具两种功能。

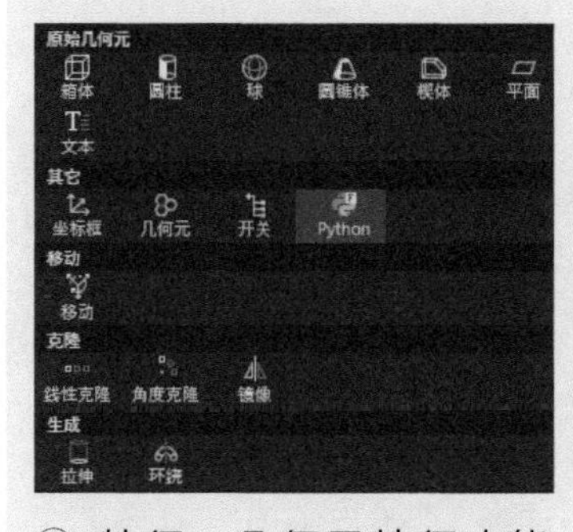

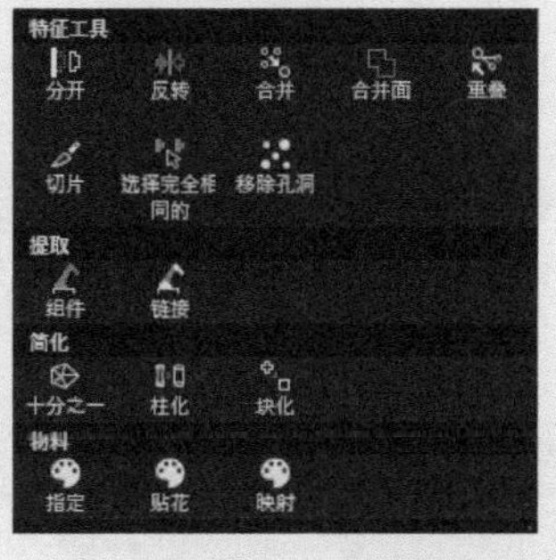

① 特征。几何元特征功能是用来给组件添加某一特征的，组件能添加的特征比较丰富，可以添加几何元、坐标框、Python脚本、克隆、生成等。

② 工具。几何元工具功能是用来对几何元进行操作的，它们可以用来分开、合并几何元；可以合并选中的特征树；可以将几何元切割成拥有一个平面的两部分；可以查找相同的几何元；可以从几何元中移除孔洞；可以提取组件和链接；可以将原始几何元转化成简单的圆柱、简单的块；还可以对选中的几何元指定颜色。

（10）行为

行为会在组件中执行任务。行为包含在节点中，但是可以引用并连接至组件或者其他组件中的其他行为。例如，可以将信号连接至传感器，可以将传感器连接至路径，而其他组件中的路径则可使用接口互相连接。有些组件可以在属性面板中编辑属性行为。

行为有很多类型：

接口：将一个组件中的行为连接至其他组件中的行为。

信号：发送和接收不同类型的信号。

Material Flow：从逻辑上将组件在其他行为和节点之间来回传输。

机器人学：控制为机器人或者伺服器指定的节点以及管理其程序的执行。

运动学：定义组件的运动属性。

传感器：在定义的区域内或者交叉点检测组件。

物理学：执行物理世界对组件的效果。

杂项：提供用于处理指定用例的方式，例如脚本和注释。

（11）属性

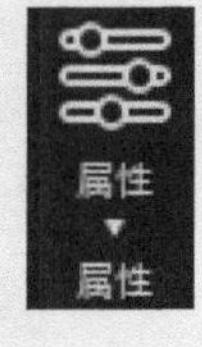

属性是组件中的一个全局变量，包含在组件的根节点中。3D世界中选中组件的任何可见属性都会显示在属性面板中。

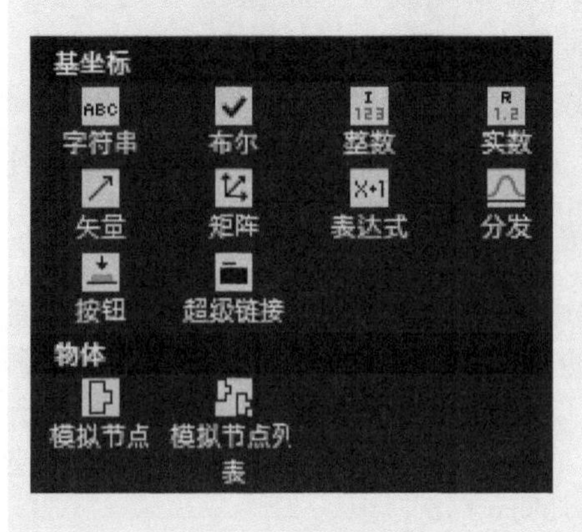

属性变量有字符串、布尔、整数、实数、矢量、矩阵、表达式、分发、按钮、超级链接、模拟节点、模拟节点列表，这些变量可以用来设置组件大小、组件坐标、组件节点等。

(12)向导

向导用来给初学者指引，快速建立动作脚本、末端执行器、IO控制、定位器、输送器等。

动作脚本：为信号动作创建预定义的Python脚本，例如，机器人夹具的抓紧和释放动作。

末端执行器：使所选组件成为末端执行器（机械臂末端工具）。

IO控制：为所选组件添加信号和自动Python逻辑，以通过信号控制结合点。

定位器：使所选组件成为一个工作部件或机器人定位器。

输送器：为所选组件添加输送器功能。

(13)原点

跟开始界面的原点功能一样。

(14)窗口

可以选择仿真软件一直显示哪些窗口，可通过“恢复窗口”一键恢复到默认显示窗口，这里的窗口跟开始界面有一点点区别，注意区分。

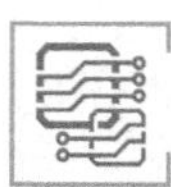

3.2.3 程序界面

程序界面主要是针对工业机器人编写程序使用。在程序菜单中，可以手动移动工业机器人 TCP 点（工具中心点）；可以显示工业机器人接口、信号、连接线、跟踪轨迹等；可以设置工业机器人与周边环境设备的碰撞检测；可以进行工业机器人移动超限位状态设置。

为了方便操作，程序界面的有些菜单工具跟开始界面、建模界面的菜单工具一样。程序界面的菜单工具功能介绍如下。

（1）剪切板

跟建模界面的剪切板功能一样，只是这里的剪切板默认是灰色的，只有选中程序或程序指令时才可用。

（2）操作

这里跟开始界面下的选择、移动、交互操作功能差不多，选择和移动操作功能操作起来都一样，点动和交互功能唯一的区别就是程序界面下的点动可以单独移动工业机器人TCP点，而开始界面下的交互功能不行，其他移动关节一样。

（3）网络捕捉

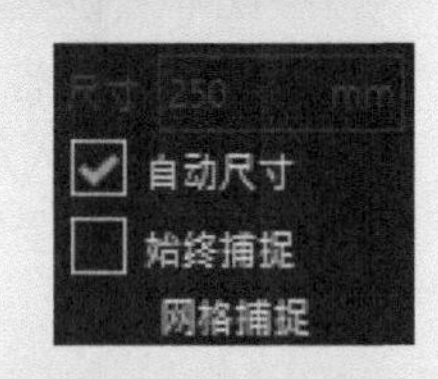

跟开始界面的网络捕捉功能一样。

（4）工具和实用程序

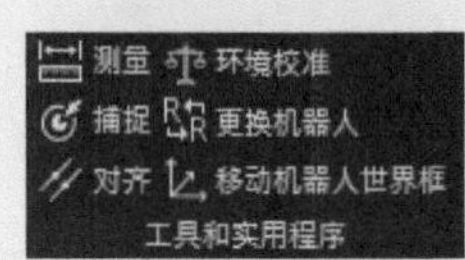

左边的测量、捕捉、对齐工具跟开始界面下的一样。环境校准可使用机器人基坐标和工具坐标框，在布局中自动接合并对齐组件。更换机器人可在3D世界中将一个机器人更换为另一个机器人以切换位置和程序。移动机器人世界框可平移或旋转机器人世界坐标系。

① 环境校准

在环境校准编辑器中，可以执行以下一项或多项操作：

a．要在组件中更新或创建用作校准位置的EnvCalib坐标框，请在所列项目的“名称”列右侧点击“修改”。必须是具有 “EnvCalib” 标记坐标框功能的组件才能在布局中进行校准。

b．要使用不同的机器人数据来校准组件，请在“机器人” 列中找到所列项，将单元格设置为对3D世界中机器人的引用。默认情况下，所选机器人的数据将被用于校准组件。

c．要将机器人基坐标或工具坐标框用作校准部件位置，请在所列项的“拟合到”列中，将单元格设置为对机器人基坐标或工具坐标框的引用。数据本身来自所需机器人，或来自在机器人列中所列项目对一个机器人的应用。

d．要校准组件，请在所列项的“→”列中点击“→”。组件将通过使用组件的EnvCalib坐标框，与“拟合到”列中所引用的坐标框进行接合和对齐。可以通过点击 “→”列标题来校准全部所列项。

e．要仅列出具有EnvCalib坐标框的组件，请选中“筛选组件”复选框。

首先选择正方体工作台或者机器人，再点击 “环境校准”，出来“环境校准”对话框。

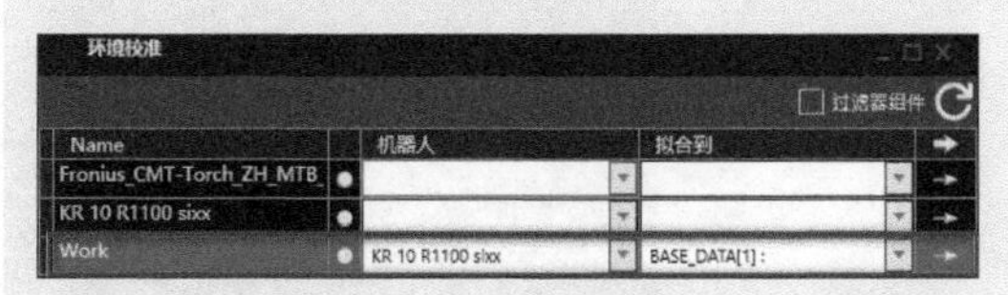

以组件“WORK”为例，选择“KR 10 R1100 sixx”机器人，选择拟合到“BASE_DATA[1] :”，点击“→”。

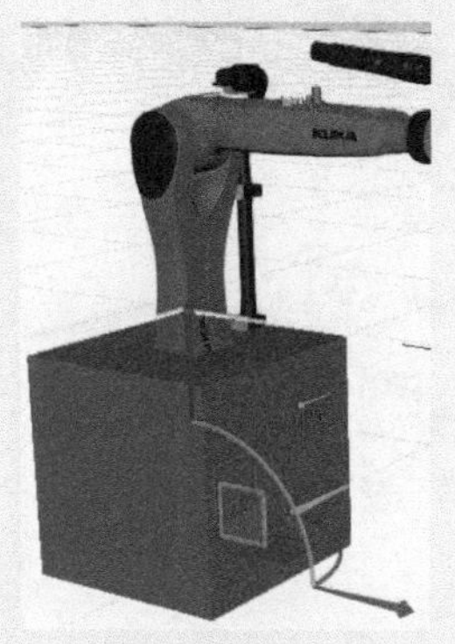

可以看到正方体被对齐到机器人的基坐标系1的位置。

② 更换机器人

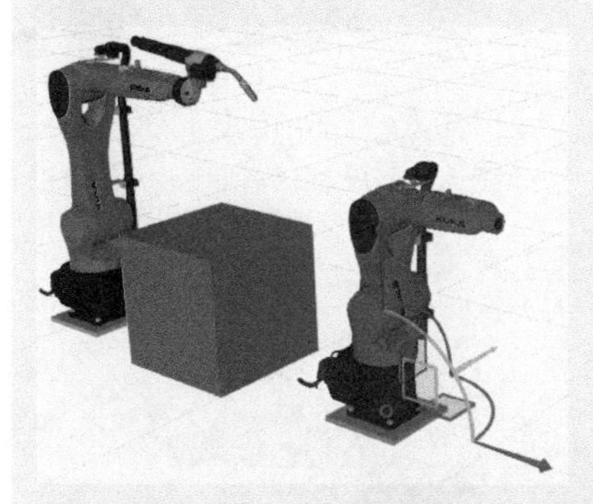

找到“KR 6 R700 sixx”机器人，双击添加机器人“KR 6 R700 sixx”，移动新添加的机器人位置。

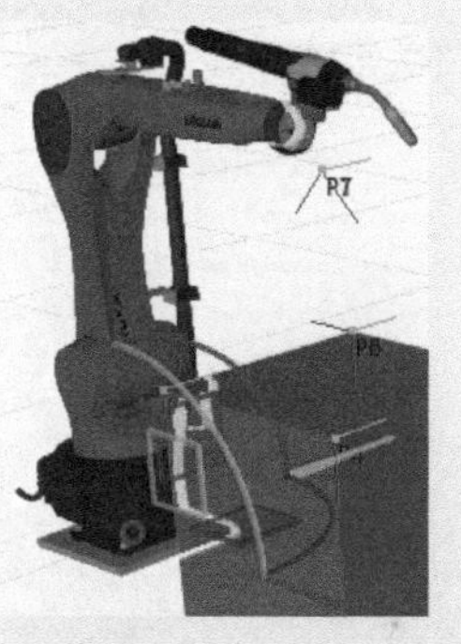

选中原来的机器人“KR 10 R1100 sixx”。

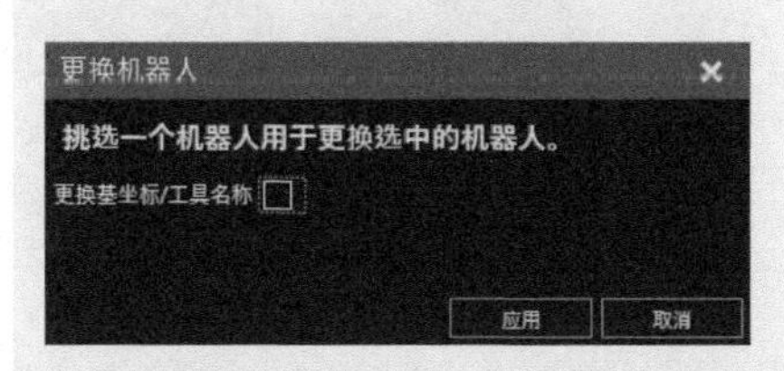

点击“更换机器人”，弹出更换机器人对话框。

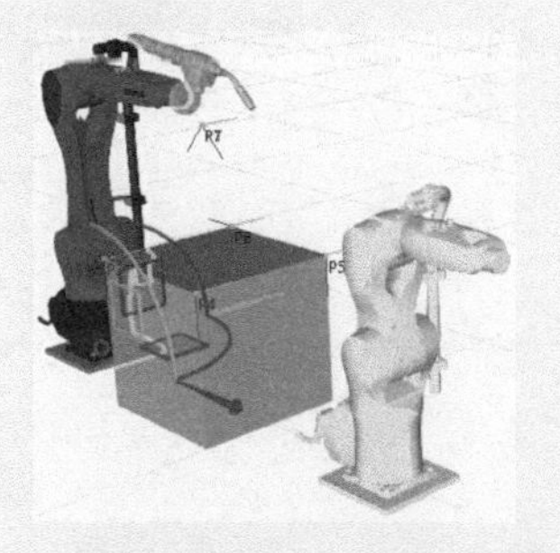

在更换机器人时，会在3D世界中用黄色突出显示兼容的机器人，表示可以与选中的机器人更换。

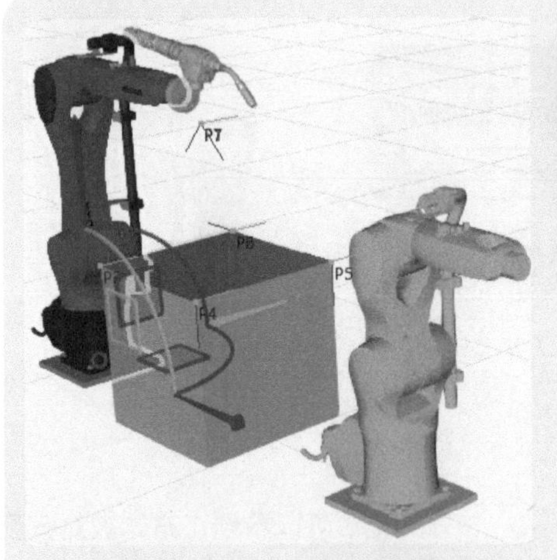

点击要与选中机器人更换的兼容机器人。点击后兼容机器人的突出显示颜色会从黄色变成绿色，由此确认机器人将与选中机器人更换。

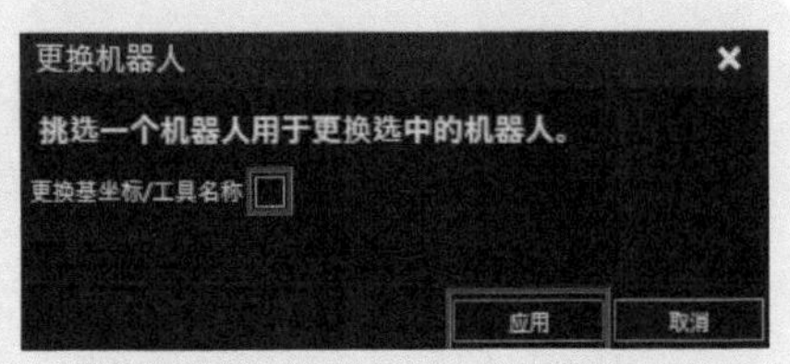

在更换机器人任务面板中，可以勾选"更换基坐标/工具名称"，这里不勾，点击应用。

机器人"KR 10 R1100 sixx"被机器人"KR 6 R700 sixx"替换。

③ 移动机器人世界框

选中机器人，点击"移动机器人世界框"，会弹出机器人世界框属性对话框，在Z轴输入100。

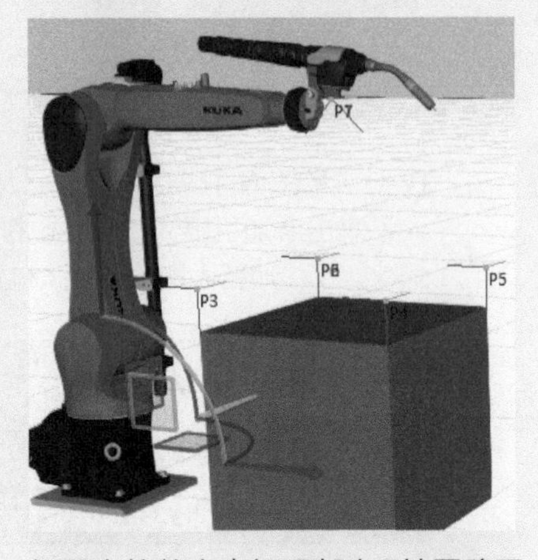

机器人的整个坐标系都向Z轴平移了100，由于机器人的移动点都是以机器人的坐标系为参照，所以移动机器人坐标系可以让移动点也跟着移动，这个功能用于机器人没动，但工作台有移动的情况非常方便。

（5）显示

该功能可以打开显示智能组件的接口、信号、连接线、跟踪轨迹等。

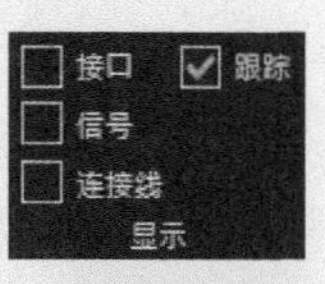

（6）碰撞检测

碰撞检测用来检测机器人模拟运行期间的碰撞，勾选“检测器活跃”可以激活碰撞检测功能，勾选“碰撞时停止”可以让机器人在模拟运行期间发生碰撞时及时停止。

勾选“检测器活跃”和“碰撞时停止”，点击“检测器”出来检测器选项对话框，这里可以设置碰撞误差、检测碰撞范围、显示最小距离、创建检测器，点击“创建检测器”。

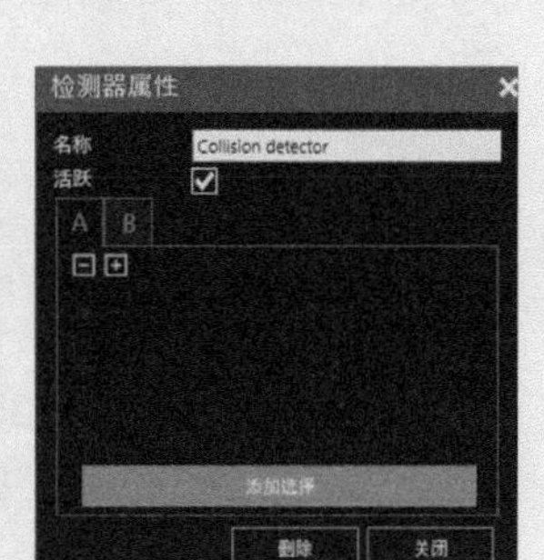

在右侧会出来检测器属性对话框，首先在3D世界中选中组件“Work”，然后在对话框中点击“添加选择”。

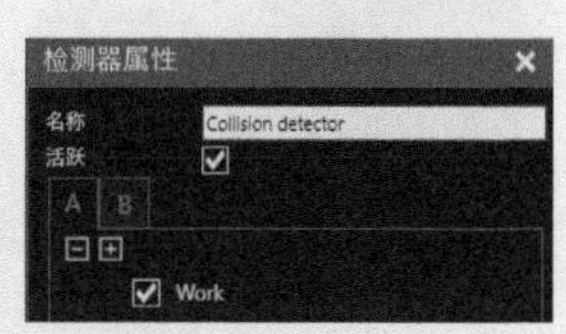

检测器属性会出来选中的组件名称，关闭检测器属性对话框。

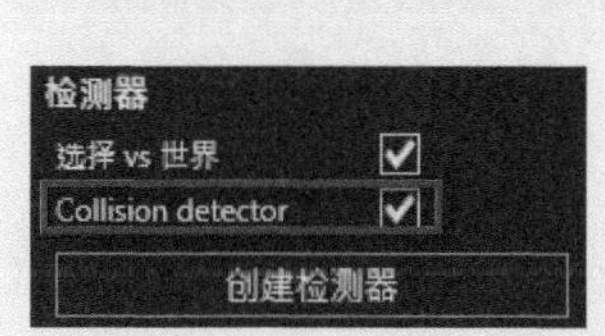

在创建检测器上面可以看到刚刚创建的检测器名称，后面的“√”默认是勾上的。

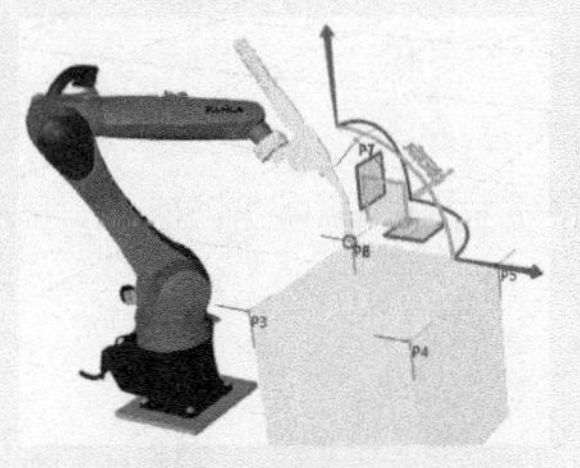

模拟运行机器人，发现机器人移动到$P2$点自动停止了，且焊枪和组件Work都变成了黄色高亮，说明创建的碰撞检测有效。

若要删除创建的检测器，在创建的检测器名称后选择删除或取消即可。

（7）锁定位置

可以锁定机器人位置至参考坐标，锁定机器人位置至世界坐标。

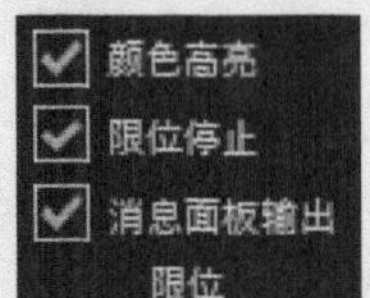

（8）限位

该功能在软件中用来显示机器人超限位的一个状态。

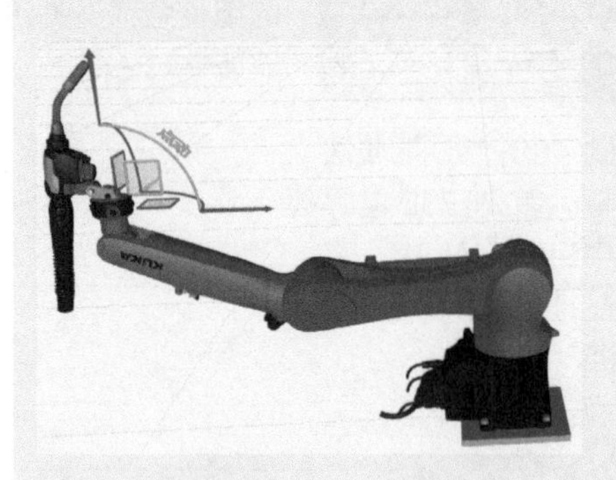

例如在程序中创建一个不可到达的P8点，将限位三个框都勾选上，模拟运行程序。机器人还没到达P8点，A5轴就已经超限位，机器人立马停止，A5轴高亮显示。

勾选“颜色高亮”，机器人任一轴超限位都会红色高亮显示。勾选“限位停止”，机器人在移动过程中任何一个轴只要超限位，立即停止。勾选“消息面板输出”，机器人超限位时，在消息面板中会输出超限位信息。

输出

KR 10 R1100 sixx::A5 超过 value 的 120限制。

同时消息面板输出A5轴超限位的信息。

（9）窗口

可以勾选仿真软件一直显示哪些窗口，可通过“恢复窗口”一键恢复到默认显示窗口，这里的窗口跟建模界面有一点区别，注意区分。

3.2.4 图纸界面

图纸界面可以起草、设计、导出和打印技术制图，如图 3-4 所示。这里生成的是平面制图，可以显示机器人与外部模型之间的布局，还能生成物料清单，导出 PDF 格式文件，方便查看打印。

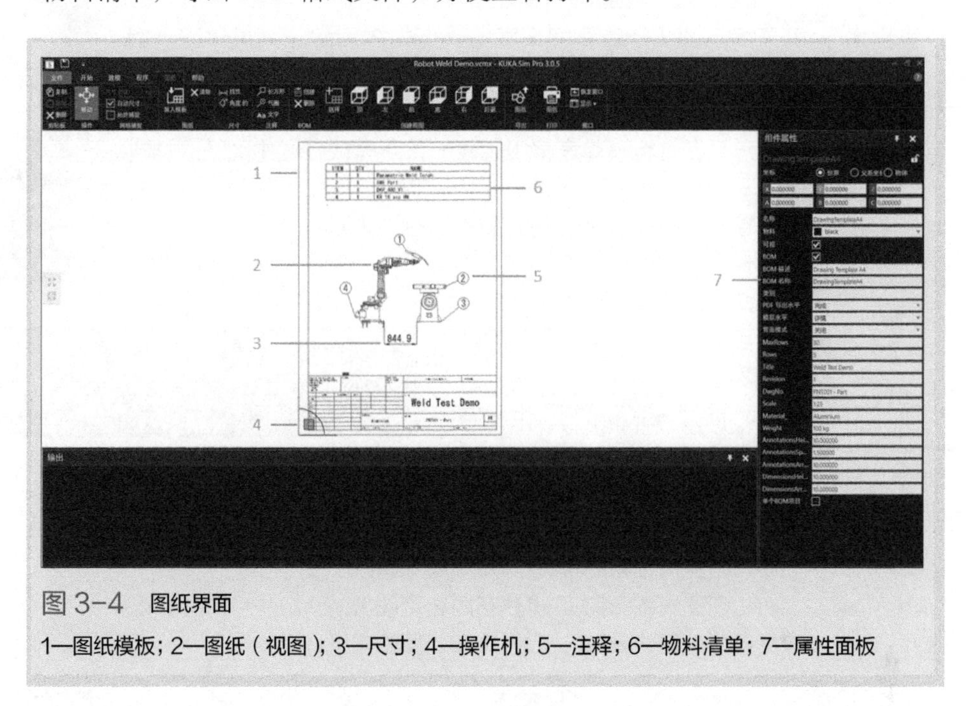

图 3-4 图纸界面

1—图纸模板；2—图纸（视图）；3—尺寸；4—操作机；5—注释；6—物料清单；7—属性面板

首先介绍图纸界面功能，各菜单工具功能介绍如下。

（1）剪切板

跟建模界面的剪切板功能一样，只是这里的剪切板在选中图纸中的内容时才可用。

（2）网络捕捉

跟开始界面的网络捕捉功能一样。

（3）图纸

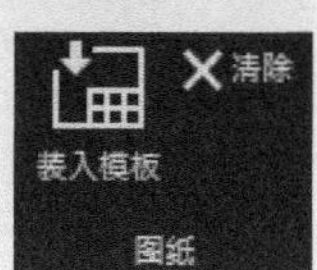

装入模板：导入一个模板用于调节新图纸尺度，生成一份适合打印的格式的物料清单表格。

清除：移除图纸世界中的一切。

（4）尺寸

线性：创建一个新尺寸测量两点之间的距离。

角度的：创建一个新尺寸测量两点之间的角度。

（5）注释

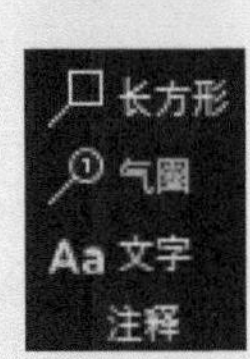

长方形：创建锚固到一个点的新长方形注释。

气圈：创建锚固到一个点的新气圈注释。

文字：创建一条新的文本注释作为固定到图纸世界的一条注释。

（6）BOM

创建：在物料清单表格中创建一份所有或者选中图纸的物料清单。

删除：从物料清单表中删除一张选中图纸。

（7）创建视图

选择：选择3D世界的一个区域，而后根据3D世界视图创建为一张新图纸。

顶：创建一张新的3D世界布局顶端图纸。

左：创建一张新的3D世界布局左侧图纸。

前：创建一张新的3D世界布局正面图纸。

底：创建一张新的3D世界布局底部图纸。

右：创建一张新的3D世界布局右侧图纸。

后退：创建一张新的3D世界布局反面图纸。

（8）导出

导出所有或者选中图纸的几何元至一个新的支持文件。

（9）打印

允许以适合打印的格式打印图纸世界的所有或者选中区域。

（10）窗口

可以勾选仿真软件一直显示哪些窗口，可通过“恢复窗口”一键恢复到默认显示窗口，这里的窗口跟其他界面有一点点区别，注意区分。

下面以前面做的焊接机器人基础工作站为基础，制作图纸和物料清单。

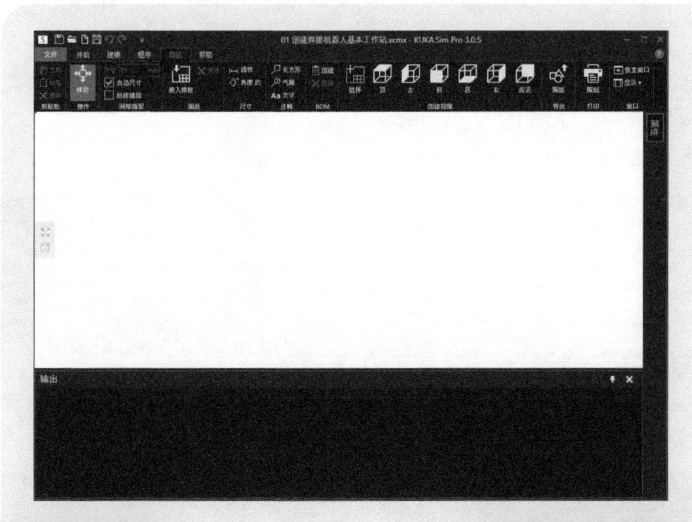

步骤1　首先打开第2章创建的焊接机器人基本工作站，点到图纸视图下，在还没创建图纸前是一片空白。

步骤2　点击“载入模板”。

步骤3　在软件右侧模板导入属性中选择A4图纸模板，点击“导入”。

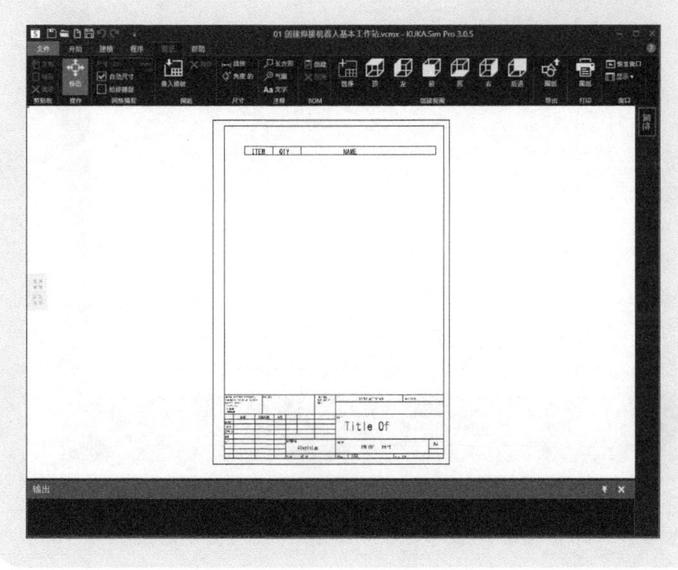

步骤4　这时软件中间会出来空白模板，里面还没有图纸和物料清单。

步骤5　点击“创建视图”下面的“选择”工具。

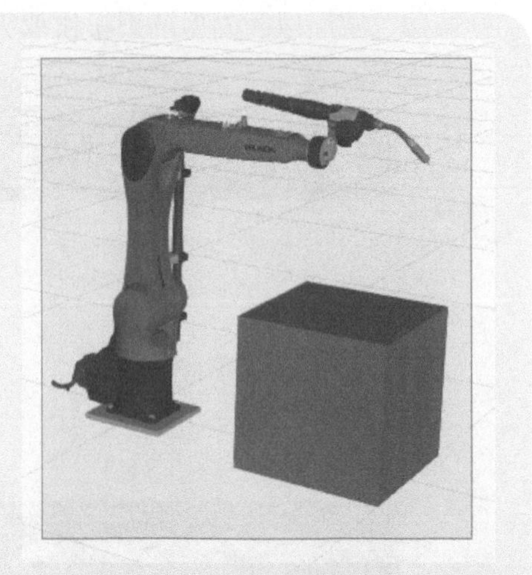

步骤6　按住鼠标左键框选机器人和工作台区域，红色框内为被框住内容。

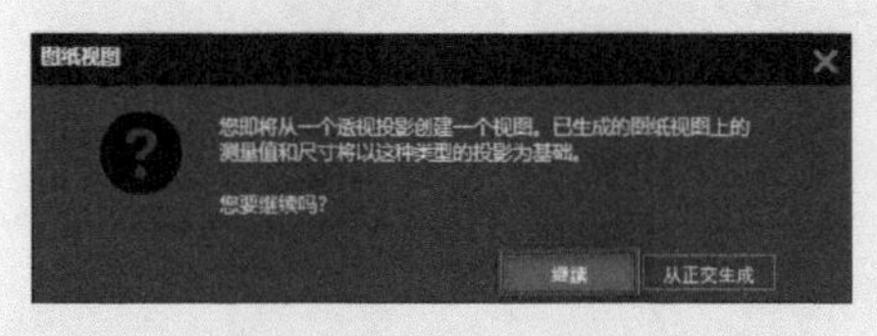

步骤7　这时弹出对话框问是否继续，点击“继续”即可。

步骤8　显示创建图纸过程进度条。

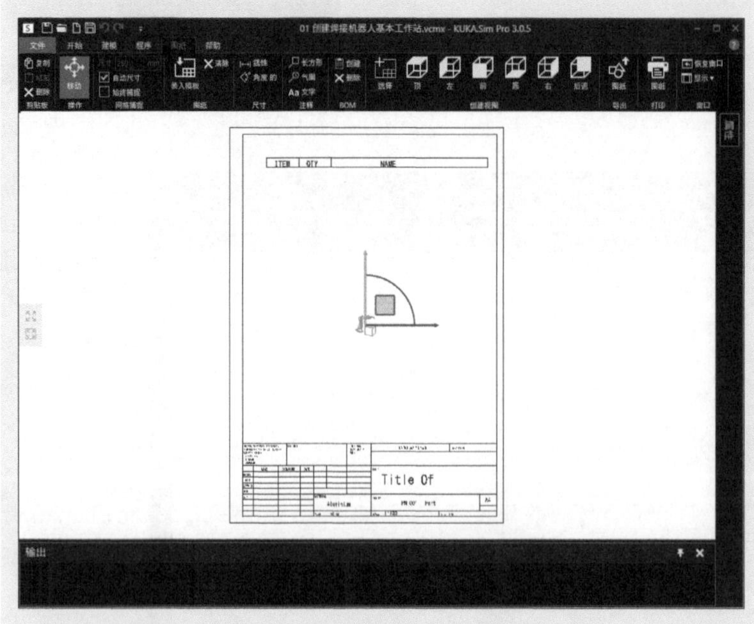

步骤9　生成的图纸在A4模板正中间，但看着尺寸很小，那是因为默认生成比例是1：100，这时需要修改比例，将图纸调整到合适的大小。

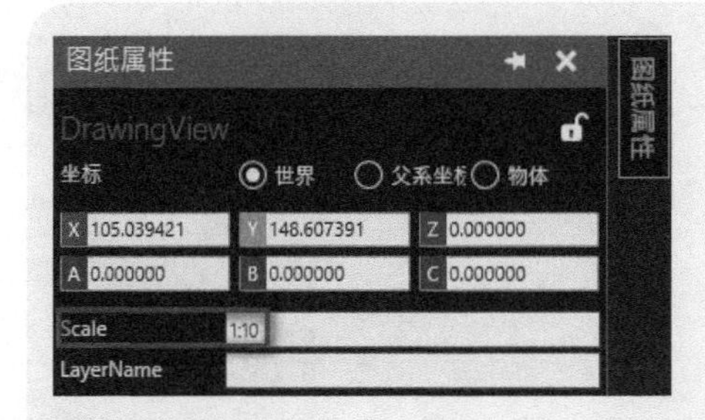

步骤10　点击右侧“图纸属性”，将“Scale”设为1∶10，再按回车。

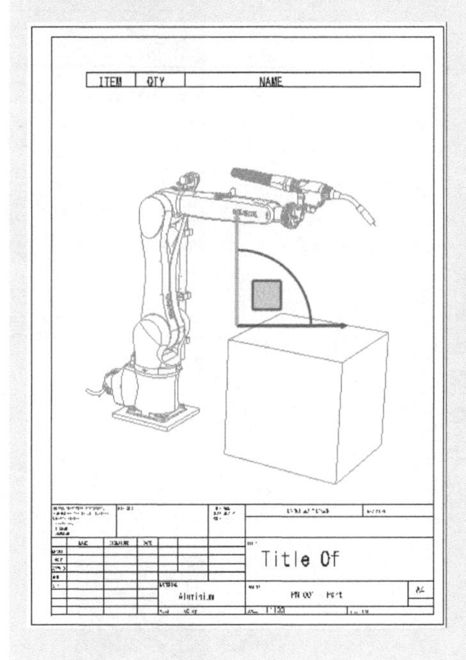

步骤11　可以看到设置完比例后的图纸比较适合该A4模板尺寸。

步骤12　点击“创建”。

ITEM	QTY	NAME
1	1	Fronius CMT Torch ZH MTB 500i W 36
2	1	Block
3	1	KR10_R1100_sixx

步骤13　在图纸上面生成BOM（物料清单）。

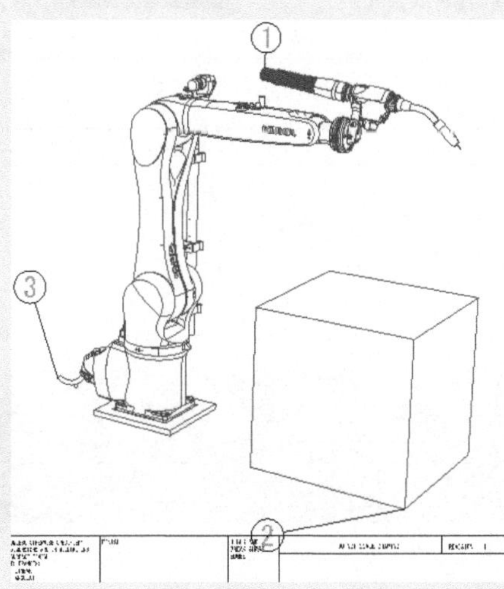

步骤14　在图纸下面生成BOM清单中对应的①、②、③气圈注释，若觉得文字和图纸有交叉，可改小相应尺寸至合适，这里不再赘述。

步骤15　若还想添加注释，可选择注释上的工具，这里以长方形为例。

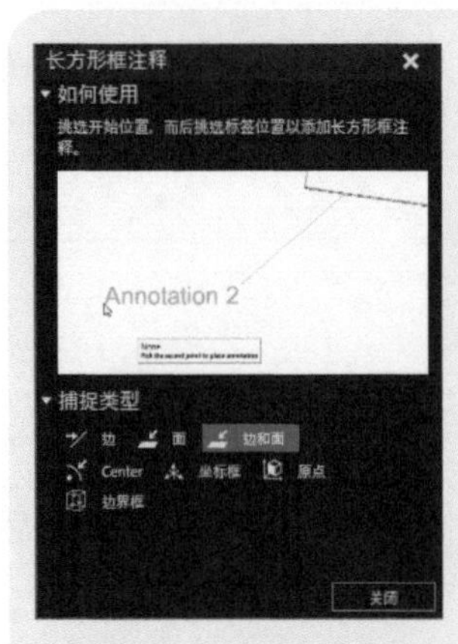

步骤16　选择完长方形后右边会出来长方形框注释的捕捉类型选择，默认是“边和面”，这里不做更改。

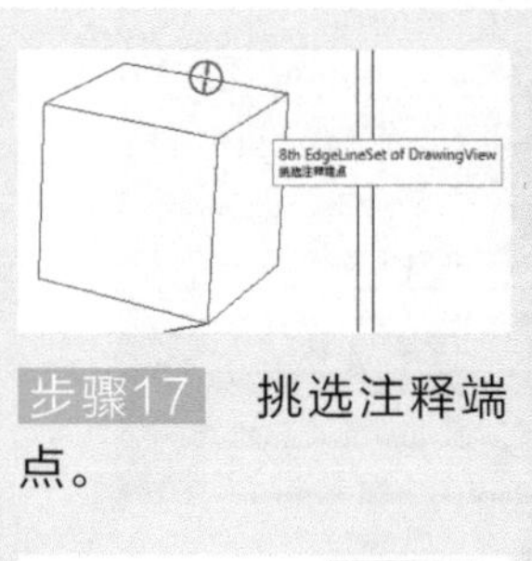

步骤17　挑选注释端点。

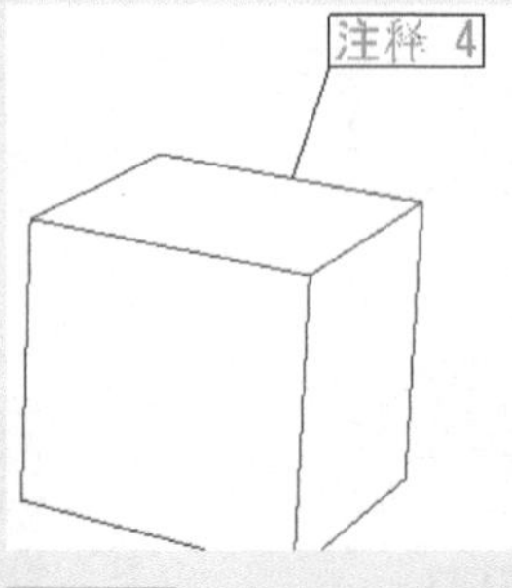

步骤18　点击鼠标左键后往上拉，到达合适位置释放，长方形注释添加完成。注释内容默认是注释加数字，需要手动修改。

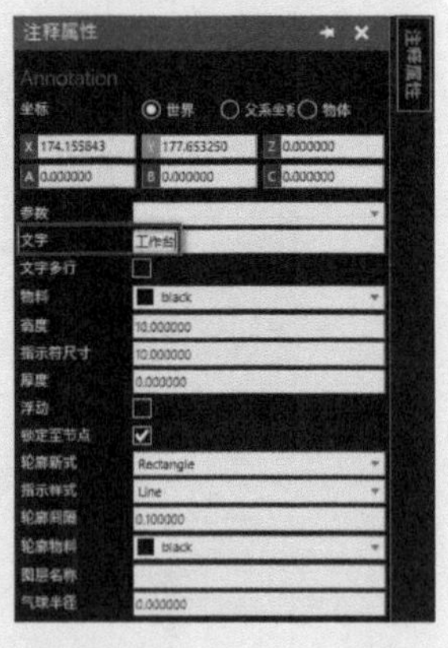

步骤19　点击创建的注释，在右侧“注释属性”下将文字改成“工作台”。除了修改文字，还能修改文字颜色、注释框高度、参数等。

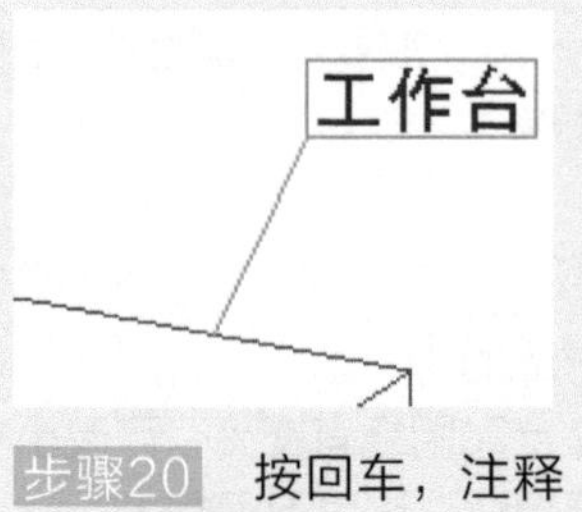

步骤20　按回车，注释文字修改完成。

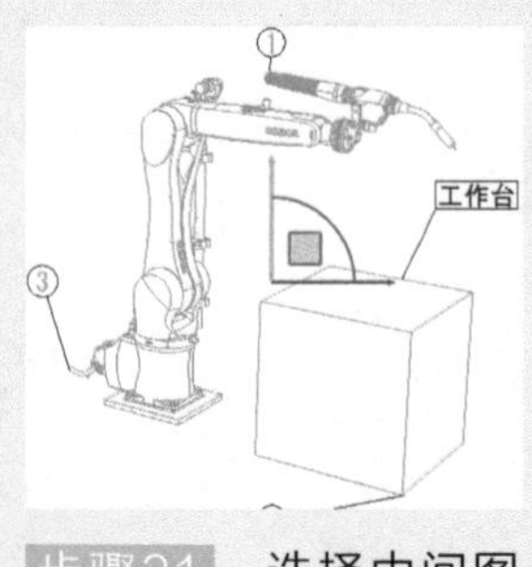

步骤21　选择中间图纸，图纸变成绿色。

步骤22　点击图纸下的“清除”，图纸、A4模板、BOM表全部被清空。

步骤23　重新载入A4模板，创建视图除了选择，还能直接选择3D世界中的各个视角，这里以顶端为例，其他操作都一样，点击“顶”。

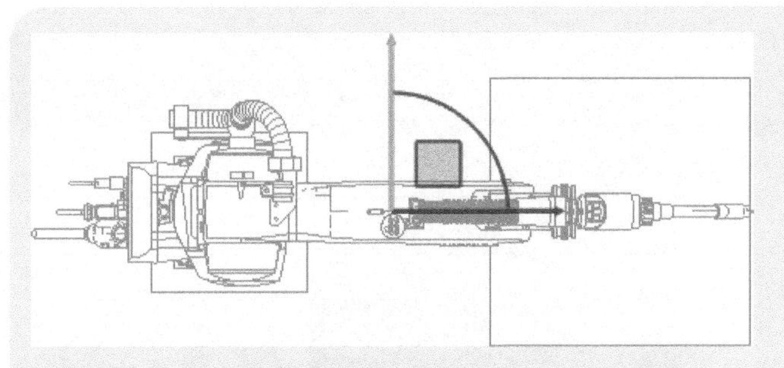

步骤24　在A4模板中间生成顶端视图图纸，设置1：10的比例。

步骤25　创建BOM清单，点击“导出图纸”。

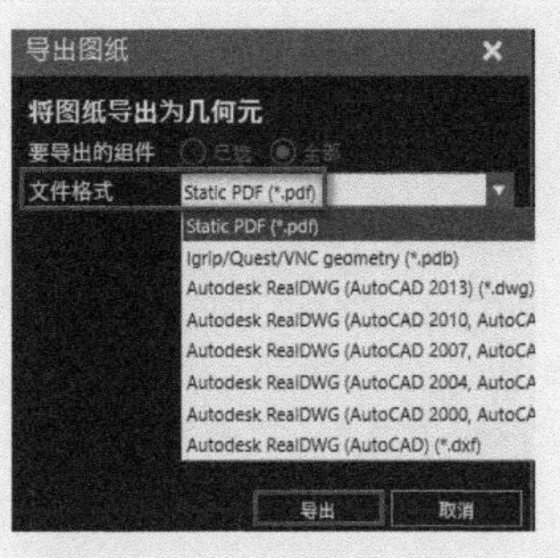

步骤26　在右侧“导出图纸”对话框中选择PDF文件格式（默认格式），点击“导出”。

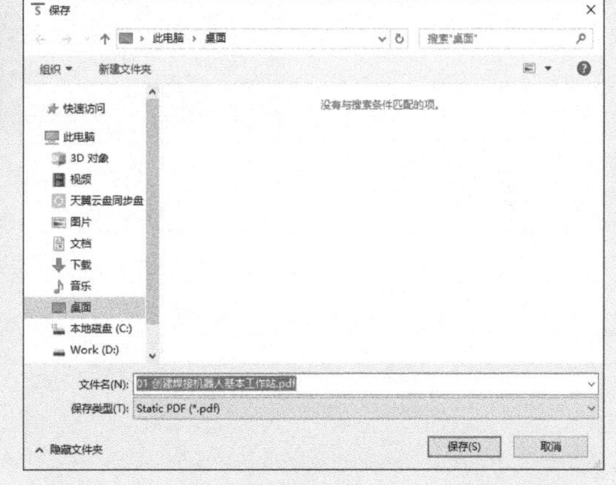

步骤27　选择好文件存放路径，点击“保存”。

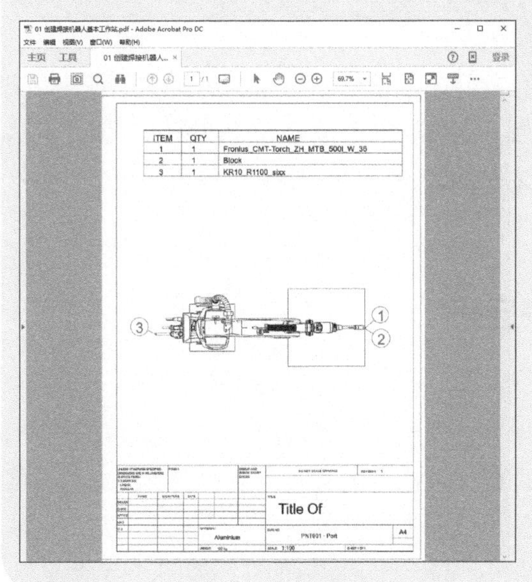

步骤28　打开已保存的文件可知，完整的图纸创建完成。

步骤29 要想打印图纸，可导出PDF后在PDF文件中打印，也可点击图纸菜单栏下的“打印”按钮。

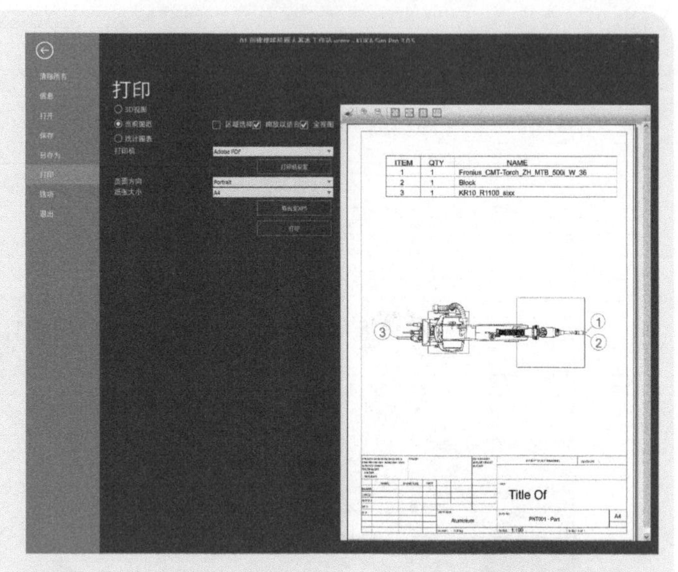

步骤30 回到打印设置界面，这里一定要将“全视图”的框勾上，选择好打印机、纸张大小、页面方向，点击“打印”即可。该功能已经在3.1.3文件打印章节详细介绍，这里不再介绍。

3.3 其他面板介绍

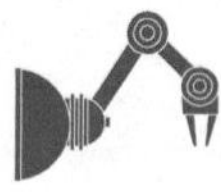

KUKA.Sim Pro 仿真软件的菜单栏始终固定在软件上面，每个菜单栏下面都有不同的属性面板。这些属性面板有些可以移动位置，有些固定不变，下面介绍一下其他属性面板。

3.3.1 电子目录

电子目录面板可以用来管理组件文件资源，可以通过目录分类的方式更方便地找到想要的组件或通过搜索的方式直接找到目标文件。该电子目录会管理操作人员经常使用或最近打开的文件，还能通过网络自动获取网络智能组件，方便直接使用。电子目录面板的介绍如图 3-5 所示。

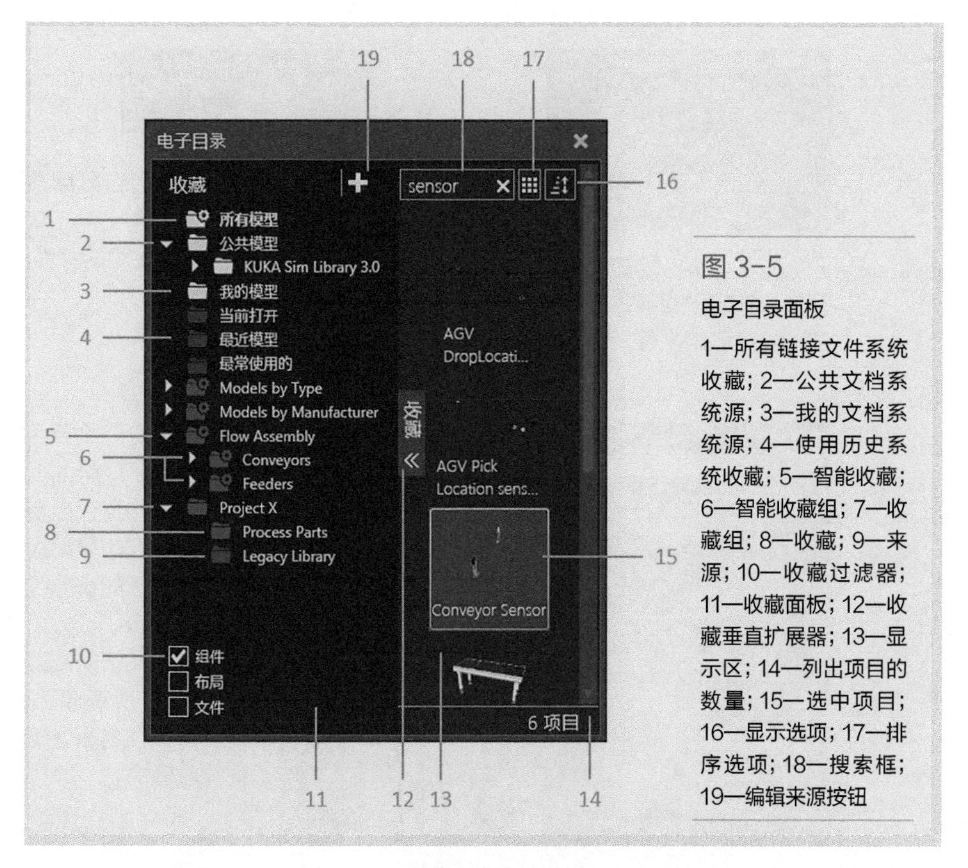

图 3-5

电子目录面板

1—所有链接文件系统收藏；2—公共文档系统源；3—我的文档系统源；4—使用历史系统收藏；5—智能收藏；6—智能收藏组；7—收藏组；8—收藏；9—来源；10—收藏过滤器；11—收藏面板；12—收藏垂直扩展器；13—显示区；14—列出项目的数量；15—选中项目；16—显示选项；17—排序选项；18—搜索框；19—编辑来源按钮

（1）来源

在收藏面板右上角是一个编辑来源按钮，如图 3-6 所示，该按钮用于访问来源编辑器。它可以添加和编辑链接至电子目录面板的本地及远程文件来源。

图 3-6

编辑来源按钮

编辑来源操作介绍如下。

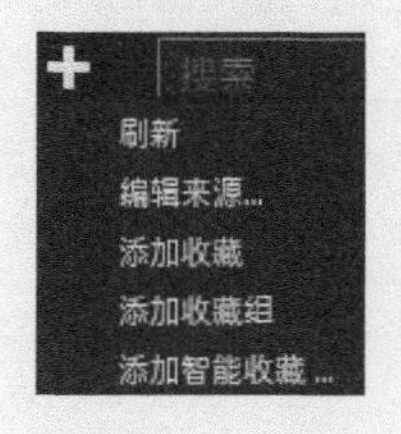

步骤1　点击“编辑来源”按钮，这里有刷新、编辑来源、添加收藏、添加收藏组、添加智能收藏等功能。

步骤2　点击“添加收藏”“添加收藏组”。在电子目录的最后面会出来新添加的收藏和组文件夹。

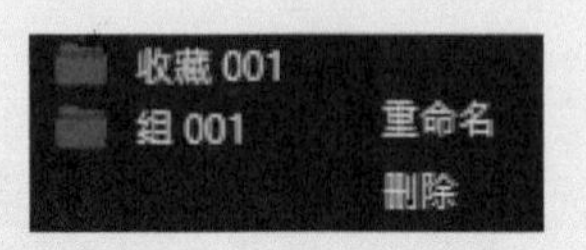

步骤3　在文件夹上点击鼠标右键，可以删除和重命名文件夹，在文件夹下可以存放自己想要收藏的文件。

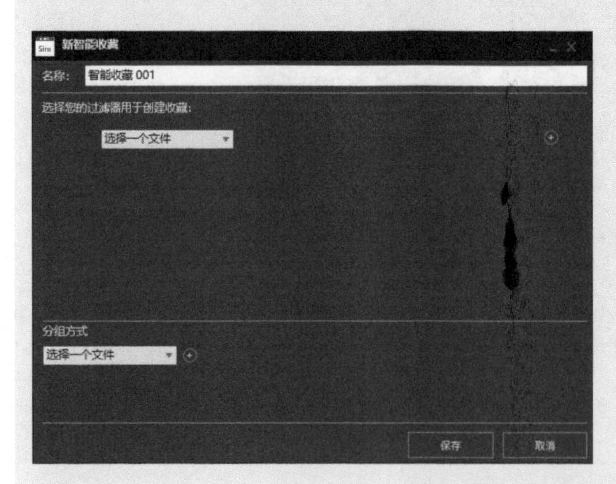

步骤4　智能收藏可以在链接至电子目录面板的来源中创建和保存自定义文件搜索。在收藏面板，双击一个列出的智能收藏以访问其编辑器。

点击“添加智能收藏”，出来新建智能收藏对话框，可以在名称处给新建智能收藏命名。

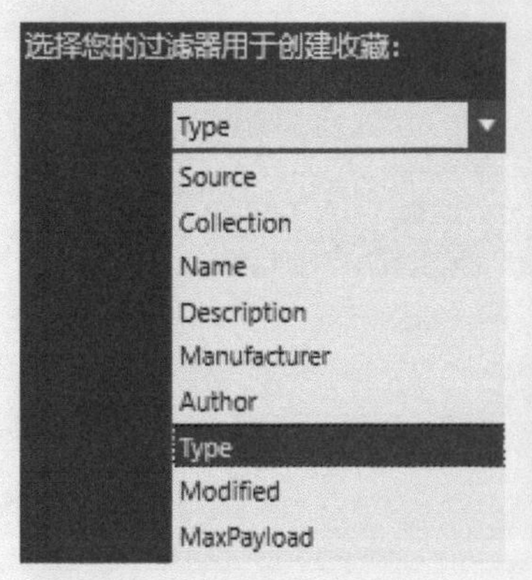

步骤5　过滤器是用来定义一个有序的搜索条件列表，用于选择哪些项目链接至智能收藏。

点击“选择一个文件”，显示下拉对话框，选择过滤器。

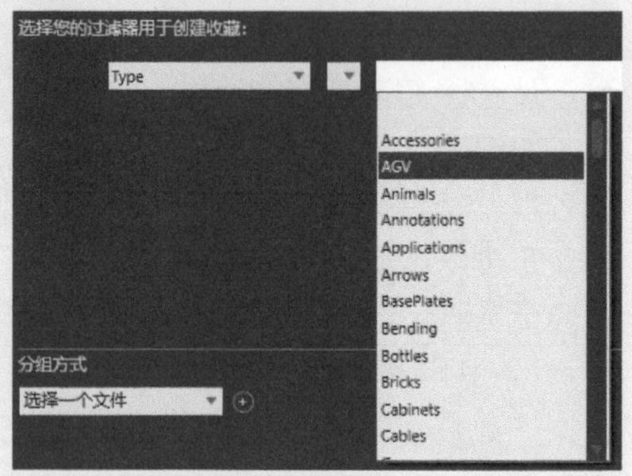

步骤6　这里选择“Type”，右侧可以选择类型下的具体内容，可根据自己需要选择。

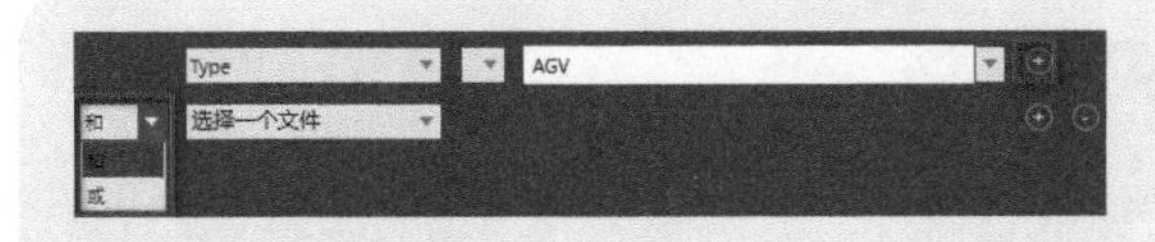

步骤7　点击右侧“+”，还能继续并或串多个条件。

步骤8　分组方式是以升序方式在一个或多个字段匹配项目的组。

在“分组方式”下可以选择该收藏通过什么进行分组，通过“+”可以选择多个分组方式，所有条件设置完成，点击“保存”即可。

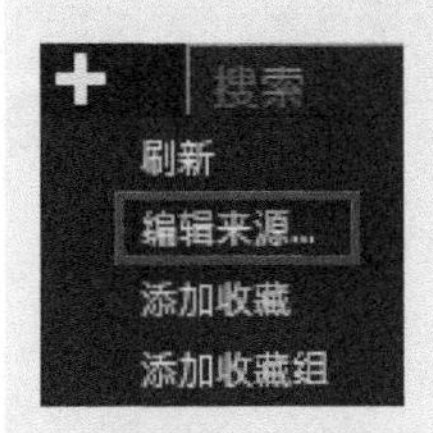

步骤9　点击“编辑来源...”。

步骤10　来源名称：其勾选框会开启/关闭对来源的使用，双击该字段以编辑来源的名称。

提供者：来源发布者。

保存本地副本：开启/关闭下载远程来源文件并将它们存储为设备上的本地副本。

可见：开启/关闭收藏面板中的来源清单。

位置：说明来源为本地还是远程。

选项：可以更改或者从设备删除本地副本的目录清单。

移除：从电子目录面板移除来源。

添加新资源：可以使新来源添加至电子目录面板。

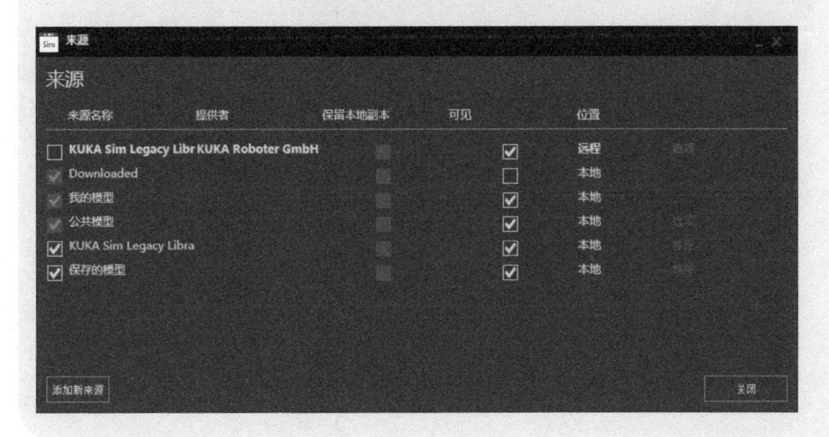

步骤11　来源名称的第一项为远程文件，默认是没有勾选的。远程文件是连接官方服务器的，里面有很多已经做好的智能组件可供我们使用。

步骤12　将第一项前面的框勾选上，再将后面“保存本地副本”的框勾选上，系统会提示是否下载远程来源大小为1.12G的本地副本，这里点击“是”。

步骤13　点击“选项”可知，远程文件连接官方网址服务器，这里可以设置将下载后的组件保存到本地的文件夹。

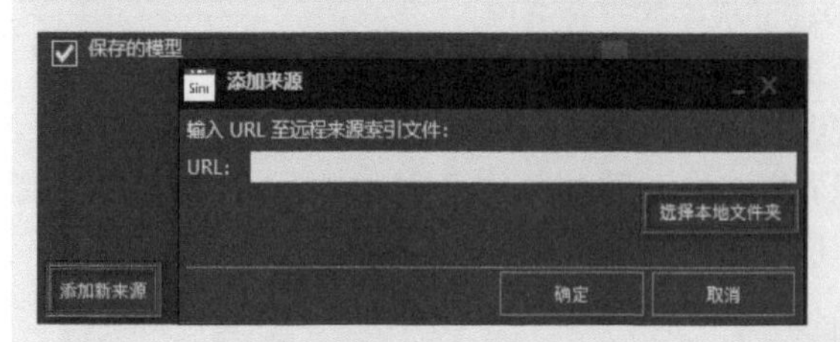

步骤14　“保存的模型”来源文件夹默认是没有的，这里是我自己添加的个人文件夹。通过点击“添加新来源”“选择本地文件夹”进行设置。设置这个文件夹的好处是，后面可以将自己经常用到或做好的智能组件保存到这个文件夹，方便管理和使用，也可根据自己的分类多创建几个。

（2）详细视图

详细视图是针对电子目录面板的一个显示选项，可以使用文件元数据在表格中列出项目。可以将列标题拖至彼此的前面或者后面以重新安排视图。若列出项目是一个本地文件，则可以复制和编辑单元值。

详细视图操作介绍如下。

步骤1　在详细视图搜索框可以直接搜索目标组件，前提是知道目标组件的名称或部分名称。如在搜索框输入“conveyor”传送带，详细视图下面就会出来带此关键词的组件，这能大大节省我们在众多组件中寻找自己想要组件的时间。

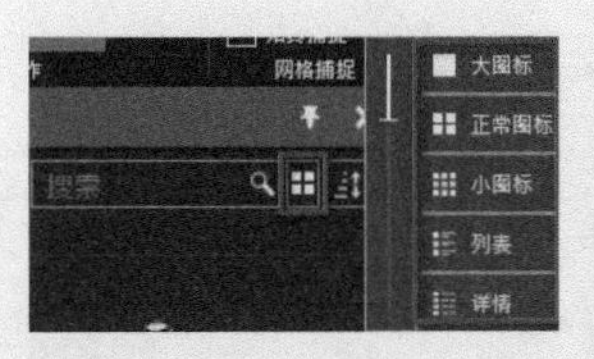

步骤2　点击“查看”，可以选择不同的显示方式，如大图标、正常图标、小图标、列表、详情等，跟Windows系统查看文件设置一样。

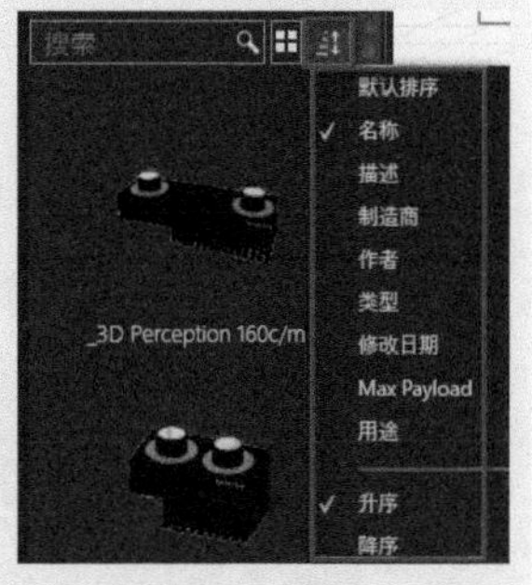

步骤3　点击“排序”，可以选择根据不同的方式进行排列，如名称、描述、制造商、作者、类型、修改日期、Max Payload、用途、升序、降序等，跟Windows系统文件排序设置一样。

（3）元数据

电子目录面板中显示的项目的元数据可使用“查看元数据”查看和编辑。若项目为一个本地文件，可以编辑和添加元数据属性及该项目的标签。否则，载入的对话框会说明项目是否为只读。元数据的介绍如下。

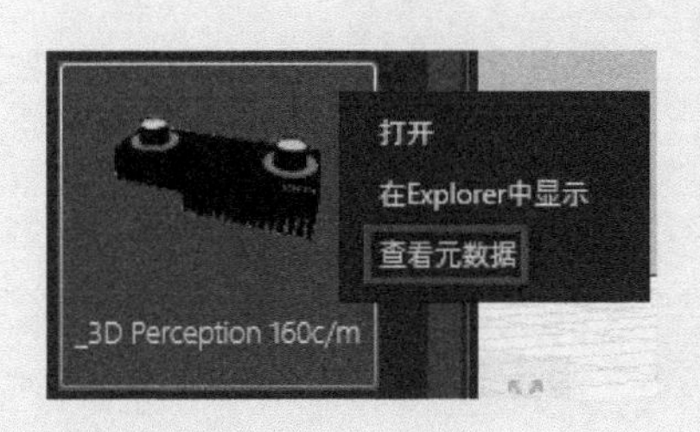

步骤1　选中组件，点击鼠标右键，选择“查看元数据”。

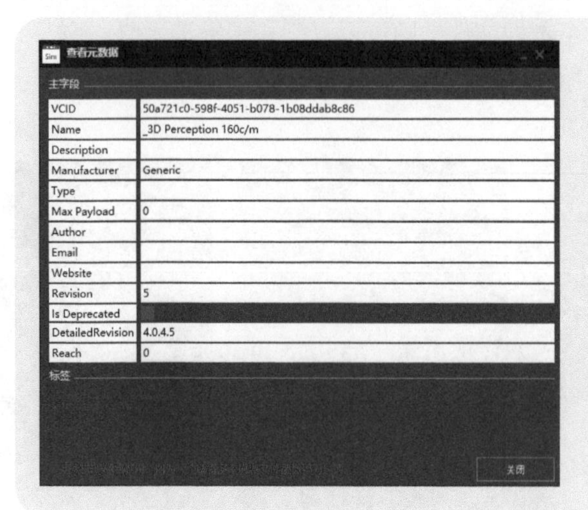

步骤2　元数据的属性中有主字段和标签，主字段中列出项目的元数据属性，标签中列出项目的标签/关键词。主字段中的VCID是组件的ID号，与人的身份证号一样，具有唯一性，可直接通过VCID访问该组件。Name为组件的名称，一般取英文名。其他主字段可根据自己需要进行设置，如描述、类型、作者等。

3.3.2　单元组件类别

单元组件类别面板提供对当前 3D 世界中的布局的概览，以及选择和编辑列出项目的选项，单元组件类别面板介绍如图 3-7 所示。

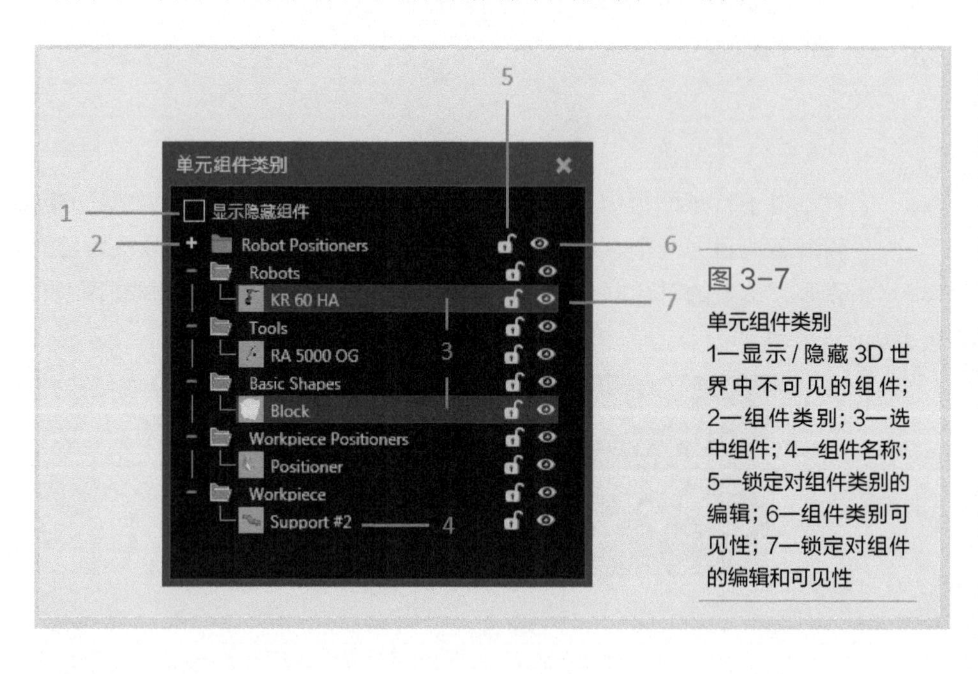

图 3-7
单元组件类别
1—显示 / 隐藏 3D 世界中不可见的组件；2—组件类别；3—选中组件；4—组件名称；5—锁定对组件类别的编辑；6—组件类别可见性；7—锁定对组件的编辑和可见性

单元组件类别操作步骤如下：

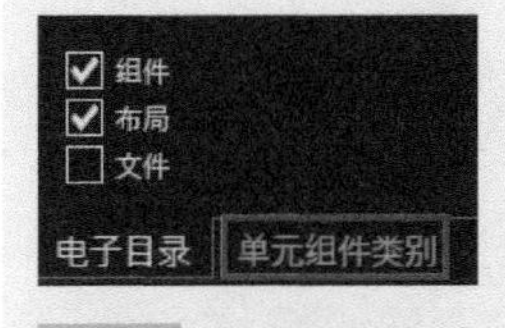

步骤1　在电子目录下面可以选择“单元组件类别”。

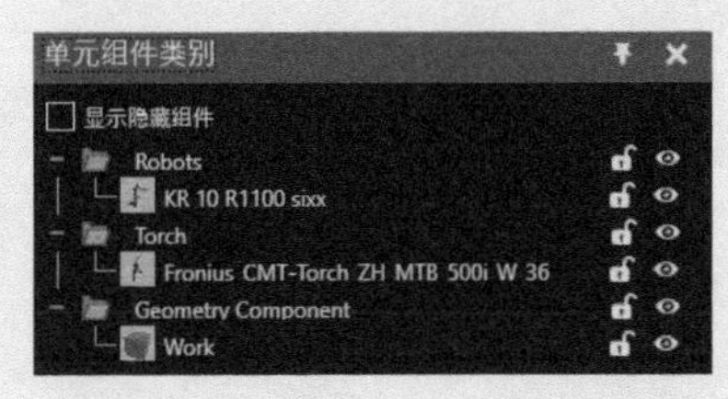

步骤2　以前面焊接机器人基本工作站为例，可以看到单元组件类别下显示了当前项目中用到的3个组件，该组件在分类文件夹下面。

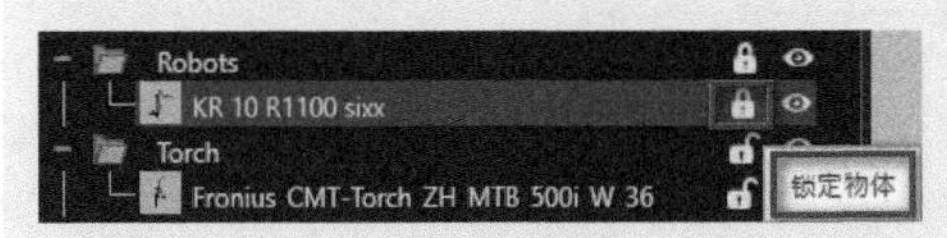

步骤3　分类文件夹和组件右侧有一把锁，点击锁可以锁定物体。

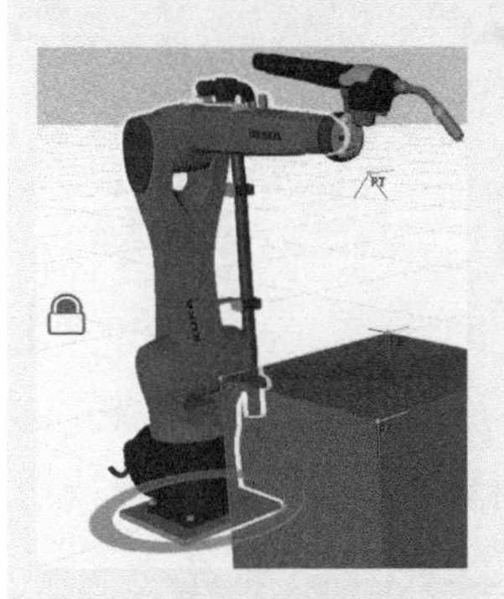

步骤4　若不想机器人被移动，点击锁图标，机器人旁边会出来一把红色的锁，此时机器人不可被移动。

步骤5　右侧的眼睛可以显示/隐藏物体。

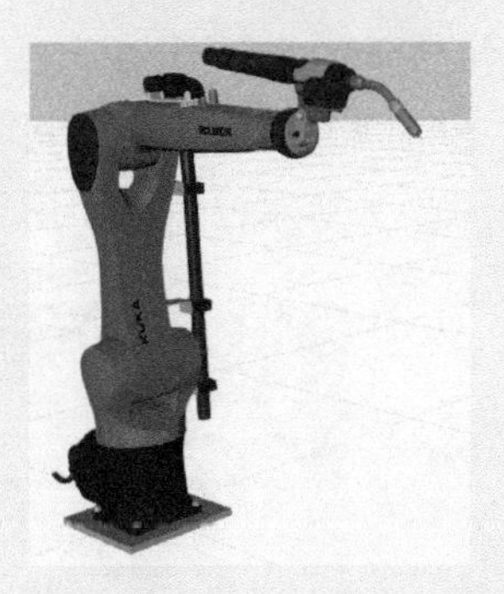

步骤6　点击工作台的眼睛图标，工作台消失隐藏。

3.3.3　组件属性

属性面板可以编辑选中物体的属性，组件属性面板组成如图 3-8 所示。

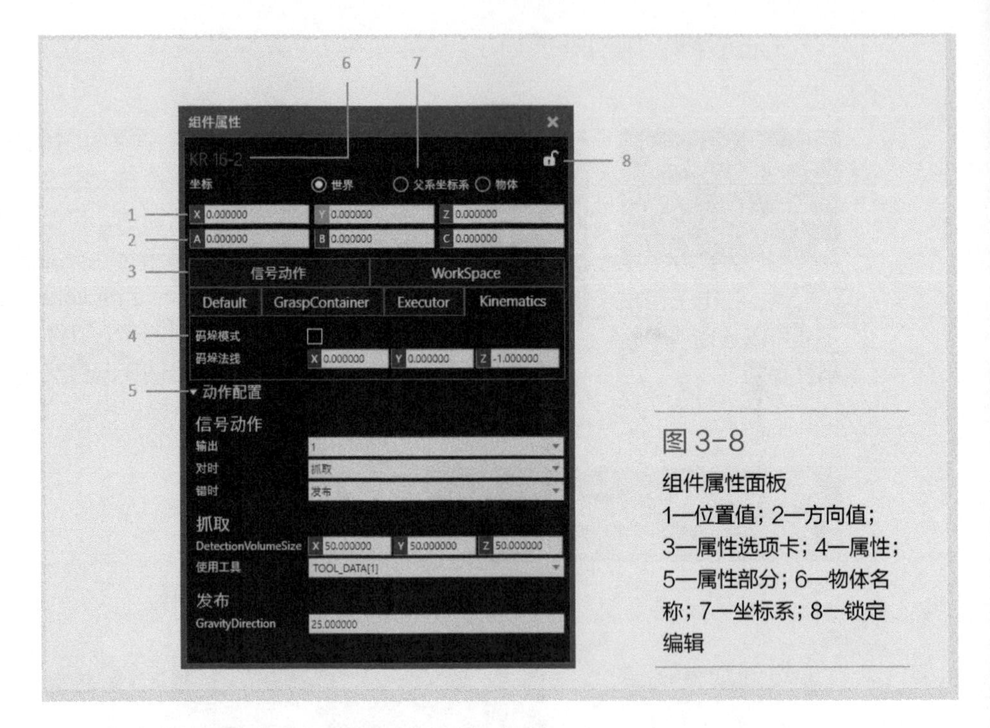

图 3-8
组件属性面板
1—位置值；2—方向值；3—属性选项卡；4—属性；5—属性部分；6—物体名称；7—坐标系；8—锁定编辑

（1）坐标系

物体的位置和方向以场景中活跃坐标系为基础，在 *XYZ* 坐标轴中会定义物体的位置。可点击各个轴按钮以将其值重置为零，或者通过点击其字段直接编辑。物体的方向通过使用滚动、间距和偏航值进行定义。选中工作台，坐标系属性如图 3-9 所示，A 按钮用于围绕 *Z* 轴旋转，B 按钮用于围绕 *Y* 轴旋转，C 按钮用于围绕 *X* 轴旋转。

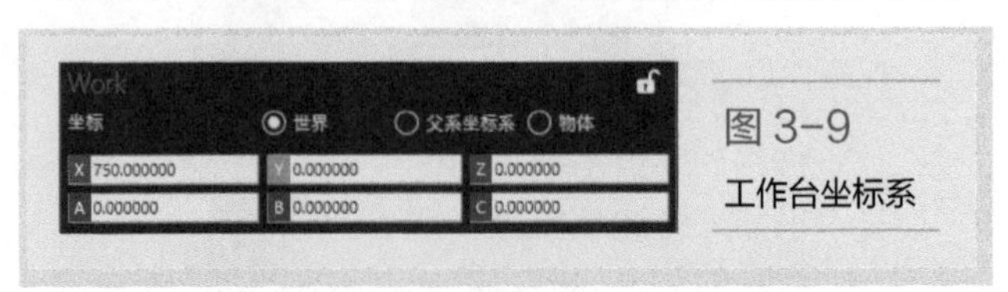

图 3-9
工作台坐标系

各坐标系的介绍表 3-2 所示。

表3-2　各坐标系

坐标系	描述
世界坐标系	拥有固定原点的全局坐标系，使用世界坐标系对 3D 世界和图纸世界中的选中物体进行全局定位
父系坐标系	选中物体附加到一个场景中时的物体坐标系，选中物体的父系 - 子系关系决定其父系坐标系。物体只能拥有一个父系坐标系 注意，默认情况下，组件附加至 3D 世界，因此，世界坐标系和父系坐标系是一样的。组件可附加至另一个组件的节点，因此，该组件的位置可以相对于其父系节点原点进行确定。这意味着，当父系节点移动时，子系组件随其移动以维持他们与父系原点的相对位置
相对坐标系	拥有一个相对于选中物体当前状态的原点的坐标系。也就是说，选中位置可相对其当前位置移动

（2）共同属性

当选中了两个或者多个物体时，属性面板会显示选择计数，最后选中物体的位置，以及所有选中物体的共同属性，这可以编辑多个物体的属性，图 3-10 为同时选中工作台和焊枪。

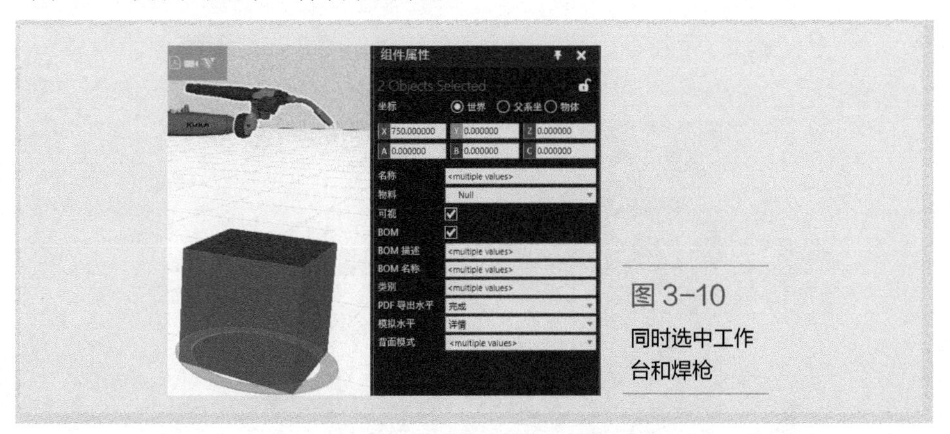

图 3-10 同时选中工作台和焊枪

一个标记为“<multiple values>”的属性字段用于说明属性在一个或者多个选中物体中拥有不同的值。在这种情况下，属性可能会或者可能不会需要拥有一个唯一值。例如，组件必须拥有独一无二的名称，因此，应避免编辑名称属性。

每个组件都有一组在组件创建时创建的共同属性，共同属性介绍如表 3-3 所示。

表3-3　组件共同属性

属性	描述
名称	组件名称
物料	组件及其任何子系节点的材料，以及没有指定材料的特征
可视	开启 / 关闭组件的可见性
BOM	开启 / 关闭组件包含在物料清单表中
BOM 描述	定义在物料清单表中的组件描述
BOM 名称	定义在物料清单表中的组件名称
类别	定义组件的类型元数据属性
PDF 导出水平	定义组件几何元是导入一个 3D PDF 文件的方式
模拟水平	表示模拟组件运动的精确度设置，默认精确度由模拟定义 详情：尽可能精确地模拟组件运动，为组件模拟全程动作 平衡：以与模拟性能平衡的方式模拟组件运动，由此，组件可以从一个点移动到另一个点，无需模拟不必要的关节动作 快速：尽可能快速地模拟组件运动，由此，组件可以对齐至关节配置或者从一个点跳至另一个点
背面模式	定义如何在一个场景中渲染不面向 3D 世界摄像头的组件几何元

3.3.4 组件图形

组件图形面板在 3D 世界中提供对选中组件的概览，包括组件节点、行为、属性以及特征，组件图形面板组成如图 3-11 所示。

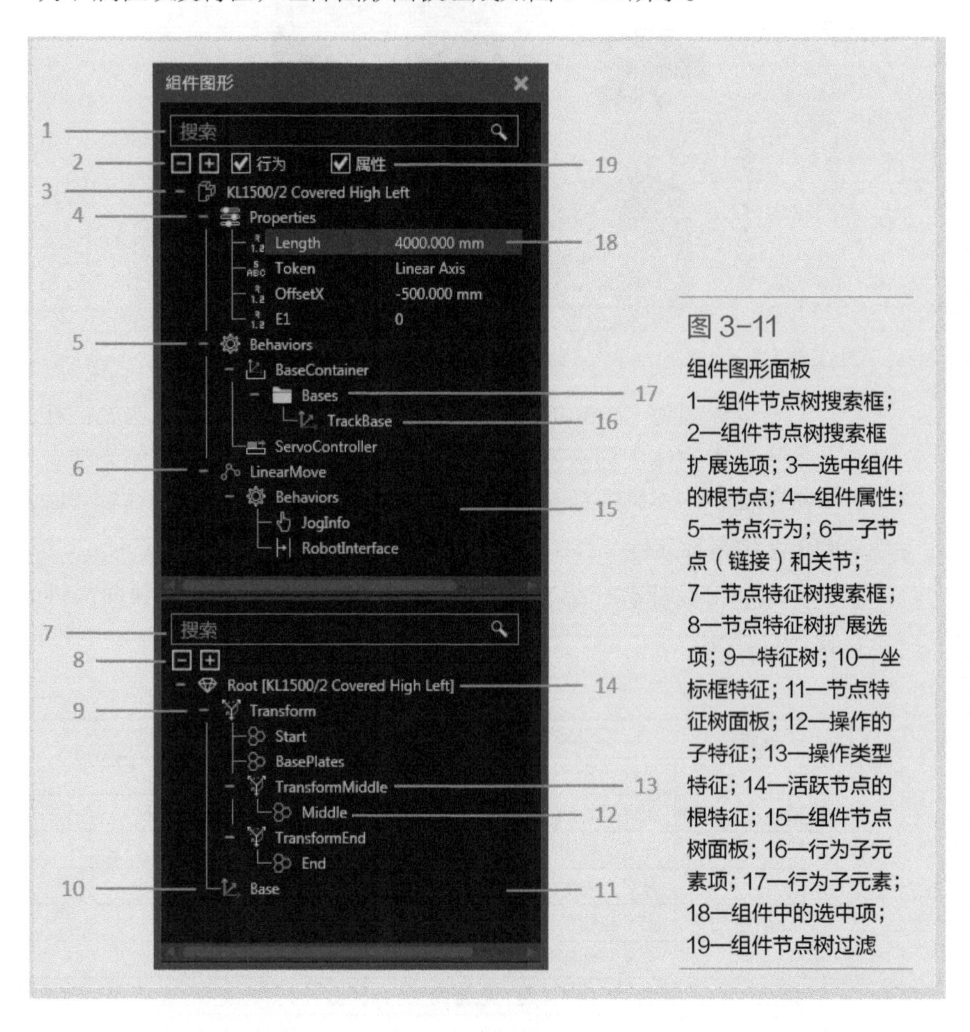

图 3-11
组件图形面板
1—组件节点树搜索框；2—组件节点树搜索框扩展选项；3—选中组件的根节点；4—组件属性；5—节点行为；6—子节点（链接）和关节；7—节点特征树搜索框；8—节点特征树扩展选项；9—特征树；10—坐标框特征；11—节点特征树面板；12—操作的子特征；13—操作类型特征；14—活跃节点的根特征；15—组件节点树面板；16—行为子元素项；17—行为子元素；18—组件中的选中项；19—组件节点树过滤

（1）组件节点树

组件的结构是一棵包含节点的树。在这棵树的顶端是组件的根节点，其中包含组件属性。其他节点在根节点下方通过链接形成。各节点包含在树中，使用节点列出自己的行为集。有些行为拥有执行特殊动作或者包含其他元素的子元素。例如，有些行为拥有能够在行为之间进行内部和外部组件传送的端口，而其他行为则拥有针对其他数据类别的容器。除根节点外，每个节点都可以使用属性面板定义自己的关节、偏移和运动机制。

可以在组件范围内引用组件属性用于指定值和编写表达式。这可以使节点的几何元和其他属性参数化。也可以使用该句法引用拥有唯一名称的行为属性。当节点的关节被分配至一个控制器时会添加额外的节点属性，如图 3-12 所示。

当在 3D 世界显现组件的节点结构时，节点偏移及其自由度会显示为一个形成组件骨架的装配，如图 3-13 所示。节点由于其关节属性而具有交互性，因此，当定义了节点的关节时，可以使用互动命令点动及与该关节互动。

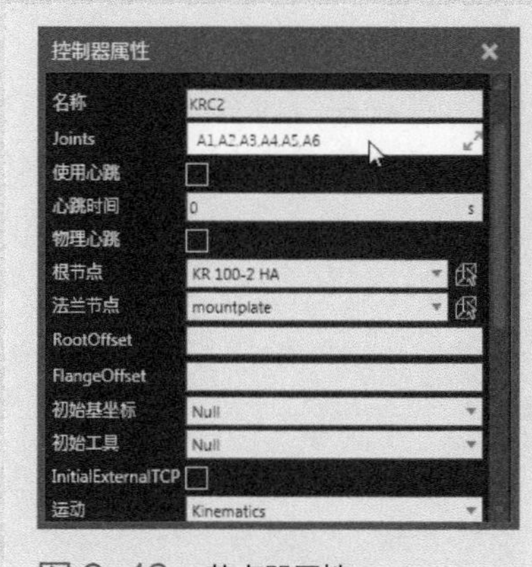

图 3-12 节点器属性

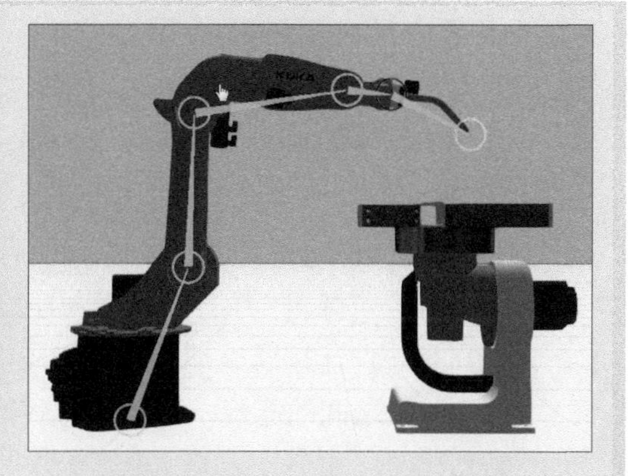

图 3-13 显示组件的节点结构

可以在组件节点树面板中通过将一个节点拖动到另一个节点上将组件中的节点相互附加。这会移动节点及其层级，包括行为和特征。在组件图形面板中移动一个节点或者特征时，可以按下 Shift 键以保持其 3D 世界位置。

在 3D 世界中，选中节点的几何元会以蓝色高亮显示，如图 3-14 所示。总体来说，在分开和移动几何元到这些节点中之前会定义组件的节点结构。另一种方法是运用提取方式使选中几何元形成新节点。

注意

建模视图的移动模式不会影响节点对不同节点的附着。移动模式用于控制 3D 世界中，选中物体的层级是否与物体一起移动。

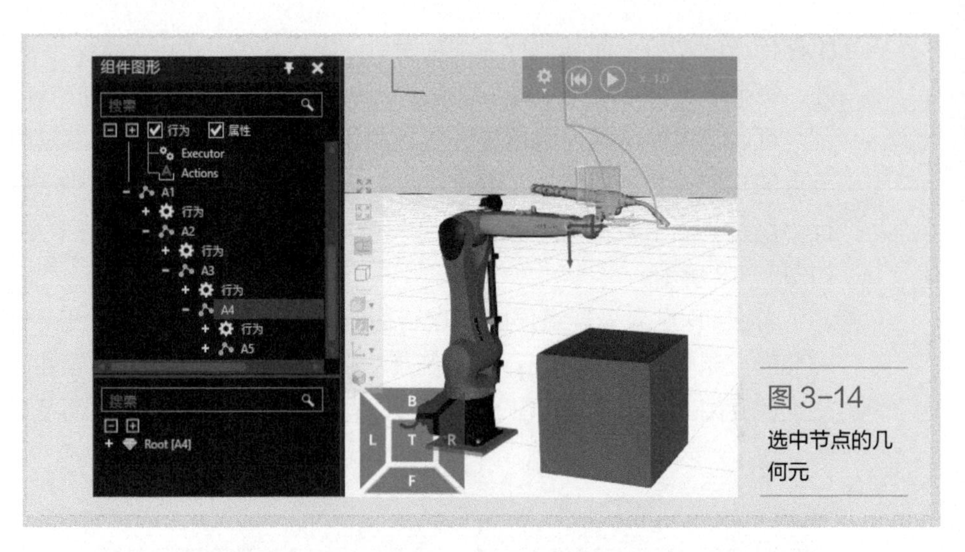

图 3-14
选中节点的几何元

组件中的行为可以互相引用和连接，不需要包含在相同的节点中。有些行为用于向另一种行为添加功能，或者需要与其他行为共同使用以执行任务。例如，可将传感器连接至一个路径，如图 3-15 所示。并且，当被组件在该路径上移动触发时，会使用信号通知其他行为。

若想要将一个组件中的行为连接至另一个组件中的行为，请使用接口。接口是一种连接器类别，可以连接至一个或者多个其他连接器。若要形成两个接口之间的连接，它们必须相互兼容并且拥有可用的端口。也就是说，接口的节段和字段必须互相匹配并且支持连接。节段就好比是一个电插头，而其字段就像是这个插头的插脚。可以使用任何数量的节段以支持不同类别的连接。节段中使用的顺序和字段类别非常重要，因为它们将定义连接器的逻辑。例如，可以将一个组件中的路径输出连接到一个不同的组件中。若要内部完成，将需要使用 Flow 行为的端口子元素，如图 3-16 所示。

若要组件在物理上互相连接，应将两个组件的接口互相插入对方的一个点中，这个点由各接口的 SectionFrame 属性定义。若要将组件远程互相连接，它们的接口必须为抽象或者虚拟接口，这由各接口的 IsAbstract 属性定义。

注意

PnP 命令用于处理组件的即插即用功能，例如，传送带和安装在机器人上的手臂末端的工具。显示接口命令用于显示可以连接抽象接口的连接编辑器，例如，外部轴组件和远程连接至机器人的数字信号。

图 3-15　单向路径属性

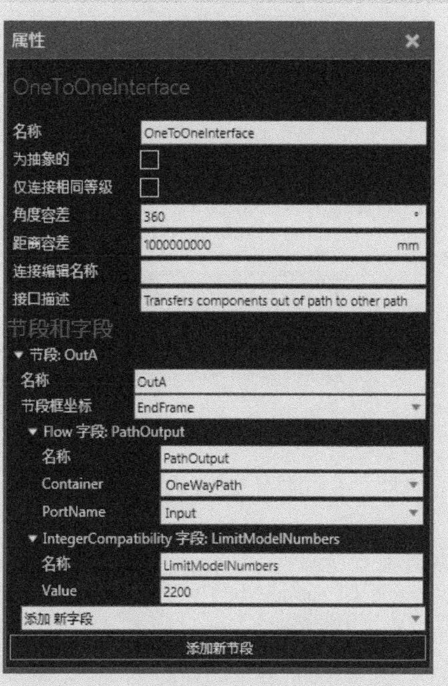

图 3-16　一对一接口属性

（2）节点特征树

节点的几何元是一棵包含特征的树，树的顶端是节点的根特征，其他特征在根特征的下方相链接和成形。也就是说，树中的每个特征都被评估，而后传递给其父特征，直到最终到达节点的根特征，这就是操作类别特征应用的方式。子特征被评估，而后受到操作的影响，最后被传递给操作类特征的父特征。

特征树评估是一个非常重要的建模模仿。将一个块体特征添加至节点，沿 X 轴移动，然后围绕操作的 Z 轴移动，可以使用半径和角度移动块体的位置。接下来，块体沿操作的 X 轴被克隆，而后沿另一个操作的 Y 轴被拉伸。最后，节点原点坐标框及块体所属的层级被传递至块体节点的根特征，如图 3-17 所示。

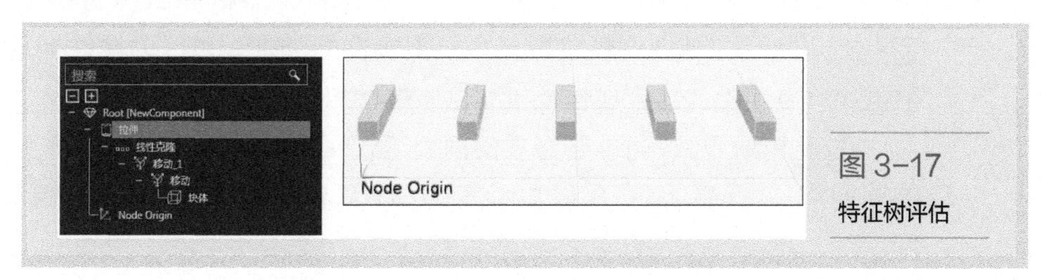

图 3-17　特征树评估

原始类型特征为简单的形状，而几何元特征则为一个坍塌或者导入几何元的容器。任何类别的特征都可以坍塌并且形成一个几何元特征。在这种形式中，几何元能够直接被编辑并重组到不同的几何元特征中。在 3D 世界中，选中特征及其子特征的几何元分别用绿色和橄榄色加亮显示，如图 3-18 所示。

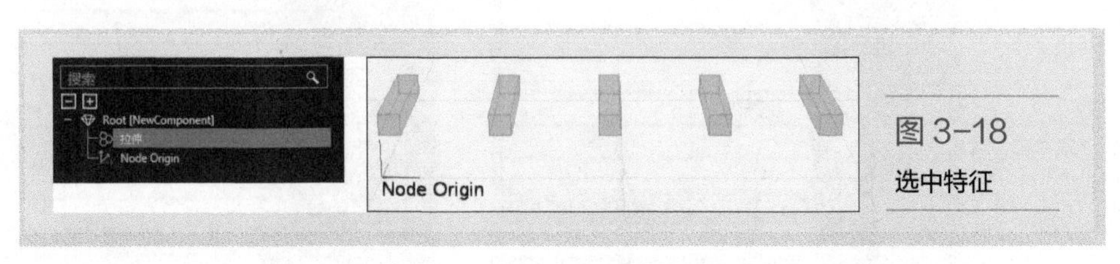

图 3-18 选中特征

通过将特征从节点特征树面板拖到组件节点树面板中，可以将面板中列出的一个节点移到组件中的另一个节点，这会将特征及其层级移到该节点。默认情况下，特征会保持其位置，但是，在拖动特征以使节点的偏移影响特征的位置时，可以长按 Shift。同样，也可以提取特征和节点以形成新的节点和组件。

注意

建模视图的移动模式不会影响特征向不同节点的移动。移动模式用于控制 3D 世界中，选中物体的层级是否与物体一起移动。

（3）属性编辑

当在组件节点树中选择一个属性时，会显示一个属性任务面板用于编辑该属性，如图 3-19 所示。根据属性的类别，可以使用半字线（-）设定最小和最大范围限制，分号（；）设定值集，换行符用于每个字符串。属性名称可用于在组件属性面板中生成一个属性选项卡。并且，若至少使一个选项卡为可见，且未在组件中隐藏，则会显示该选项卡。

可以在组件范围内引用组件属性用于指定值和编写表达式。这可以使节点的几何元和其他属性参数化。根据属性的类别，可以为属性指定一个数量和单位前缀，这样属性将自动以该数量和单位设置为基础。

在有些情况下，可能会想要使用表达式属性形成自己的单位或者计算，这些通常是隐藏的，在可以显示表达式的只读属性中被引用，如图 3-20 所示。

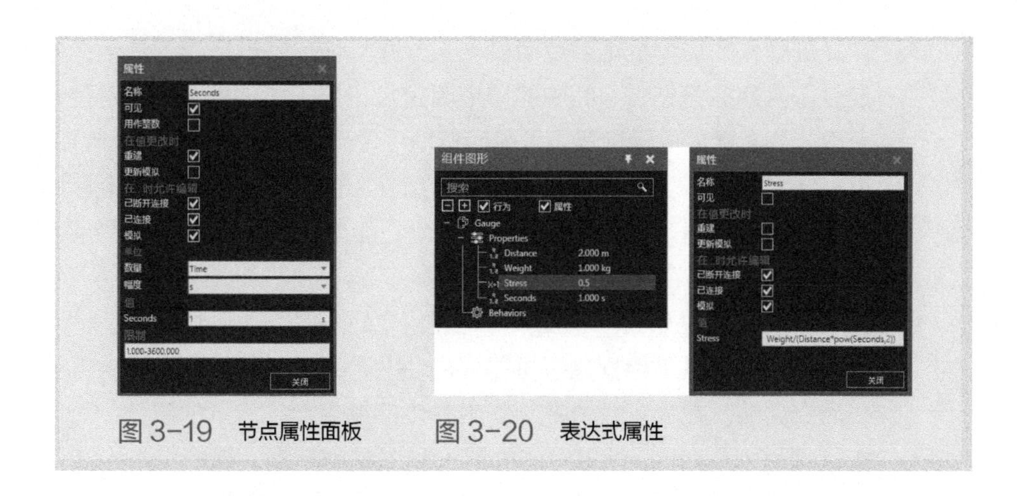

图 3-19　节点属性面板　　图 3-20　表达式属性

3.3.5　点动面板

点动面板与点动命令一同使用，可以在 3D 世界中操纵、配置和教授机器人。点动面板在程序视图下，点动面板介绍如图 3-21 所示。

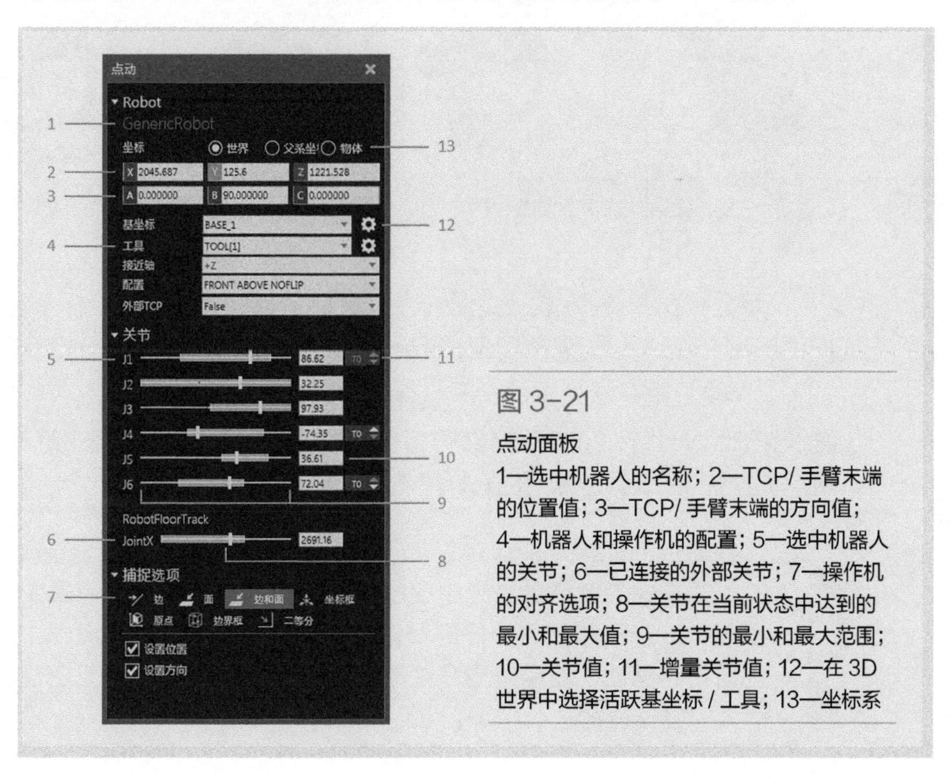

图 3-21

点动面板

1—选中机器人的名称；2—TCP/手臂末端的位置值；3—TCP/手臂末端的方向值；4—机器人和操作机的配置；5—选中机器人的关节；6—已连接的外部关节；7—操作机的对齐选项；8—关节在当前状态中达到的最小和最大值；9—关节的最小和最大范围；10—关节值；11—增量关节值；12—在 3D 世界中选择活跃基坐标 / 工具；13—坐标系

机器人的操作机可以点动机器人，并且使用基坐标和工具坐标框示教定位。基坐标框充当空间中的一个固定点，用于简化机器人的定位。通常来说，基坐标框位于机器人世界坐标框（位于机器人的底端或者腹部）。在有些情况下，基坐标框可附加至其他组件中的节点。例如，基坐标框可附加至货盘、工件，连接至机器人的一个外部运动组件中的节点，如图 3-22 所示。

工具坐标框充当一个工具中心点（TCP）以及用于示教机器人定位。通常来说，工具坐标框位于机器人的法兰节点 / 安装板或者安装工具的中心点或尖端。在大多数情况下，工具坐标框用作操作机的原点，而后，操作机可用于移动 3D 世界中的机器人和工具坐标框。操作机的大箭头会参照点动面板中的活跃坐标系，而小箭头则会参照工具坐标系，如图 3-23 所示。

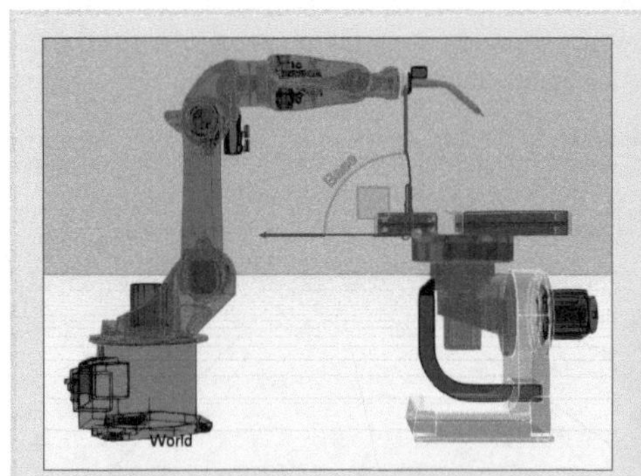

图 3-22　基坐标框在附加到变位机

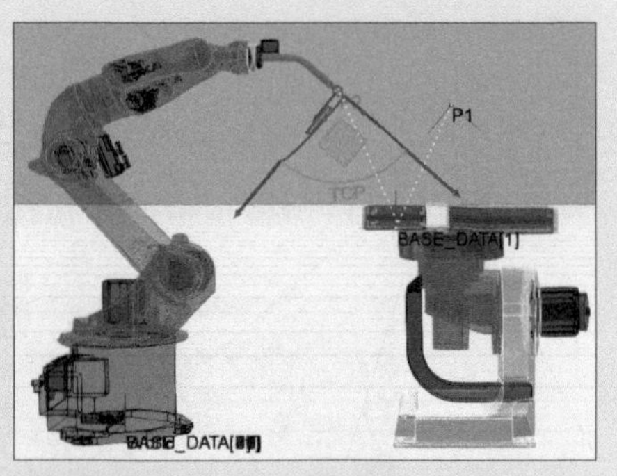

图 3-23　工具坐标系

示教位置的一种方式是参照一个基坐标系，计算到工具坐标系及其方向的距离。在这些情况下，操作机会移动机器人和活跃工具坐标框至这个位置。基坐标框是该位置的父系坐标系，因此，移动基坐标系会移动该位置及附加到基坐标系的其他位置。若在 3D 世界或者点动面板中选择一个机器人位置，机器人会对齐至该位置。

注意

使用锁定位置至世界命令以使在更改机器人的位置、基坐标框或者这些位置参照的任何其他物体时，机器人在 3D 世界中的位置不会移动。使用选择命令选择一个机器人位置，并且不让机器人对齐该位置。

在有些情况下，工具坐标框可附加至其他组件中的节点并用作外部TCP。例如，可以附加一个工具坐标框至一个静止工具，由此，机器人可以围绕空间中的一个固定点为自己定向。在有些情况下，基坐标和工具坐标框的角色可以互换，从而将工具坐标框用作基坐标，而基坐标框则用作一个 TCP，如图 3-24 所示。因此，机器人的位置将承继基坐标框的方向。

当对齐操作机时，机器人的接近轴属性将根据活跃工具坐标框的方向确定如何为机器人定向。例如，工具坐标框的一个常见方向是沿其正 Z 轴方向向下指，如图 3-25 所示。

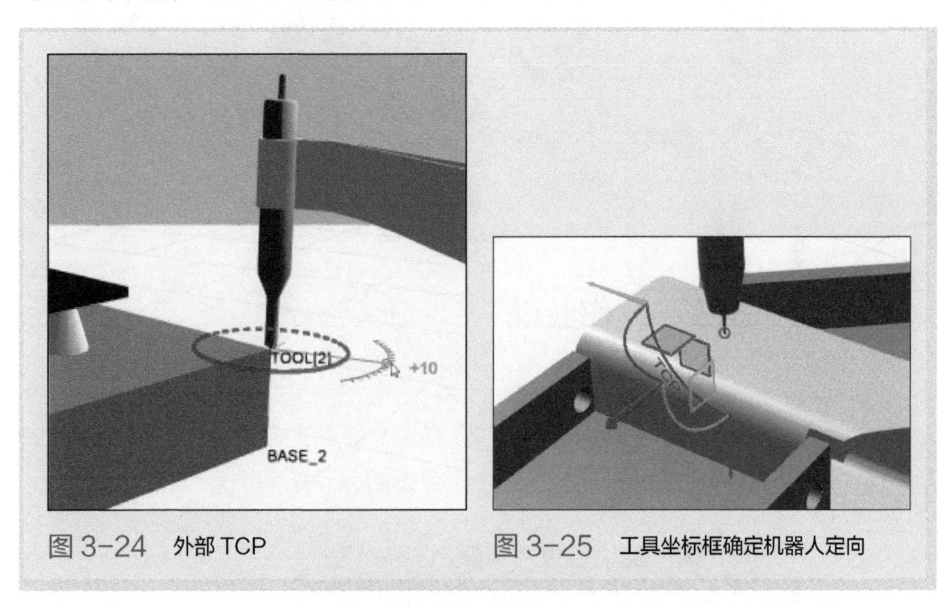

图 3-24 外部 TCP

图 3-25 工具坐标框确定机器人定向

通常来说，更改机器人的接近轴可以获得不同的结果，如图3-26所示。

图 3-26 更改接近轴

当尝试移动操作机至一个机器人无法达到的点时，3D 世界中会显示出错并指回操作机的原点，如图 3-27 所示。

同样，3D 世界中不可到达的机器人位置将以红色标出，如图 3-28 所示。

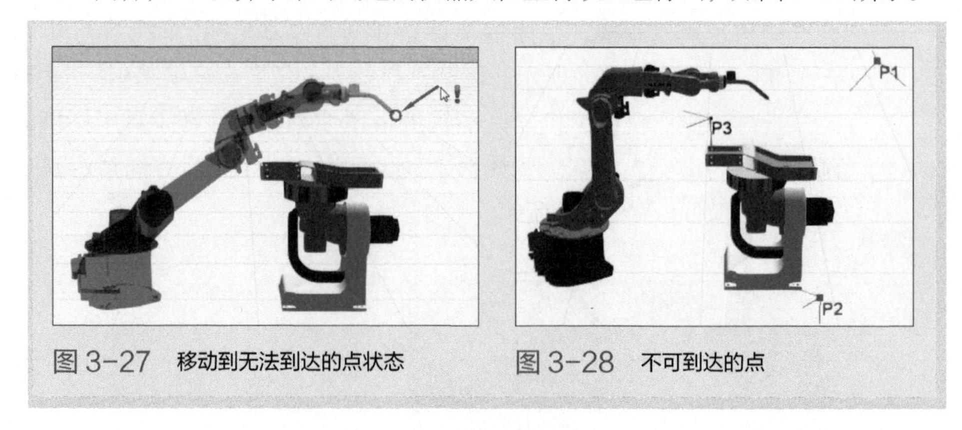

图 3-27　移动到无法到达的点状态

图 3-28　不可到达的点

3.3.6　作业图

作业图面板可查看和编辑机器人程序、预览动作，以及对其他类型使用 RSL 语句的组件进行编程，作业图面板介绍如图 3-29 所示。

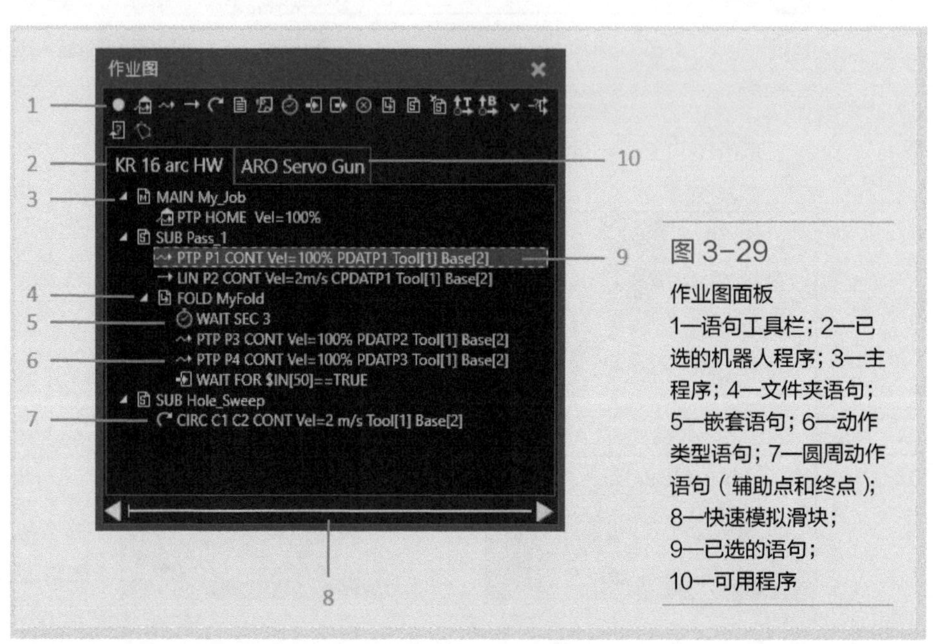

图 3-29　作业图面板

1—语句工具栏；2—已选的机器人程序；3—主程序；4—文件夹语句；5—嵌套语句；6—动作类型语句；7—圆周动作语句（辅助点和终点）；8—快速模拟滑块；9—已选的语句；10—可用程序

（1）语句工具栏

当在作业图面板中选中机器人程序时，语句工具栏将显示用于向程序添加应用语句的命令，语句工具栏各指令介绍如表 3-4 所示。

表3-4　指令表

序号	图标	名称	描述
1		Wait for $IN	等待连接到机器人的输入数字信号达到特定值
2		$OUT	设置连接到机器人的输出数字信号值或让机器人做动作的信号
3		Assign variable	设置机器人变量或属性的值
4		调用子程序	执行程序中指定的子程序
5		CIRC	执行由两个位置定义的圆周动作，其为动作的辅助点和终点
6		COMMENT	在程序中留下注释
7		FOLDER	执行一组语句
8		HALT	停止执行程序
9		IF	定义 if-then-else 条件，用于在条件为 True 时执行一组语句或在条件为 False 时执行另一组语句
10		LIN	根据当前配置执行线性运动到某位置
11		PATH	针对 3D 世界中选定曲线，创建并执行运动语句路径，其他选项显示在动作属性面板中
12		PTP	通过内插联合值执行点到点动作
13		PTPHome	执行机器人的原位
14		设置基坐标	设置机器人基坐标系属性
15		设置工具坐标	设置机器人工具坐标系属性
16		子程序	在程序中创建一个新的子程序
17		USERKRL	执行由 KRL 代码定义的自定义语句
18		WAIT	延迟程序执行
19		WHILE	定义在循环中执行一组语句的条件
20		修改 PTP 或 LIN 点	针对所选机器人位置更新动作语句属性

当在作业图面板中为除机器人外的组件选择程序时，语句工具栏将显示用于向程序添加 RSL 语句的命令。一般来说，这在固定装置、夹具和伺服型部件中使用，这种情况的语句工具栏介绍如表 3-5 所示。

表3-5　RSL语句表

序号	图标	名称	描述
1		调用程序	执行程序子程序
2		延迟	延迟程序执行
3		数字输出	设置连接到机器人的输出数字信号值或让机器人做动作的信号
4		停止	停止执行程序
5		关节动作	通过内插联合值执行点到点运动
6		修改关节或线性运动	针对所选机器人位置更新动作语句属性
7		打印	发送要在输出面板中打印的反馈
8		程序	在程序中创建一个新的子程序
9		设置基坐标	设置机器人基坐标系属性
10		设置工具	设置机器人工具坐标系属性
11		等待数字输入	等待连接到机器人的输入数字信号达到特定值

（2）快速模拟滑块

在作业图面板底部是一个快速模拟滑块，如图 3-30 所示。可使用滑块箭头单步后退或前进一条语句，拖动滑块可模拟机器人在下一语句时的位置动作。若选定的语句是 FOLD 或包含嵌套语句，则根据每条语句的位置计算机器人的运动，并进行缩放，模拟机器人姿态，以达到下一条语句。

（3）程序

机器人程序就是机器人作业，它将与机器人一起保存在布局之中。菜单中的机器人工具选项卡中的内容可用于载入和清除不同的机器人程序，以及为项目和作业导入和导出 KRL 代码，如图 3-31 所示。

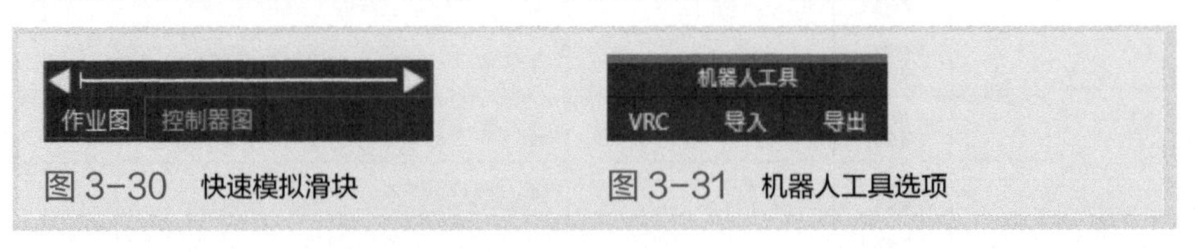

图 3-30　快速模拟滑块　　图 3-31　机器人工具选项

程序可以从已连接的控制器（VRC）中导入，也可以导出到 VRC 中，从而可模拟真实机器人程序和工作单元。当导入 KRL 程序时，无法识别的命令 / 语句将生成 USERKRL 语句。

若需要重新排列程序语句，请在另一语句前后拖放语句。插入语句处将会显示一条线，这条线也表示插入语句的级别。

当运行模拟时，机器人程序中当前执行的语句由作业图面板右侧的箭头指示，如图 3-32 所示。

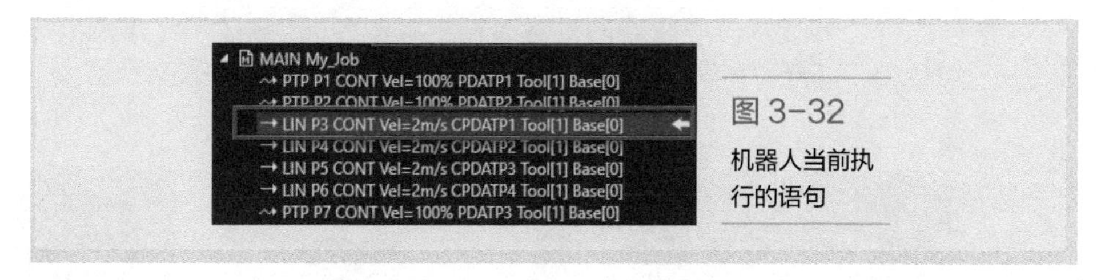

图 3-32 机器人当前执行的语句

3.3.7 控制器图

控制器图面板提供了当前 3D 世界布局中的机器人轮廓，以及处理机器人、机器数据和虚拟机器人控制器（VRC）连接的选项，控制器图面板组成如图 3-33 所示。

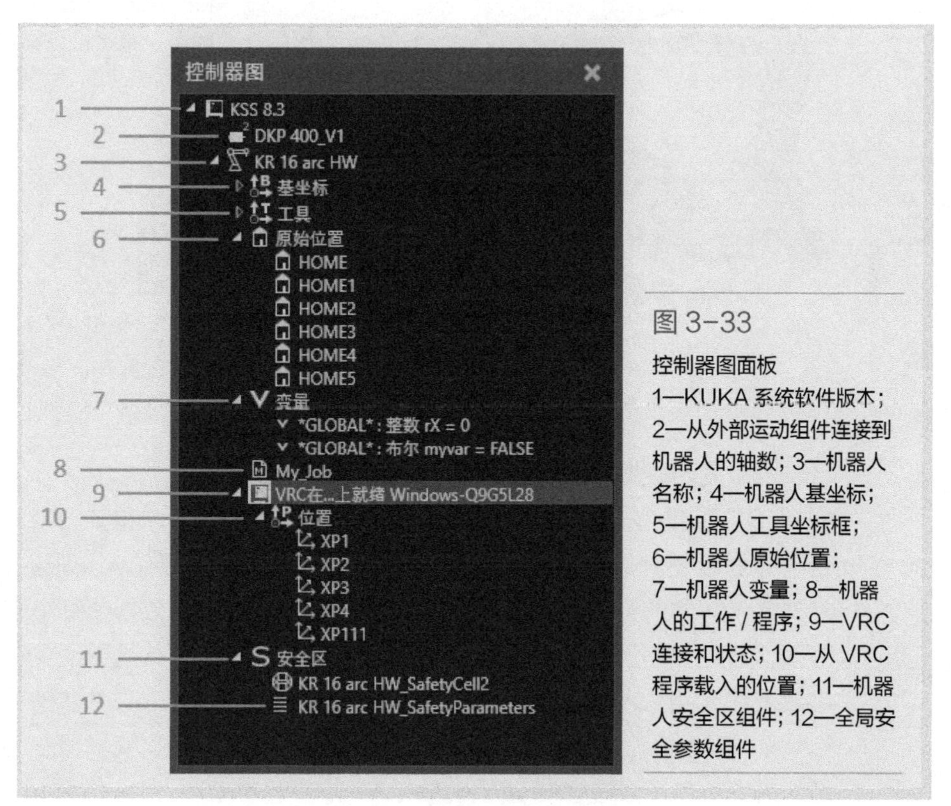

图 3-33 控制器图面板

1—KUKA 系统软件版木；2—从外部运动组件连接到机器人的轴数；3—机器人名称；4—机器人基坐标；5—机器人工具坐标框；6—机器人原始位置；7—机器人变量；8—机器人的工作 / 程序；9—VRC 连接和状态；10—从 VRC 程序载入的位置；11—机器人安全区组件；12—全局安全参数组件

（1）外轴

当机器人连接到可扩展其可达区域的组件或提供有附加动作轴时，这些组件及其导入关节将连同机器人在控制器图面板中列出，例如添加一个变位机。添加变位机的步骤如下。

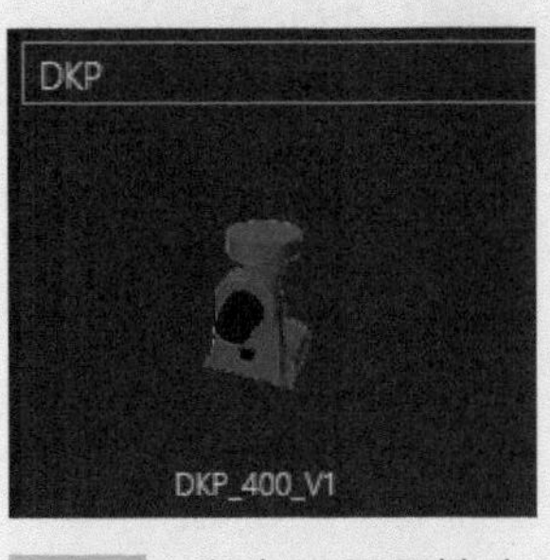

步骤1 在电子目录搜索框中输入“DKP”，找到变位机。

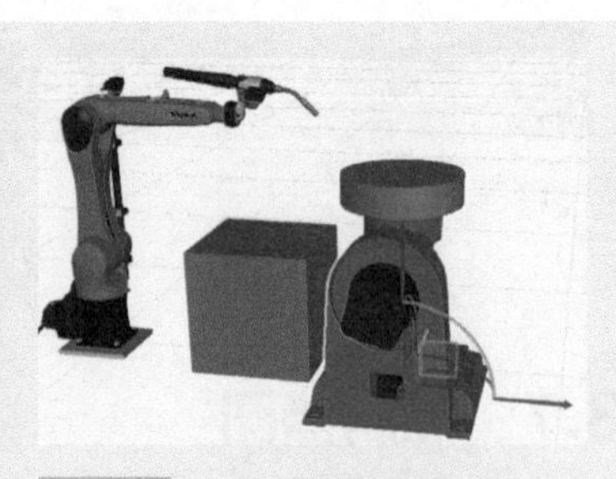

步骤2 将变位机拉入3D世界中。

步骤3 在程序视图中，将“接口”前面的框勾选上。

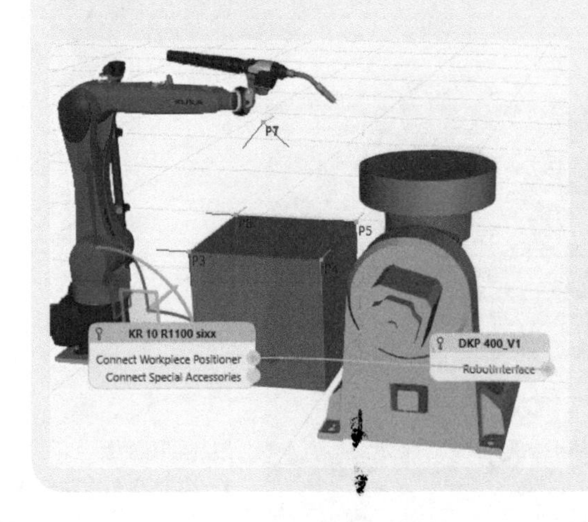

步骤4 将机器人接口跟变位机接口连接起来，直接按住鼠标左键拉过去即可。

步骤5 可以在控制器图中看到机器人连接的外部轴。

（2）同步数据

可以使用“导入”标签或快捷方式同步机器人基坐标和工具坐标框的当前数据以及其原始位置。每种类型对象的编辑器，都包含一张数据表。左列显示对象的当前数据，右列显示已打开文件的载入数据或每个字段中的手动输入数据。对象名称将以红色突出显示，以指示其是否至少有一个字段或单元格未与右列中的内容同步，如图 3-34 所示，选中焊枪工具坐标。要同步数据，可以手动更改单元格，也可以使用分隔编辑器左列和右列的箭头对单元格进行自动同步。

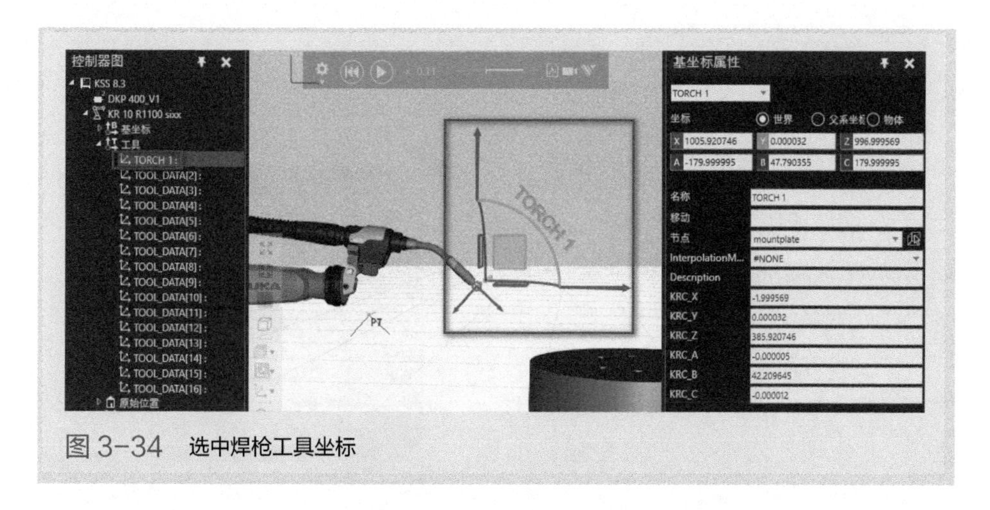

图 3-34 选中焊枪工具坐标

根据对象的类型，编辑器将显示该对象的不同字段名称 / 属性。

节点字段将显示基坐标，可以单击该字段设置基坐标使其连接到布局中的节点。亮色选项表示节点被固定。绿色选项表示节点是一个子节点并可能会移动，要避免使用红色选项。

编辑器将为基坐标显示“扩展工具”字段，并可将基坐标设置作为工具坐标框 /TCP ；将为工具坐标框显示“Int 基坐标”字段，并可将工具坐标框设置作为基坐标系；将为原始位置显示“修改”字段，并可快速将原始位置设置为等于 3D 世界中机器人的当前关节配置。原始位置编辑器不使用 XYZ 位置和 ABC 方向字段，而是使用针对机器人和任何外部关节的关节字段，如 A1 到 A6 和 E1 到 E6。

（3）机器人变量

机器人变量可处理隐式和显式变量以分配值。隐式变量是向机器人程序添加语句时自动创建的，但未在控制器图面板中列出。相反，需要使用管理机器人变量快捷方式使其对 KSS 元素可用，以便访问隐式变量。

变量对话框可编辑变量和类型，但此操作只在出于特定目的或载入更正数据时使用。显式变量可以通过使用针对变量元素可用的添加变量快捷方式创建。

当添加变量时，需要定义变量作用域、类型和名称。变量作用域决定了其在机器人程序中的使用范围，例如一个计数器变量只能在主程序中用于控制循环。

添加变量后，可以通过在机器人程序中使用添加设置变量语句来设置其值，并在其他语句中使用该变量。

(4) 项目文件

机器人的工作是执行它的程序，并且这是机器人整体项目的一部分。机器人作业属性可定义项目详细信息，设置生成作业图 XML 文件和程序源码的位置。

在控制器图面板中选择“My_Job”，软件右侧会出来例行程序属性，这里可以设置项目保存路径、程序名、作者、公司，还能添加新变量，如图 3-35 所示。

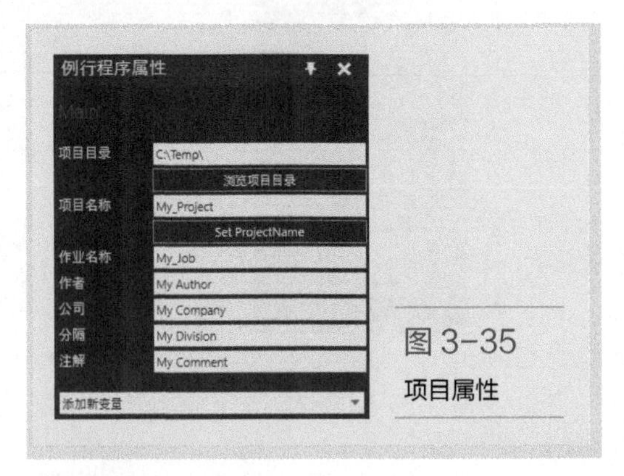

图 3-35 项目属性

(5) 虚拟机器人控制器

虚拟机器人控制器（VRC）可以连接到模拟世界中的机器人。VRC 连接声明将在控制器图面板中显示，其状态显示在属性面板中。当使用 VRC 时，机器人的配置和机器数据及其程序可以载入到 VRC 中并读取。

若希望控制机器人通过载入程序来运行机器人，应在 3D 世界中运行模拟。在某些情况下，可能需要使用 VRC 轻推机器人或修改程序运行的模式设置。在其他情况下，可能需要重置模拟，再使用 Jog 命令示教机器人和创建位置。

(6) 安全区

可为机器人创建安全区组件并在控制器图面板中列出。可以右键点击安全区元素，再使用快捷方式创建、删除、导入和导出安全区组件。

大多数类型的安全区是可视化组件，并在 3D 世界中显示为由角点和其他属性定义的透明形状。而全局安全参数组件是不可视的一组属性，并且其将在为机器人添加至少一个其他类型安全区组件时自动创建。

3.3.8 模拟控制

模拟控制位于 3D 世界顶端，它可以实现开始模拟运行、停止模拟运行、重置状态、录制模拟动画以及自定义模拟，模拟控制栏组成如图 3-36 所示。

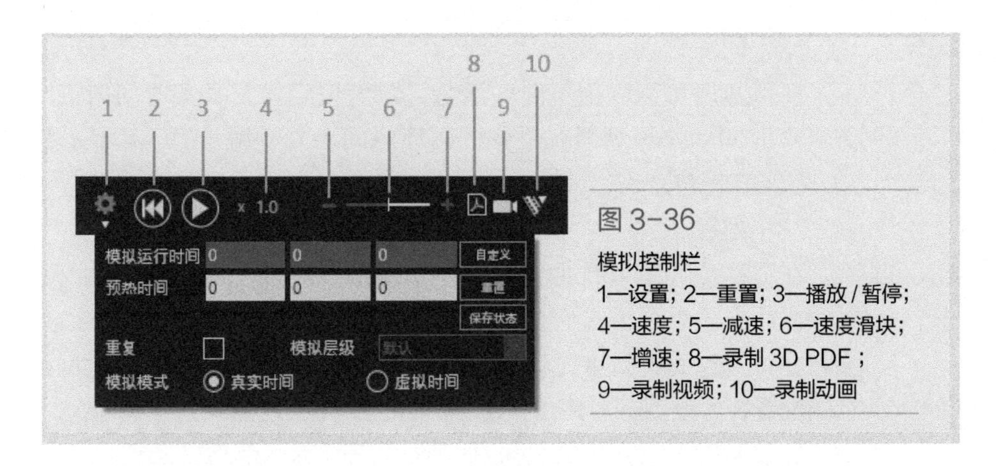

图 3-36
模拟控制栏
1—设置；2—重置；3—播放 / 暂停；4—速度；5—减速；6—速度滑块；7—增速；8—录制 3D PDF；9—录制视频；10—录制动画

（1）设置

模拟设置可以自定义模拟的执行，自定义模拟各功能介绍如表 3-6 所示。

表3-6　自定义模拟功能

序号	功能	描述
1	自定义	可以定义之前被设定为无限运行的模拟运行时间
2	重复	使用定义的运行时间或者结束时间开启 / 关闭模拟的循环
3	重置	将预热时间重置为零
4	保存状态	保存 3D 世界中所有组件的当前位置和配置。默认情况下，会在模拟开始时自动完成以将组件重置为它们的初始模拟状态
5	模拟层级	表示模拟组件运动的总体精确度设置 默认：精确度由组件定义 详细：尽可能精确地模拟组件运动，由此为组件模拟全程动作 均衡：以与模拟性能平衡的方式模拟组件运动，由此，组件可以从一个点移动到另一个点，无需模拟不必要的关节动作 快速：尽可能快速地模拟组件运动，由此，组件可以对齐至关节配置或者从一个点跳至另一个点
6	模拟模式	模拟模式是定义模拟的时间模式，它有真实时间和虚拟时间两种 真实时间：模拟速度被缩放至真实时间的操作，例如，模拟中的一秒就是真实时间的一秒。在真实时间模式中，可以使用比例因子加速或者放慢模拟，从而能够与真实设备同步模拟 虚拟时间：模拟的速度取决于电脑速度，从而使模拟能够尽可能快速地运行。在虚拟时间模式中，可以使用一个步子大小来定义渲染 3D 世界的虚拟帧速率。例如，0.3 的步子大小会每隔 0.3s 的模拟运行时间渲染一帧
7	模拟运行时间	定义模拟的运行时间
8	预热时间	定义一个开始模拟的时间点，通常来说，预热时间用于在组件处于一个首选状态时开始收集统计数据

（2）速度

模拟速度可以以虚拟时间运行，或者设定为在真实时间内进行，模仿真实时间动作规划器。要分析循环时间，请使用 KUKA OfficeLite 或 KUKA.OfficePC。

（3）重置

在重置模拟时，3D 世界的布局会返回到其初始状态。

组件会被重置为它们在模拟开始时的初始或者保存状态。这意味着，会将在模拟过程中创建的动态组件从布局中移除。静态组件会返回至其保存的位置，并且拥有与其在开始时相同的层级和连接。

关节和其他运动组件轴会返回到它们开始时的值。

基坐标和工具框坐标会恢复至它们开始时的初始位置。这意味着，在模拟期间设定的基坐标和工具框坐标的效果会被撤销。

信号和机器人变量会重置为默认值，即已保存状态中未存储的信息。

3D 世界视图会保持，但不会存储在已保存状态中。

KUKA.Sim Pro

第4章

库卡机器人搬运、码垛仿真系统应用

机器人搬运、码垛广泛应用于机床上下料、冲压机自动化生产线、自动装配流水线、码垛搬运、集装箱等自动搬运生产环节，以提高生产效率、节省劳动力成本、提高定位精度并降低搬运过程中的产品损坏率。它对精度的要求相对低一些，但承载能力比较大，运动速度比较高。

本章节以库卡机器人搬运、码垛仿真系统为实例，将仿真软件中外部夹具的行为创建，组件的各属性设置，信号配置，搬运、码垛程序编写等功能用实例演示，使读者更容易理解掌握。

① 了解搬运机器人工作站的创建过程。
② 掌握外部夹具的导入方法。
③ 熟悉智能组件的创建过程。
④ 掌握 KUKA.Sim Pro 仿真软件中自动化生产系统的搭建步骤。
⑤ 理解组件的移动路径。

① 会设置外部夹具的动作行为。
② 能给外部夹具添加 IO 控制并与机器人 IO 进行配置。
③ 能设置并使用外部夹具的即插即用接口。
④ 会编写机器人搬运系统和机器人码垛系统的工作程序。
⑤ 能独立创建机器人搬运系统和机器人码垛系统。

4.1 创建搬运机器人工作站

扫码看：创建搬运机器人工作站

4.1.1 创建机器人

首先创建一个项目，设置好项目参数，方便后期保存，创建机器人的步骤如下。

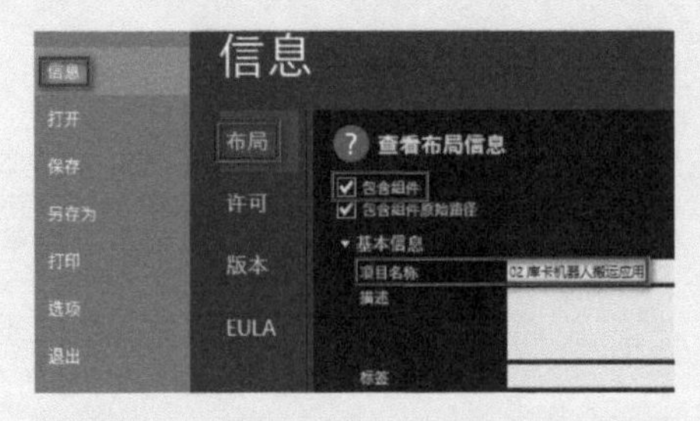

步骤1 打开KUKA.Sim Pro虚拟仿真软件，在文件菜单下，点击“信息”，点击“布局”，将“包含组件”的框勾选上，在项目名称处给该项目取名“02库卡机器人搬运应用”。

步骤2 点击“另存为”，选择要保存的文件夹。

步骤3　在电子目录下找到“KR 10 R1100 sixx”型号机器人，双击机器人添加到3D世界中。可通过搜索机器人型号或在机器人分类中找到，若前面项目用过，可在最近模型文件夹中找到。

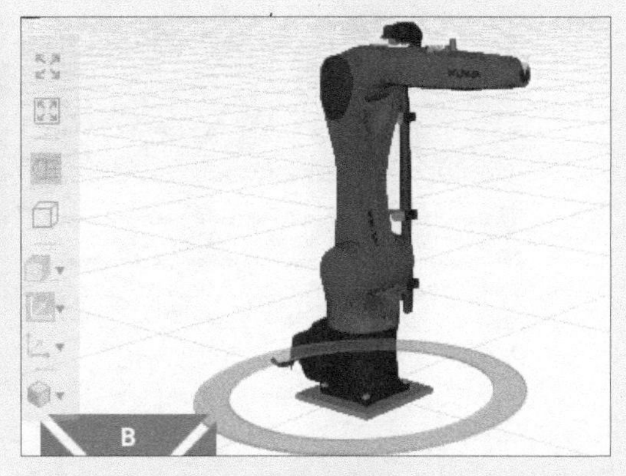

步骤4　机器人出现在3D世界中心，机器人添加完成。

4.1.2　添加工作台

添加一个工作台，工业机器人需在工作台上完成工件的搬运，添加工作台步骤如下。

步骤1　在电子目录中找到“Block”，双击添加到项目中。

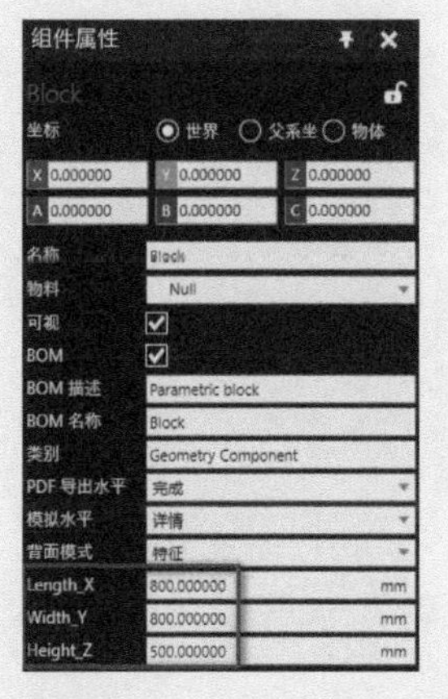

步骤2　在右侧组件属性面板中修改Block组件尺寸，这里设置成长800mm，宽800mm，高500mm。

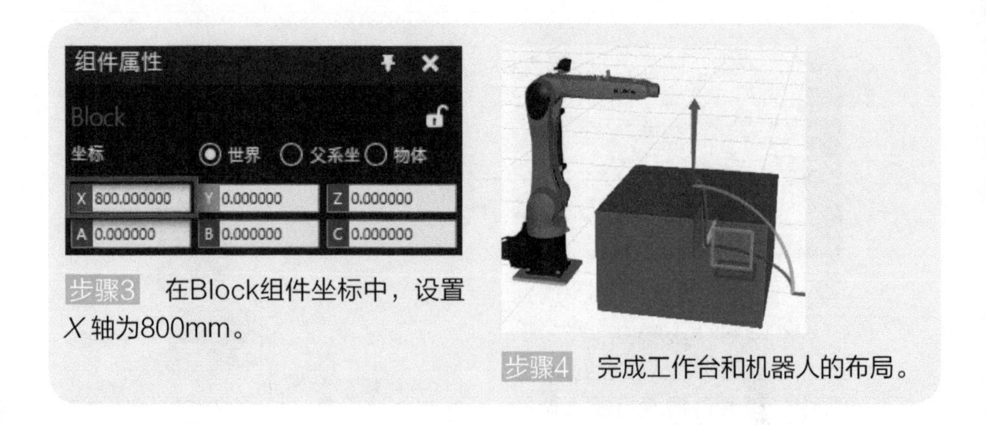

步骤3　在Block组件坐标中，设置*X* 轴为800mm。

步骤4　完成工作台和机器人的布局。

4.2 创建一个机器人夹具工具 

 4.2.1　夹具原点设置

KUKA.Sim Pro 虚拟仿真软件中有一些自带的夹具，这些夹具的行为属性都已设置好，可直接拿来用。这里以外部导入夹具工具模型为例，从零开始创建一个夹具工具，并保存到自己的收藏文件夹，方便以后直接调用。夹具工具创建步骤如下。

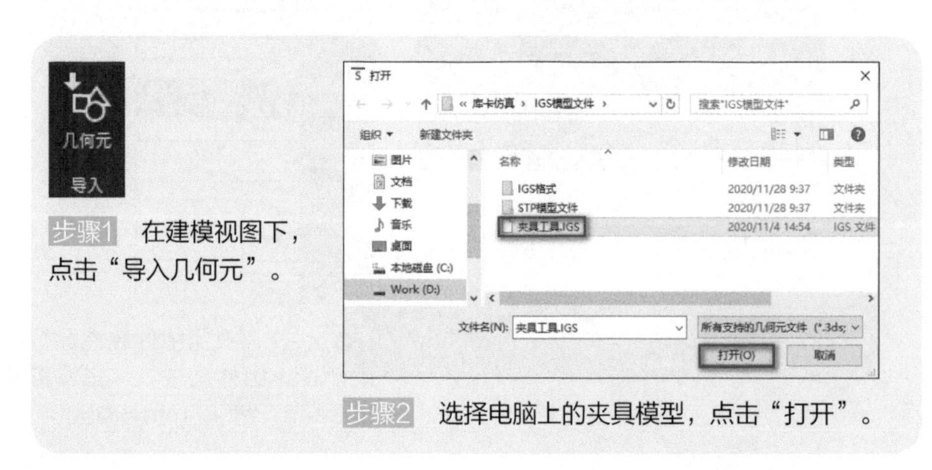

步骤1　在建模视图下，点击“导入几何元”。

步骤2　选择电脑上的夹具模型，点击“打开”。

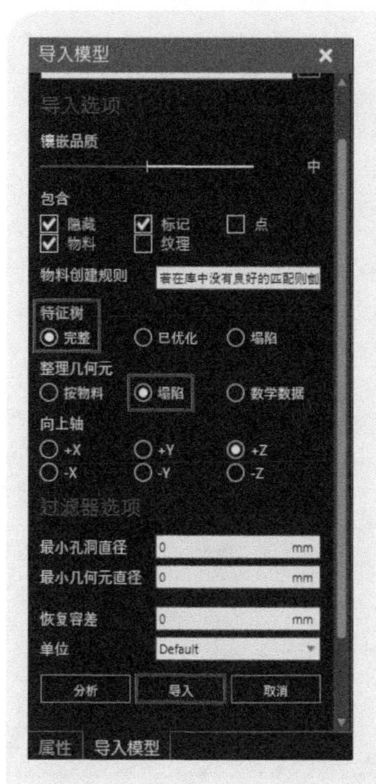

步骤3　在软件右侧导入模型面板中设置即将导入的模型属性，这里特征树选择“完整”，整理几何元选择“塌陷”，然后点击“导入”。

步骤4　在组件属性中设置该组件的名称为“Gripper”，BOM名称也设为“Gripper”，这里尽量不要设置成中文，软件对中文的支持还不够完善，以免出错。

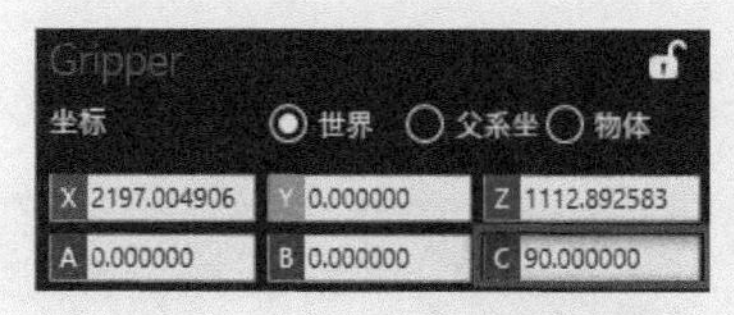

步骤5　由于夹具默认是横着的，这里需要把它竖起来，将坐标系C处设置成90即可。

步骤6　在开始视图下，点击原点菜单下的“捕捉”。

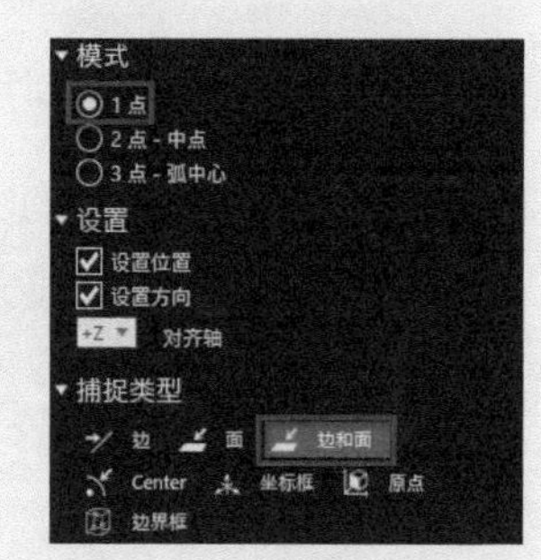

步骤7　捕捉模式选择“1点”，捕捉类型用默认“边和面”即可。

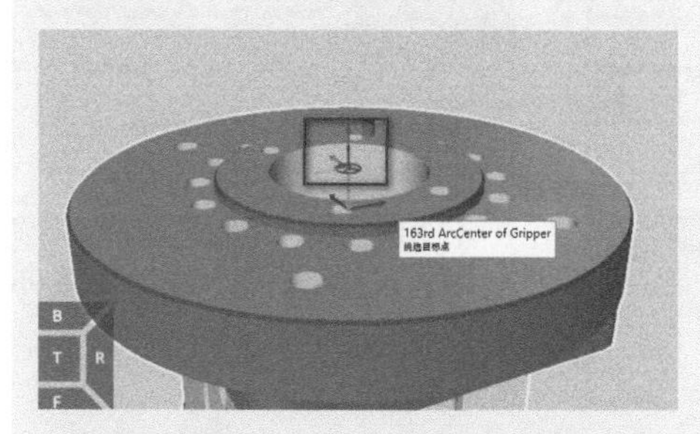

步骤8　将鼠标移动到最上面圆的中心点作为目标点。

步骤9　捕捉好后点击鼠标左键，点击“应用”即可。

4.2.2 夹具开合设置

要实现夹具夹取物料，夹具要能做出夹紧松开动作。外部导入的模型并不具备行为属性，在 KUKA.Sim Pro 软件中需要进行设置。夹具的开合设置步骤如下。

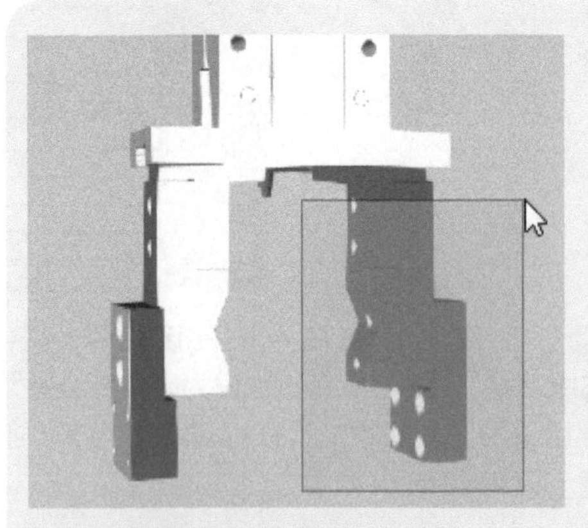

步骤1 点击操作工具下的“选择”，框选夹具想要设置动作的模型组件的一边。

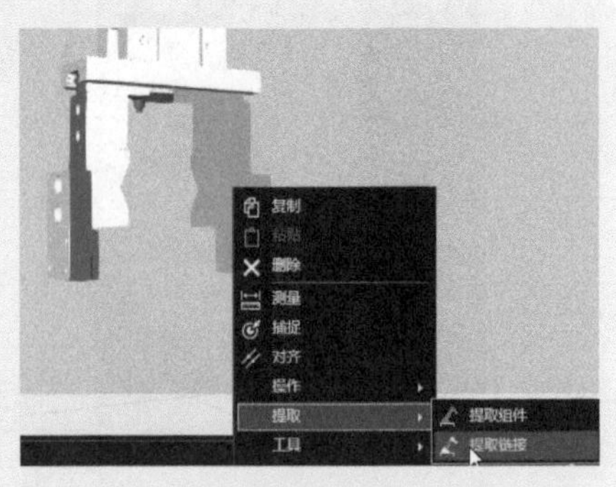

步骤2 点击鼠标右键，选择“提取”“提取链接”。

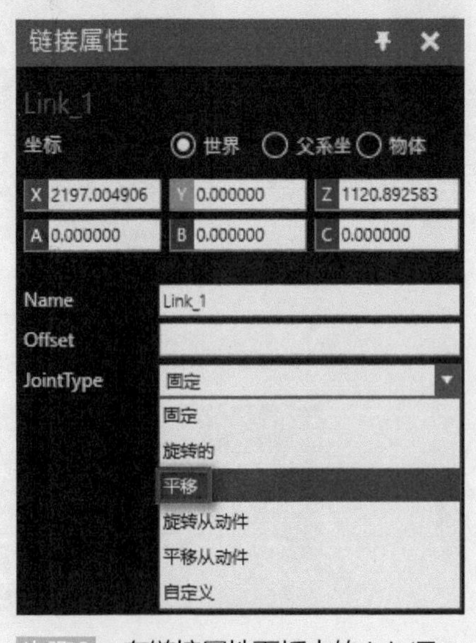

步骤3 在链接属性面板中的JointType下选择“平移”。

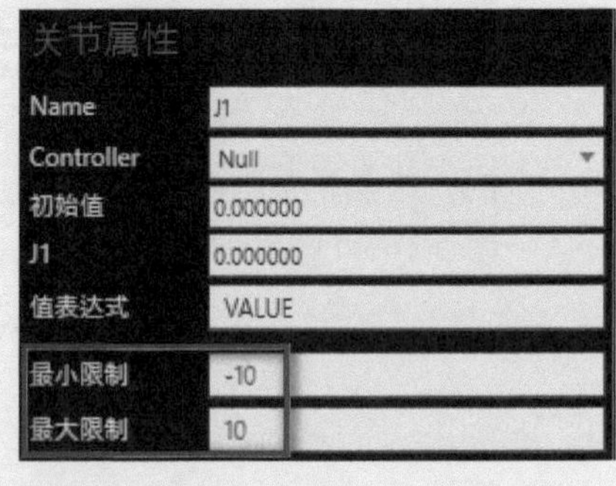

步骤4 在关节属性中Name下可以给该关节取名，默认是“J1”。在最小限制和最大限制下可以设置该关节平移的范围，这里设置最小限制为−10，最大限制为10。

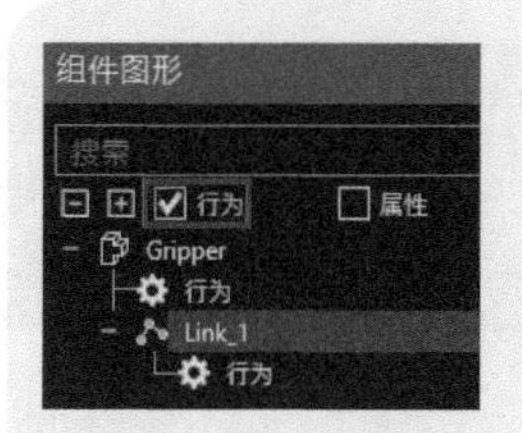

步骤5　将组建图形下的“行为”对话框勾选上。

步骤6　框选夹具想要设置动作的模型组件另一边。

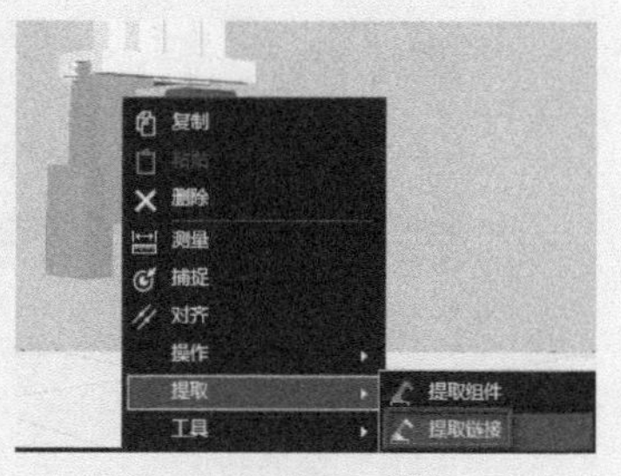

步骤7　点击鼠标右键，选择“提取”“提取链接”。

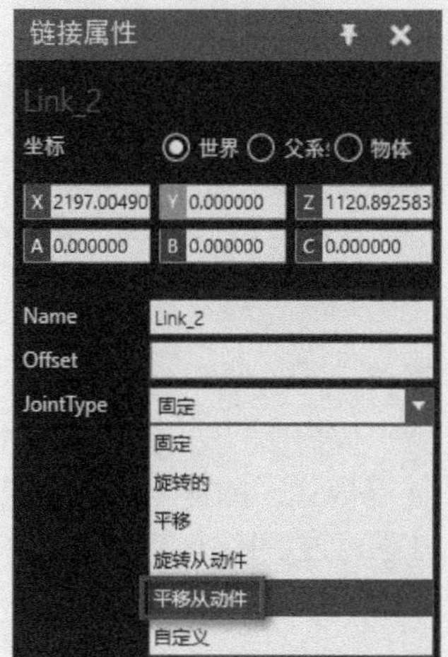

步骤8　在链接属性面板中的JointType下选择“平移从动件”。

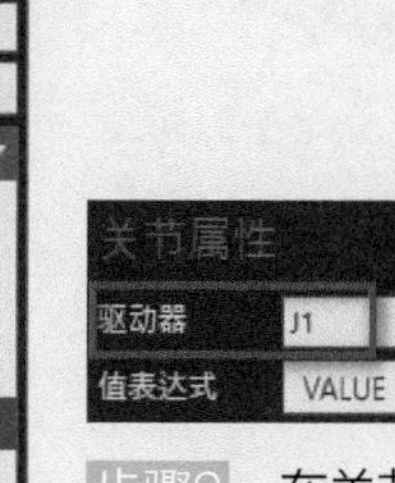

步骤9　在关节属性中驱动器选择“J1”。

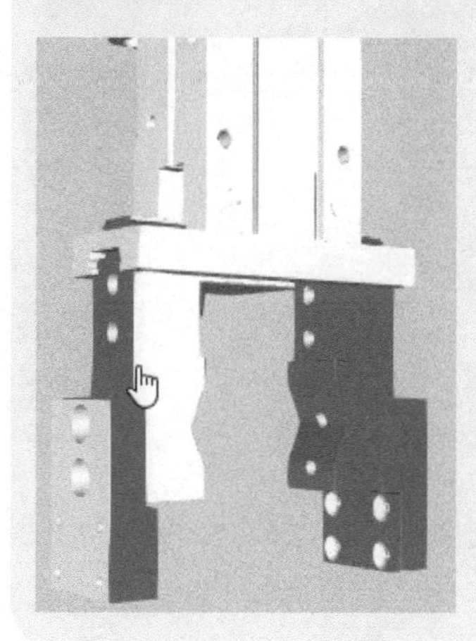

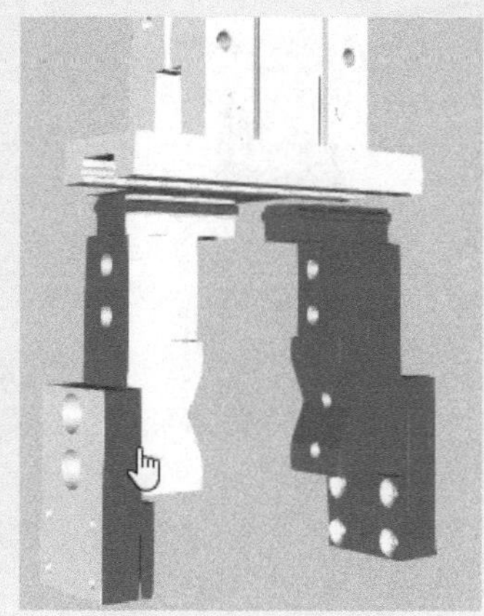

步骤10　点击操作工具下的“交互”，在刚刚设置的关节处按住鼠标左键移动，发现夹具关节会上下移动。

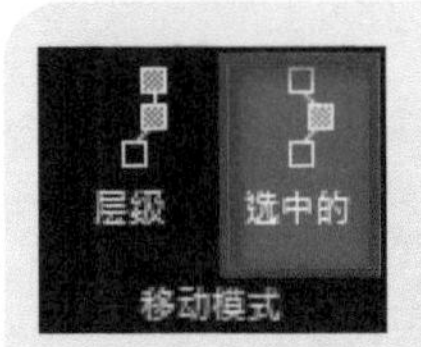

步骤11 在建模视图的移动模式下，点击“选中的”。

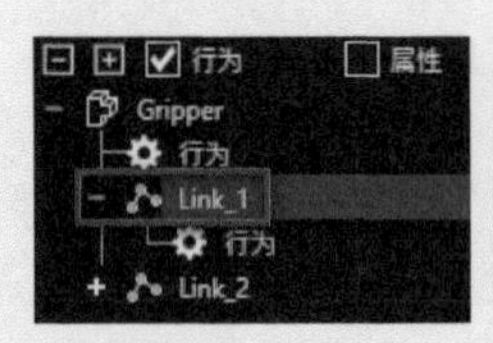

步骤12 选择“Link_1”。

步骤13 选择“捕捉”。

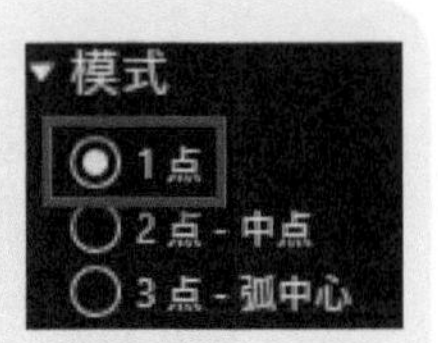

步骤14 选用默认的“1点”捕捉模式。

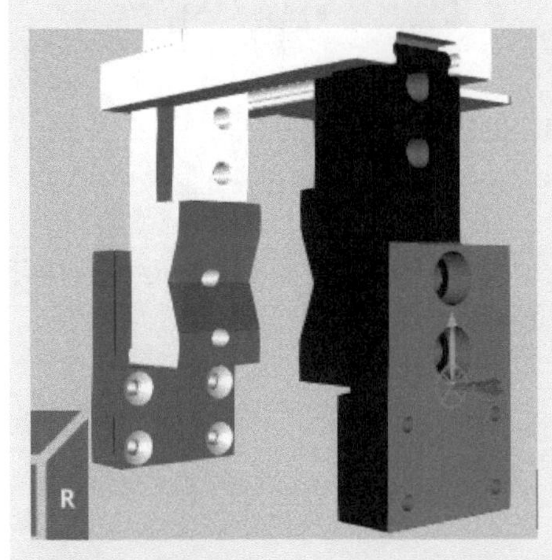

步骤15 捕捉右侧中心点，点击鼠标左键确认。

步骤16 选择“Link_2”，选择“捕捉”，选用默认的“1点”捕捉模式，捕捉左侧中心点，点击鼠标左键确认。

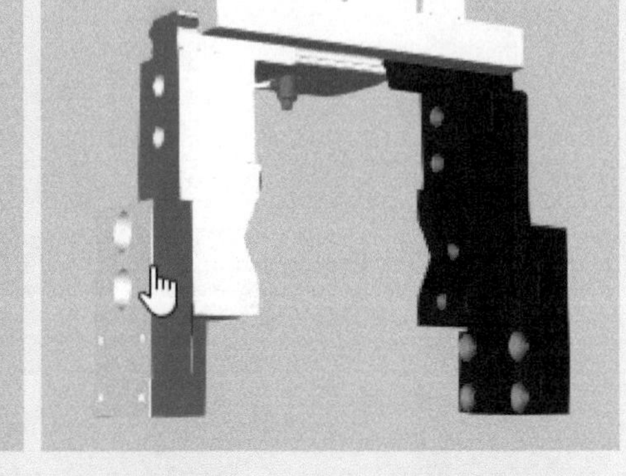

步骤17 点击操作工具下的“交互”，在刚刚设置的关节处按住鼠标左键移动，发现夹具关节完成夹紧松开动作。

4.2.3 给夹具添加IO控制

要想在虚拟仿真软件中用机器人控制夹具的开合，需要先给夹具添加IO 伺服控制器，这样机器人才能用 IO 跟夹具 IO 通信进行控制。夹具添加IO 控制步骤如下：

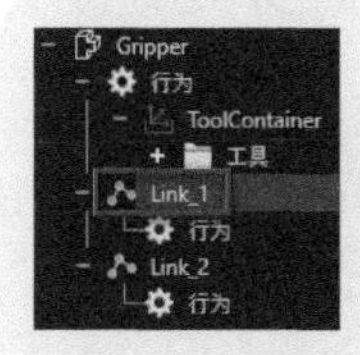

步骤1 选择夹具的“Link_1”。

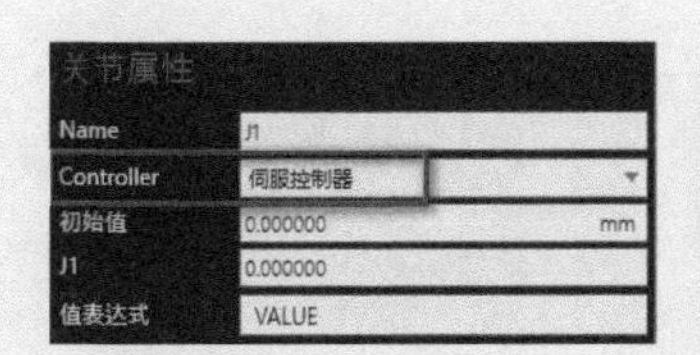

步骤2 在关节属性中将Controller控制器设置成“伺服控制器”。

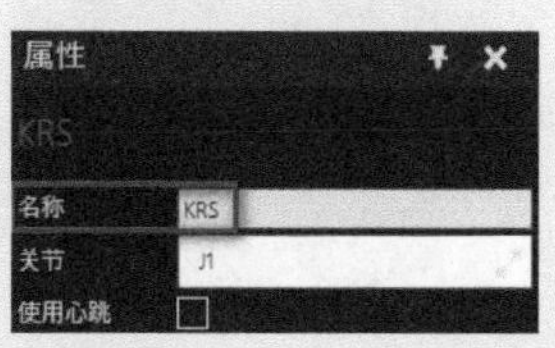

步骤3 点击伺服控制器，将名称改为“KRS”，这里一定要改成英文名，不用中文名。

步骤4 点击“向导”“末端执行器”。

步骤5 在右侧的末端执行器面板中将Controls控制方式设置成“IO”，点击“ApplyButton”应用按钮。

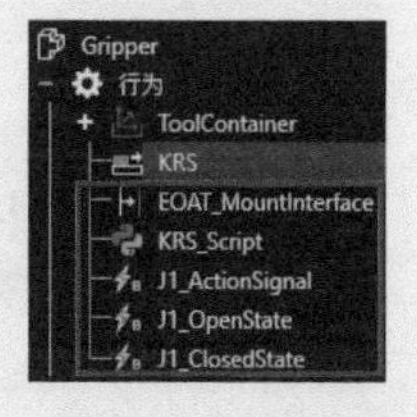

步骤6 夹具的行为属性下会出来一些能控制夹具动作的接口、信号和动作脚本。

步骤7 在程序视图下，将“信号”前面的框勾选上。

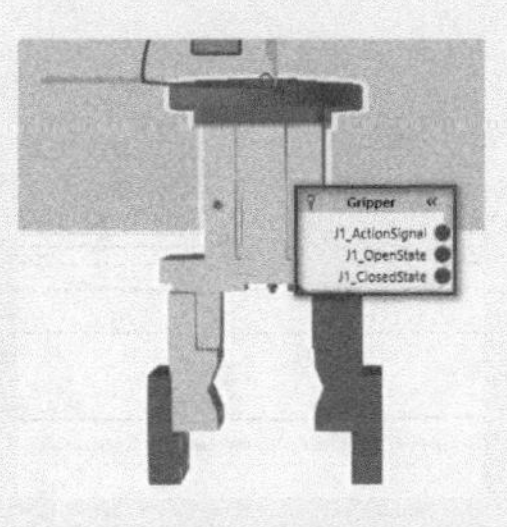

步骤8 可以看到夹具三个IO接口，这三个IO接口分别是夹具的动作信号（J1_ActionSignal）、打开状态信号（J1_OpenState）、关闭状态信号（J1_ClosedState）。

步骤9 选择“点动”操作，可以通过滑动J1来控制夹具的夹紧松开动作。

4.2.4 夹具的一对一接口设置

要想夹具能够跟机器人法兰盘粘合，即能使用 PnP 工具将夹具与机器人捕捉到一起，需要设置夹具的一对一接口，设置步骤如下。

步骤1 选中工具组件。

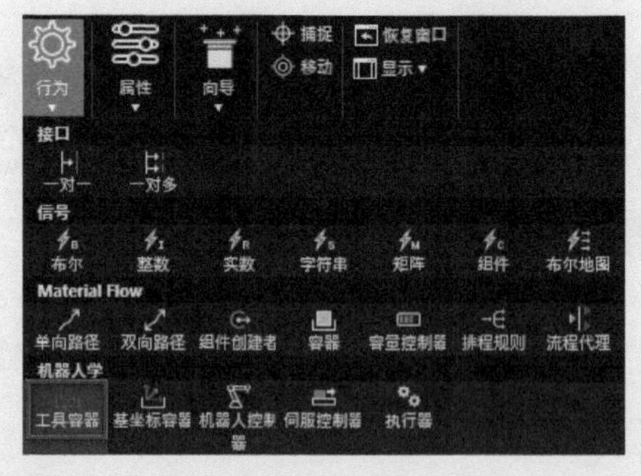

步骤2 点击行为下的“工具容器”。

步骤3 组件行为下会出来工具容器，选择工具容器下的工具，点击鼠标右键，选择“添加工具框坐标”。

步骤4 右侧会出来工具属性。

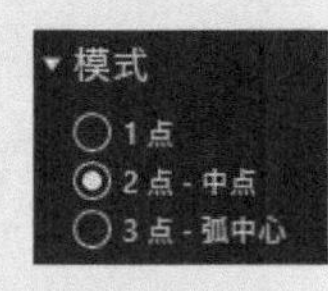

步骤5 点击“捕捉”，选择“2点-中点”模式。

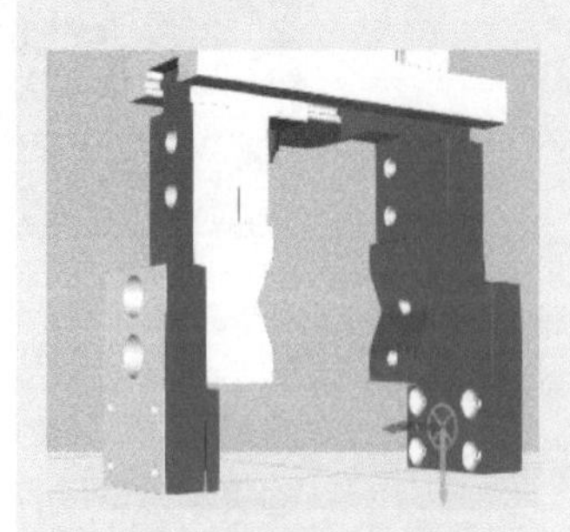

步骤6 捕捉第一个点，点击鼠标左键确认。

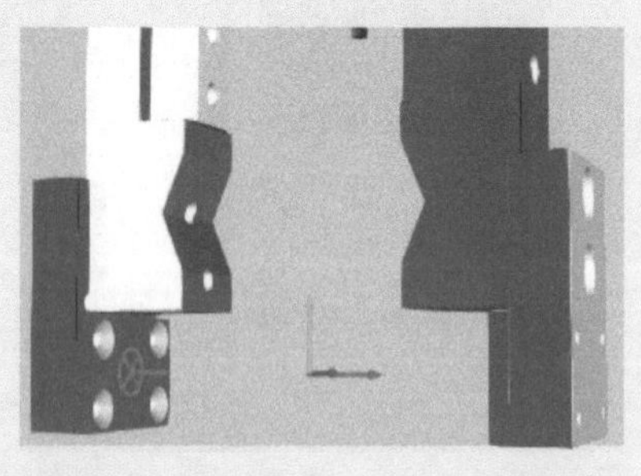

步骤7 捕捉第二个点，点击鼠标左键确认。

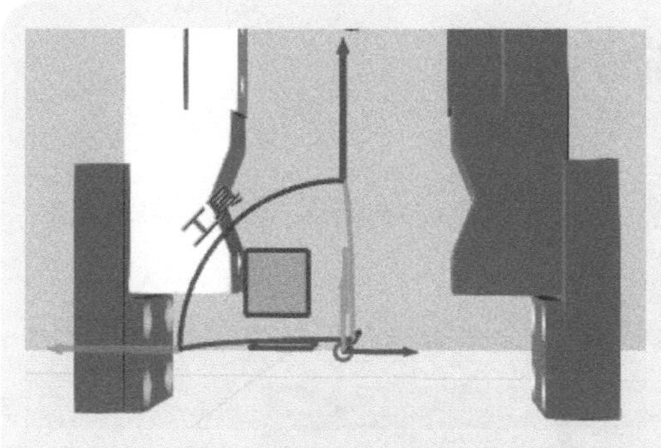

步骤8　工具坐标框会根据这两个点算出中心点，即测出的工具坐标框。

步骤9　在工具属性下，点击"C""重置"，将C中绕X轴旋转的角度重置为0。

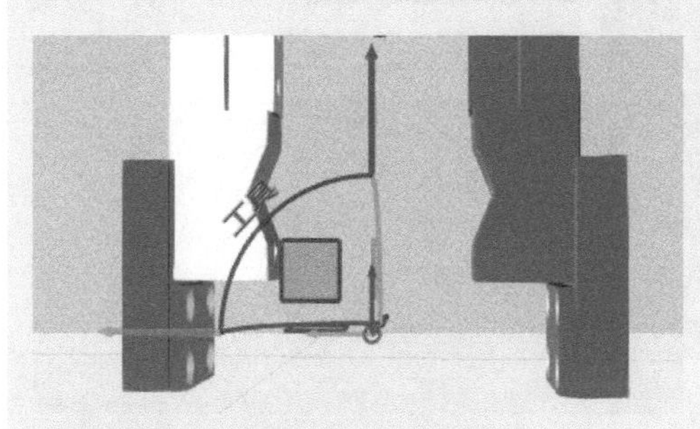

步骤10　此时可以看到Z轴朝上。

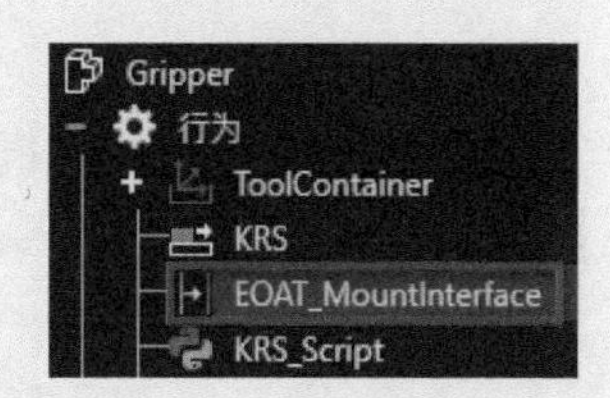

步骤11　选择夹具的"EOAT_MountInt erface"，即一对一接口。

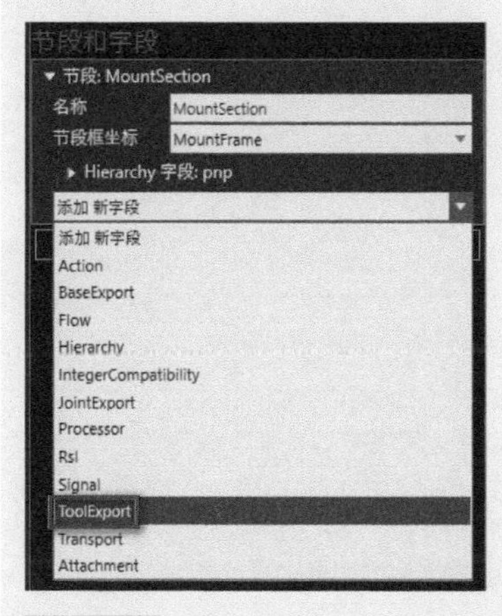

步骤12　在节段和字段先添加新字段"ToolExport"。

工具导出字段允许导入/导出工具框架。例如，安装在机器人上的工具将输出工具框架，机器人将导入它们作为TCP使用。

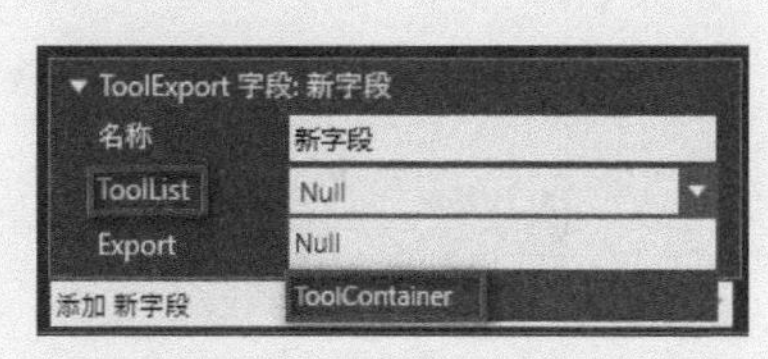

步骤13　在ToolList工具列表下选择 "ToolContainer"工具容器，夹具的一对一接口设置完成。

4.2.5 夹具的保存

夹具的行为属性设置完后可将夹具保存起来，以便日后使用，保存步骤如下。

步骤1 在建模视图下，选中夹具，点击组件“另存为”。

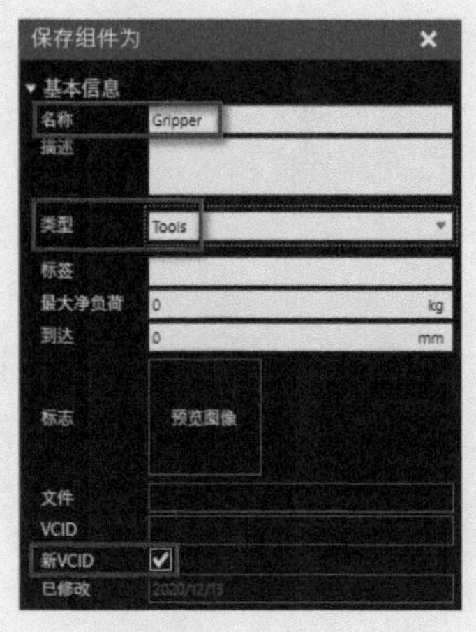

步骤2 在保存组件为面板下可以设置保存属性，如给该组件取个名称，类型选择“Tools”，新VCID默认是勾选上的。

步骤3 点击“另存为”，选择原来设置好的保存的模型路径，点击“保存”即可。

步骤4 在电子目录下可以看到刚刚创建的Gripper工具组件。

4.3 使用创建的夹具搬运易拉罐 

4.3.1 夹具的添加

夹具的添加步骤如下。

步骤1 选择PnP工具，鼠标左键将夹具拉到机器人法兰盘处。

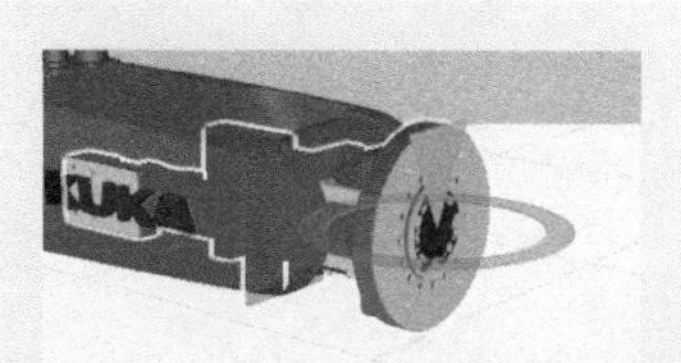

步骤2 松开鼠标左键，夹具自动安装，此时夹具的坐标角度有点不对，需调整一下。

步骤3 将夹具绕*Y*轴旋转，设置B为-90。

步骤4 夹具添加完成。

4.3.2 工具坐标系设置

工具坐标系设置步骤如下。

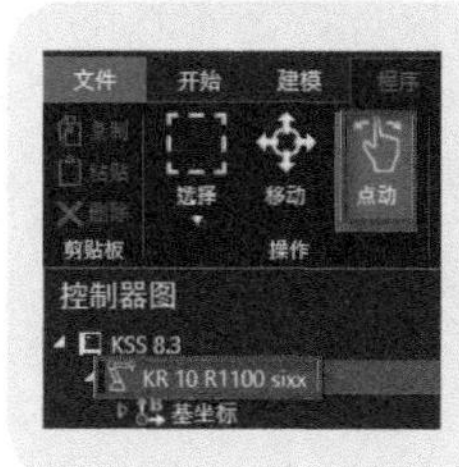

步骤1 在程序视图下，点击“点动”，选择机器人。

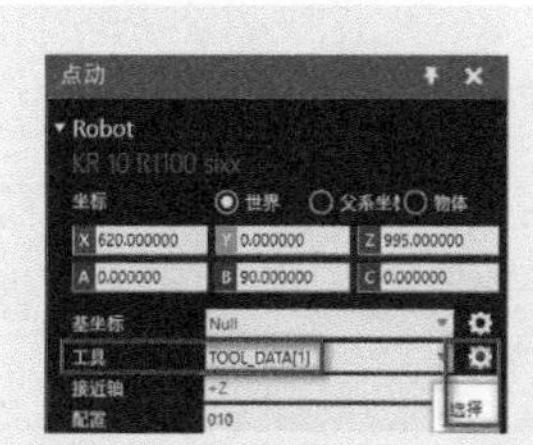

步骤2 在点动面板下，选择“TOOL_DATA[1]”，点击“选择”。

步骤3 点击“捕捉”工具。

步骤4 选择“2点-中点”捕捉模式。

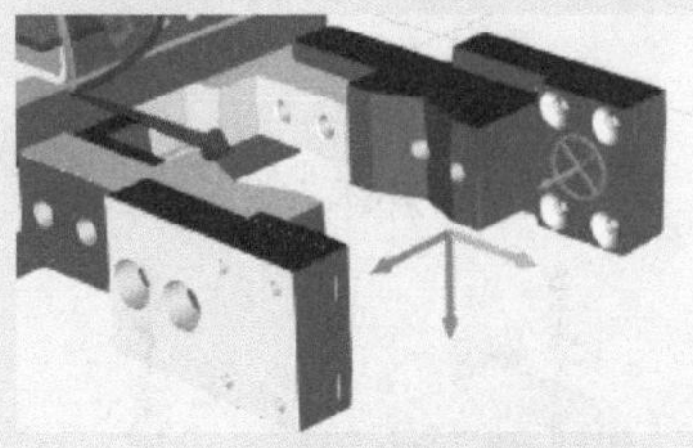

步骤5 选择捕捉第一个点，再选择捕捉第二个点。

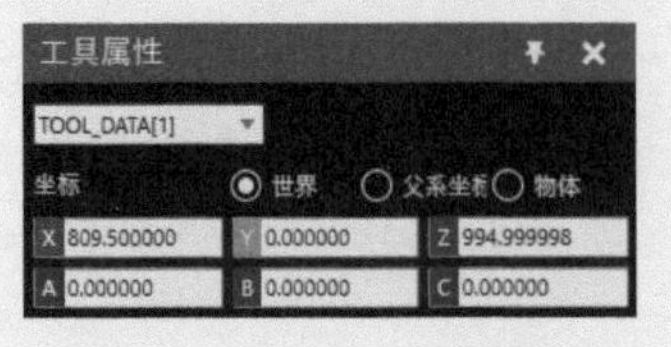

步骤6 将B和C设置成0，点击空白处，工具坐标1设置完成。

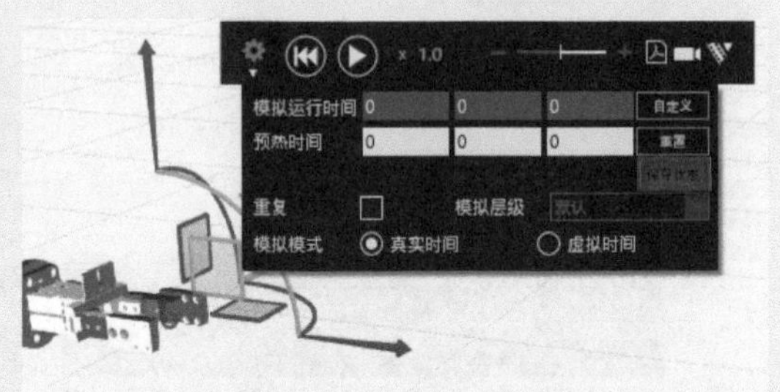

步骤7 将机器人工具坐标系设置成“TOOL_DATA[1]”，在模拟控制面板下，点击“保存状态。”

4.3.3 机器人IO信息配置

机器人 IO 可被映射至基坐标和工具坐标框以执行特定工具的动作。例如，可以使用一个 $OUT 动作用信号表示抓握、释放和跟踪，以及安装和卸载工具组件。注意，在所有情况下，数字（布尔）信号通过一个 True 或者 False 值发送动作信号。机器人 IO 信息配置步骤如下。

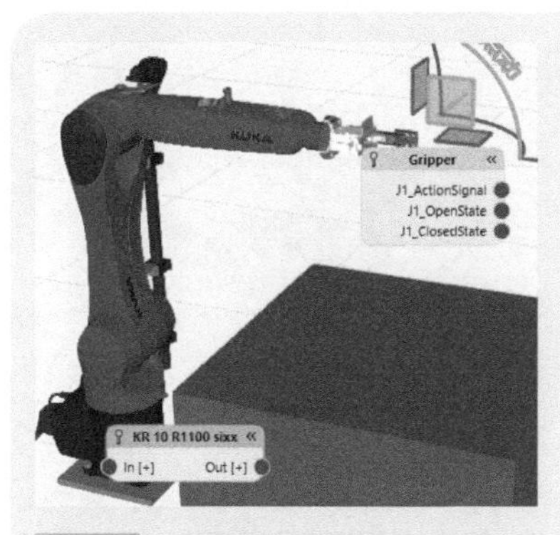

步骤1　在程序视图下，将信号前面的框勾选上，机器人和夹具的IO信号接口会显示。

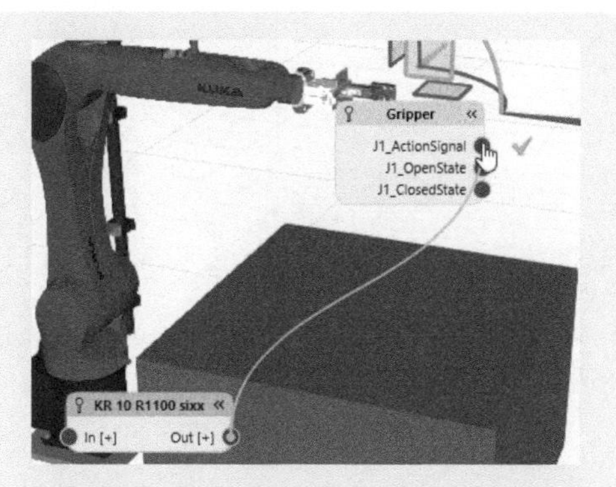

步骤2　按住鼠标左键，将Out信号拖到夹具J1_ActionSignal信号处。

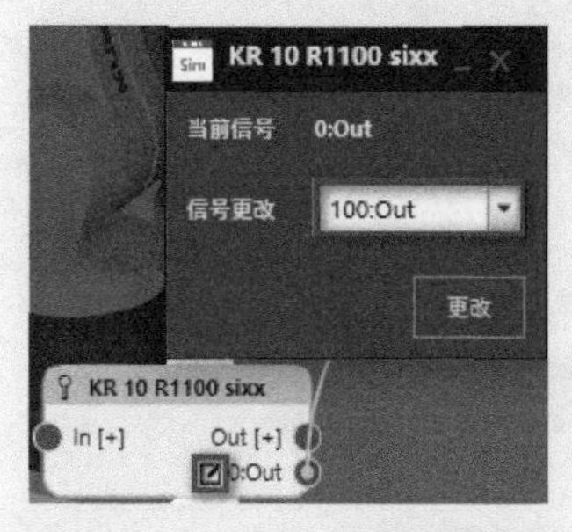

步骤3　点击Out旁边的编辑框，将信号更改为100。

步骤4　选择机器人，在右侧的机器人组件属性中选择“信号动作”。

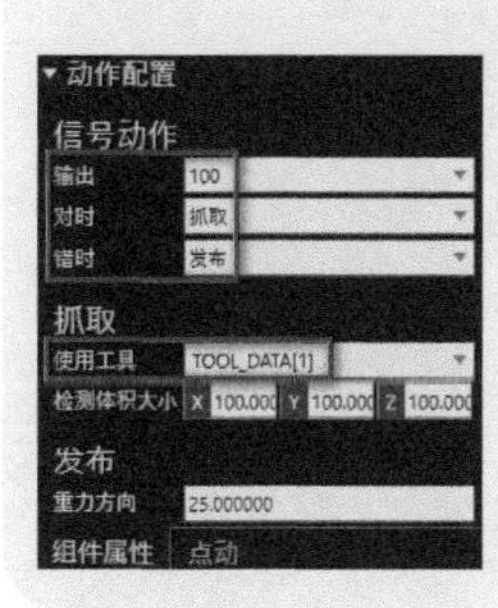

步骤5　将信号动作输出口设为100，对时设为抓取，错时设为发布（这里是软件中文翻译不准，应为释放或松开），使用工具设为TOOL_DATA[1]。

信号1到16用于发送抓取和释放动作信号，信号17到32用于发送跟踪动作信号，而信号33到80则用于发送安装和卸载工具动作信号，信号49到80用于发送跟踪开启和跟踪关闭信号。通常来说，使用100及之后的信号不会产生问题。

4.3.4　用夹具搬运易拉罐

用夹具搬运易拉罐的步骤如下。

步骤1　将易拉罐模型文件拉入仿真软件3D世界中。

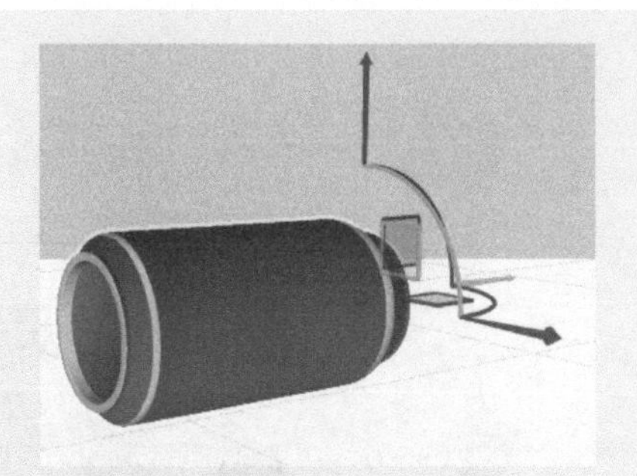

步骤2　默认易拉罐是横着的，且原点在上面，需要让易拉罐立起来，再调整一下原点。

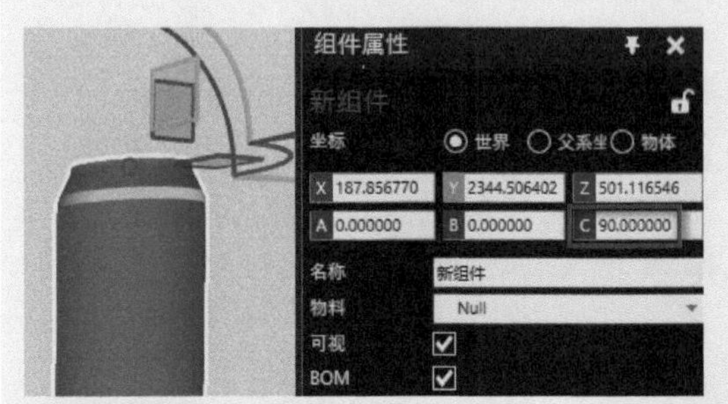

步骤3　将C设为90，让易拉罐沿X轴旋转90 °立起来。

步骤4　在开始视图下，点击原点“捕捉”。

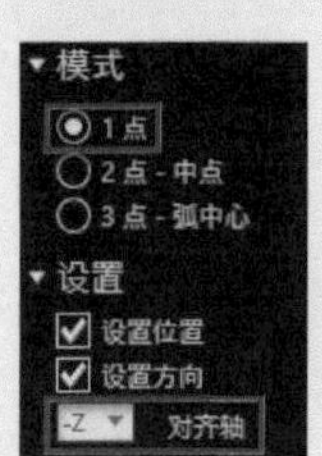

步骤5　选择“1点”捕捉模式，设置“-Z”对齐轴。

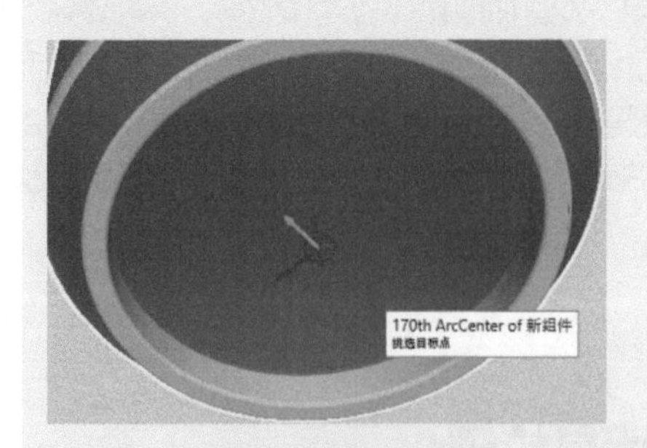

步骤6　捕捉易拉罐底部原点，点击“应用”即可。可将设置好的易拉罐组件保存到我的模型文件夹下，方便下次使用。

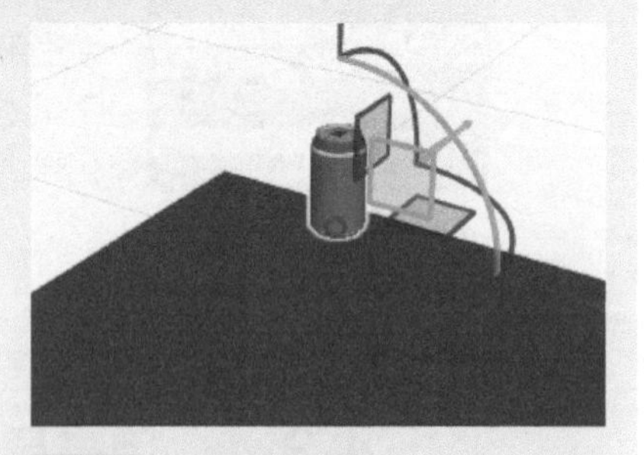

步骤7　将易拉罐移动到工作台上方。

步骤8 选择开始视图下的对齐工具。

步骤9 选择源目标的对齐点，这里选择易拉罐底部中心点。

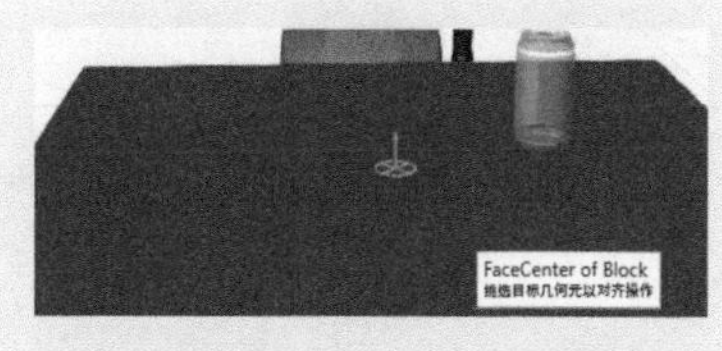

步骤10 再选择目标对齐点，这里选择平台中心点，对齐完成，按下键盘Esc键退出即可。

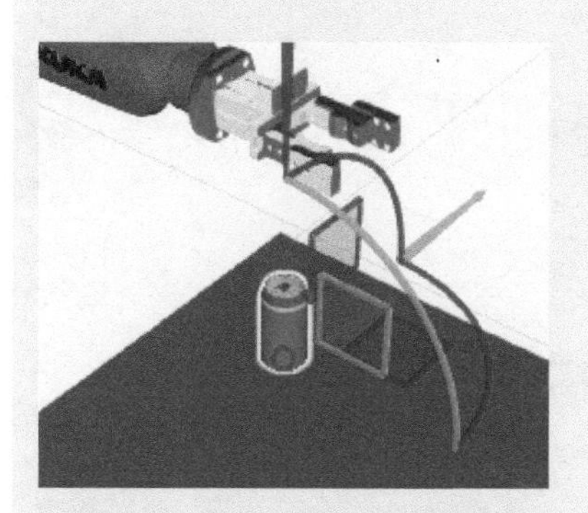

步骤11 用移动工具将易拉罐平移到靠近机器人的大概位置，也就是机器人能抓取到的位置。

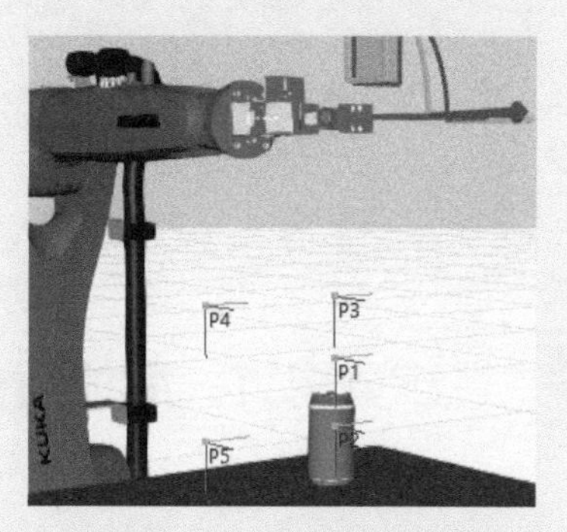

步骤12 在作业图下编写机器人搬运易拉罐程序，示教点如上图所示。

步骤13 程序注释如下：

01 机器人移动到原点HOME
02 移动到易拉罐正上方P1
03 通过输出100为FALSE将夹具打开
04 延时1s，等待夹具打开动作完成
05 向下平移机器人到可夹取易拉罐位置P2
06 通过输出100为TRUE将夹具夹紧
07 延时1s，等待夹具夹紧动作完成
08 向上平移到P3点
09 向左平移到P4点
10 向下平移到P5点
11 打开夹具
12 等待1s
13 回到原点

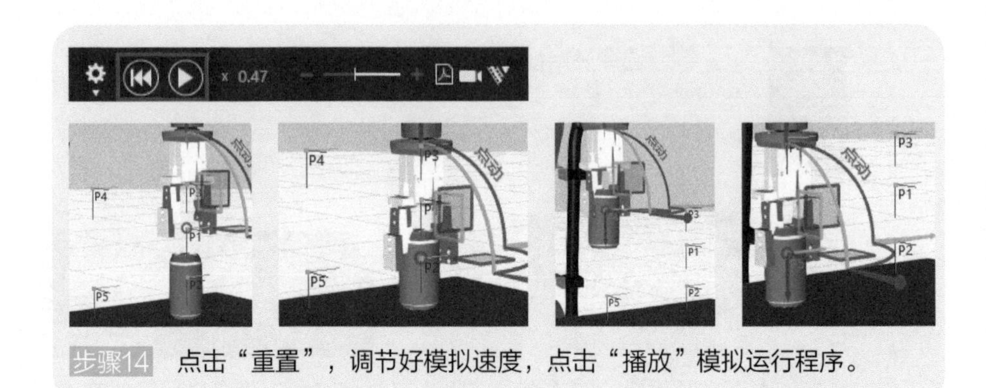

步骤14　点击“重置”，调节好模拟速度，点击“播放”模拟运行程序。

4.4　易拉罐生产系统创建 

扫码看：易拉罐生产系统创建

4.4.1　添加组件创建者

添加组件创建者步骤如下。

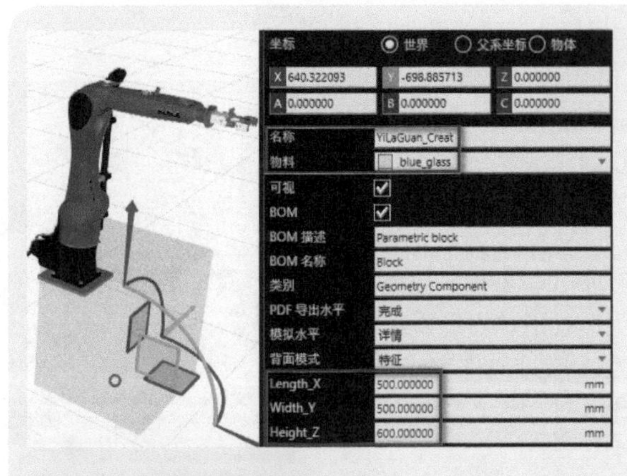

步骤1　创建一个正方体组件，在组件属性面板里将名称改为“YiLaGuan_Creat”，物料颜色设置成“blue_glass”，长宽高为500mm、500mm、600mm。

步骤2　选中YiLaGuan_Creat组件，在组件图形面板中将行为对话框勾选上。

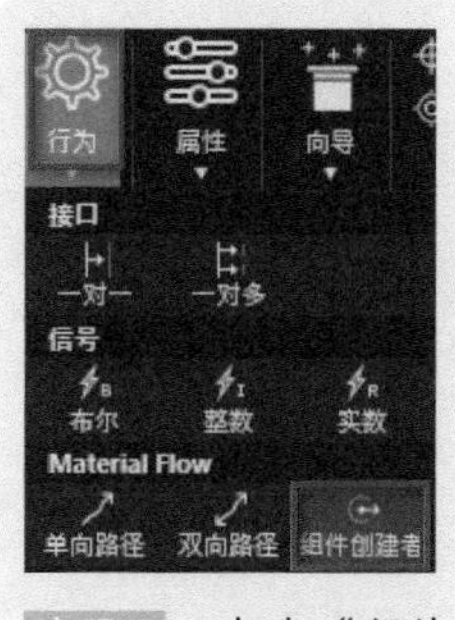

步骤3　点击“行为”“组件创建者”。

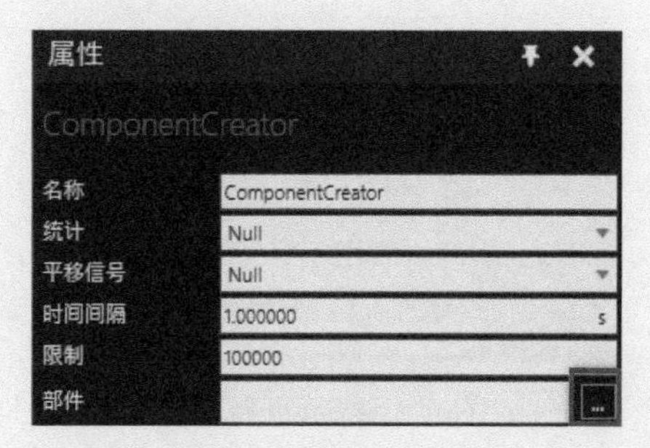

步骤4　在组件创建者属性面板中，点击部件后面的三个点。

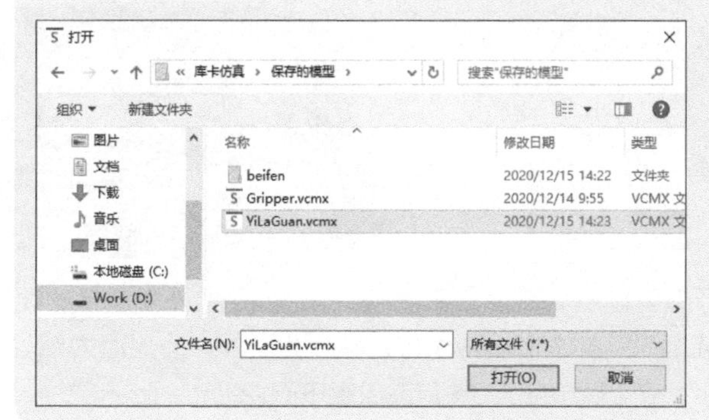

步骤5　选择原来保存好的易拉罐组件，点击“打开”。

4.4.2　给易拉罐添加路径

给易拉罐添加路径的步骤如下。

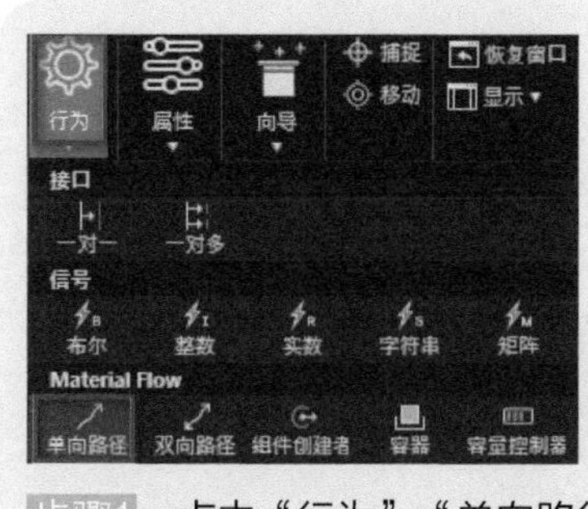

步骤1　点击“行为”“单向路径”。

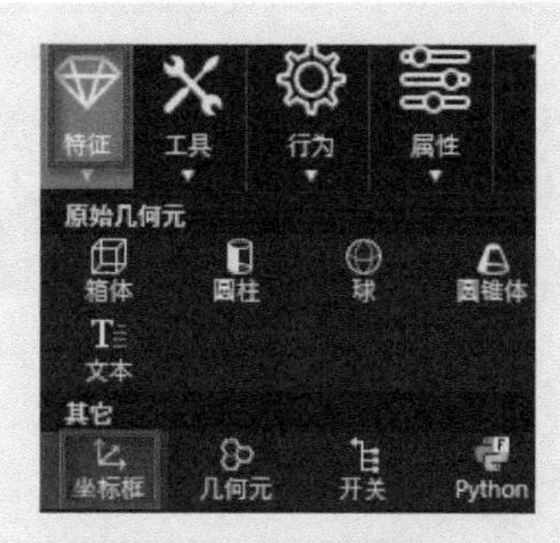

步骤2　点击“特征”“坐标框”。

步骤3　在坐标框特征属性中将名称改为“StartFrame”。

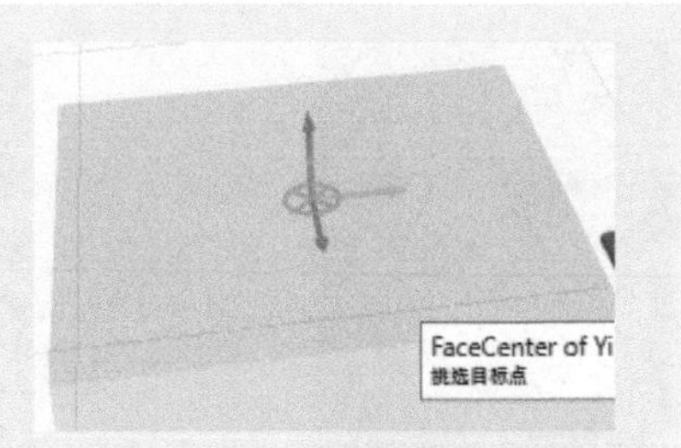

步骤4　点击捕捉工具，捕捉到组件顶面的中心点位置。

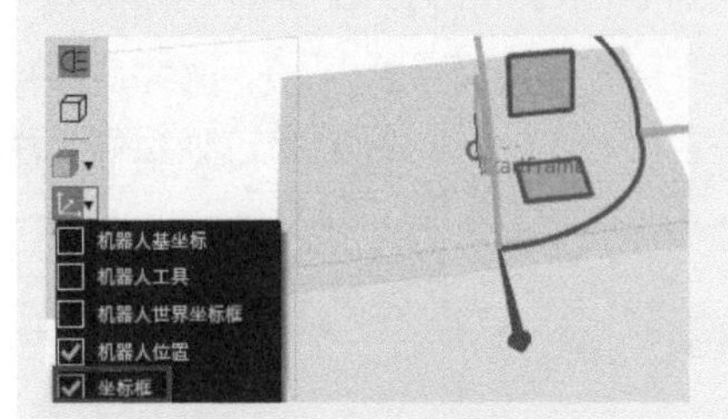

步骤5　点击“坐标框类型”，将坐标框前面的框勾选上，这样才能看到新建的坐标框。

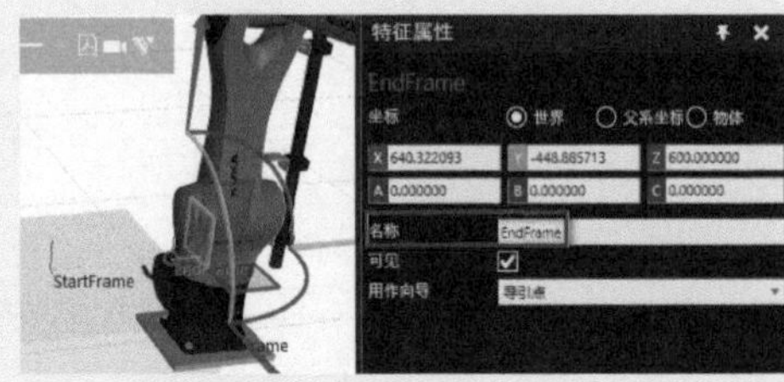

步骤6　再执行步骤1～3新建一个EndFrame坐标框，捕捉点为组件创建者右侧边缘中心。

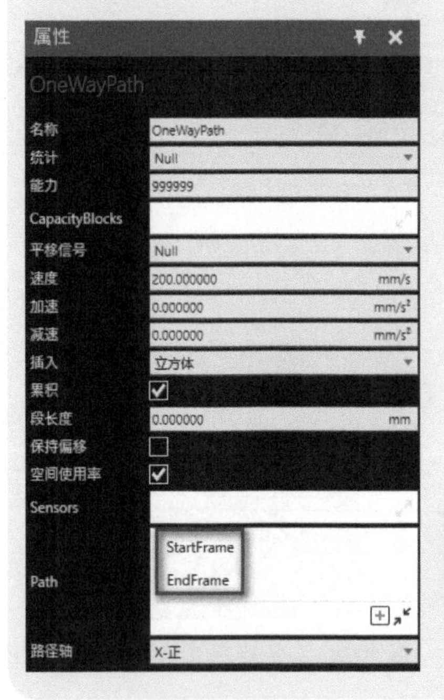

步骤7　在OneWayPath属性面板中的Path路径后面，选择StartFrame和EndFrame，注意顺序，先选择StartFrame，再选择EndFrame，该坐标顺序将决定创建易拉罐后的移动路径。

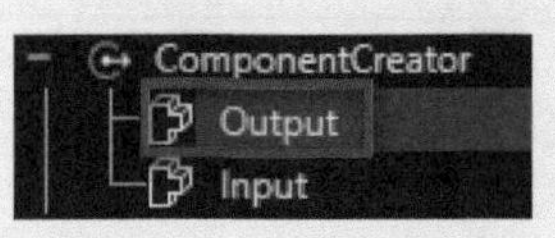

步骤8　点击组件创建者的Output。

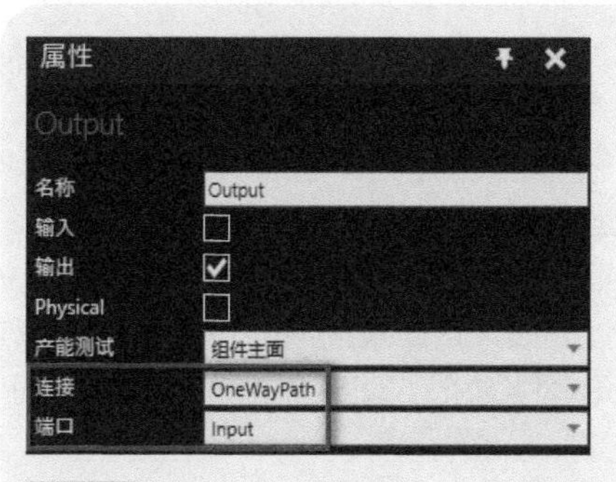

步骤9　将Output属性处的连接选择为“OneWayPath”，端口选择为“Input”。

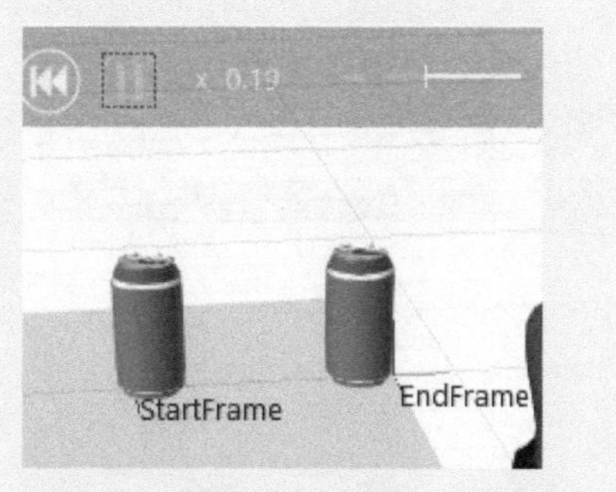

步骤10　点击“播放”，易拉罐会从StartFrame处出来，移动到EndFrame处消失，并且不断有易拉罐出来。

4.4.3　添加一对一接口

接口类型行为用于物理或远程连接组件。仿真软件有一对一接口和一对多接口，一对一接口允许组件与另一个组件连接，一对多接口允许组件连接一个或者多个组件。添加一对一接口的步骤如下。

步骤1　先删除系统自带的PnP Base。

步骤2　点击行为工具下的“一对一”接口。

步骤3　点击“添加新节段”。一个节段就像一个插头或插座，它的字段是连接器或引脚，允许插入和连接设备。因此，两个接口的字段需要匹配，以便彼此连接。

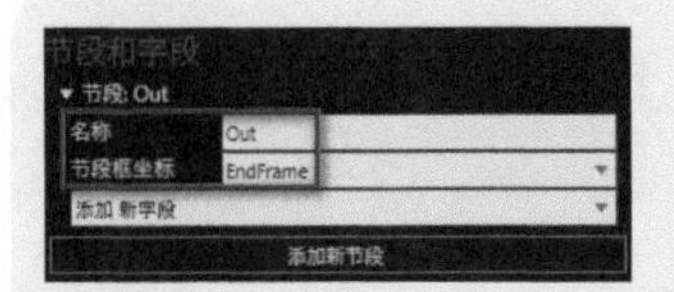

步骤4 给该节段命名为“Out”，节段框坐标选择“EndFrame”。

名称定义节段的名称。在某些情况下，命名对于标识组件中的连接点很重要。

节段框坐标定义一个框架特性，该特性定义节段的位置。如果接口是抽象的，则不需要这样做，因此选择NONE。如果要为界面创建一个新的框架特性，请选择new。

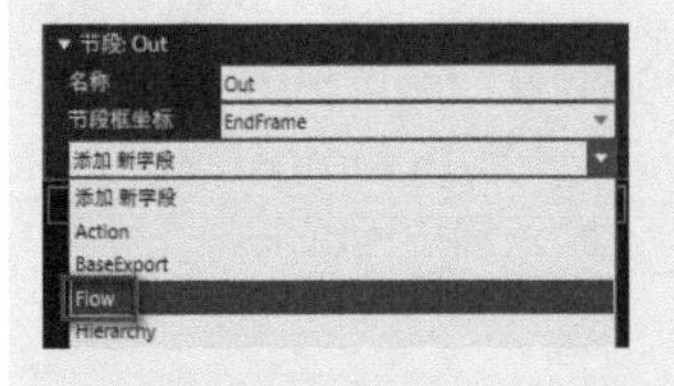

步骤5 点击“添加新字段”，选择“Flow”。

添加新字段就是在该节中创建一个新字段。每个字段类型都有自己的一组属性和一个通用的名称属性。Flow允许将组件从一个容器传输到另一个容器。例如，大多数传送带使用Flow来模拟一条或多条传送带之间的物料搬运。

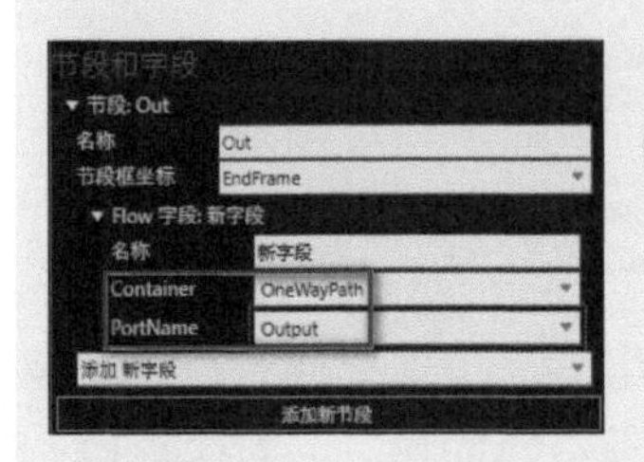

步骤6 在Container下选择“OneWayPath”单向路径，在PortName下选择“Output”输出端口。

Container定义用于接收或发送组件的行为。行为必须能够包含组件，例如单向路径。

PortName定义容器的连接器。通常，Input表示行为的输入端口（接收组件），而Output表示行为的输出端口（发送组件）。在某些情况下，一个行为可能有任意数量的端口，这些端口附加到组件图面板中的行为。

4.5 机器人码垛易拉罐综合应用

4.5.1 添加系统传送带

添加系统传送带的步骤如下。

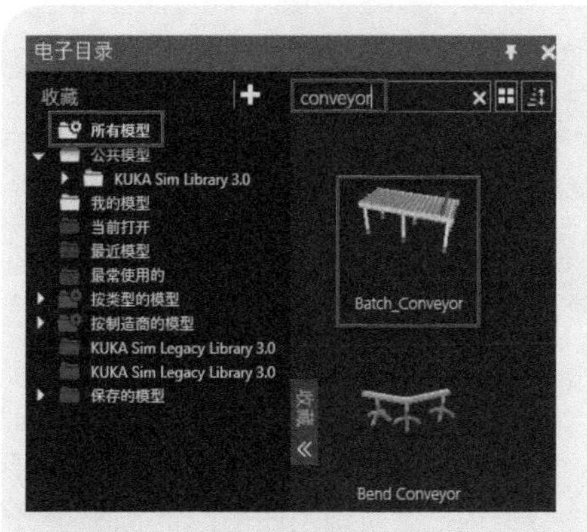

步骤1　在电子目录面板中，选择所有模型，在搜索框中输入“conveyor”进行搜索，可以看到所有传送带组件，选择“Batch_Conveyor”。

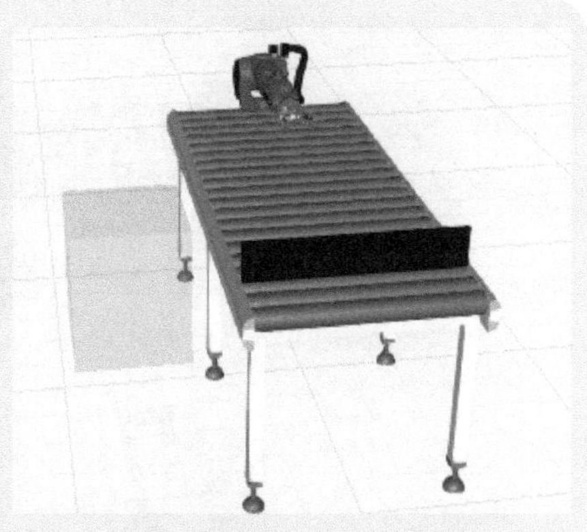

步骤2　双击“Batch_Conveyor”，将传送带添加进3D世界中心。

	Conveyor
ConveyorHeight	600.000000
ConveyorLength	1500.000000
ConveyorSpeed	250.000000
ConveyorCapa...	1
	Geometry
RollDistance	50.000000
RollRadius	20.000000
ConveyorWidth	500.000000
AmountOfFeet	3
Stopper	✓
StopperLocation	250.000000
AutomaticPara...	✓

步骤3　在传送带组件属性列表中，设置传送带的长、高、速度、滚轴半径、滚轴间距、传送带宽度等参数。这里的参数没有唯一值，完全取决于项目需要，适合就好。

步骤4　用PnP工具拖动传动带，将传送带与容器创建者捕捉到一起。

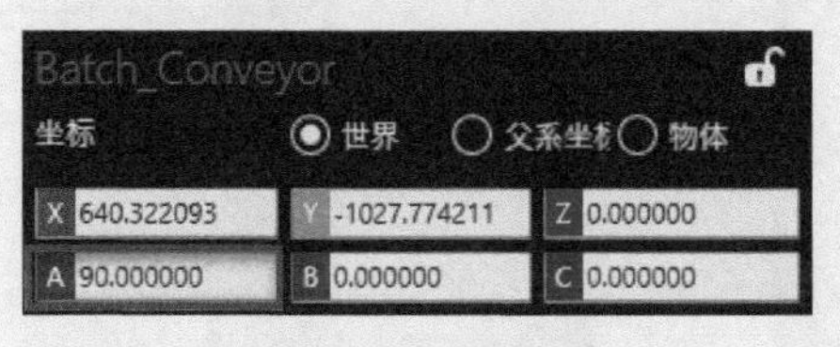

步骤5　将传送带向Z轴旋转90°，修改A为90。

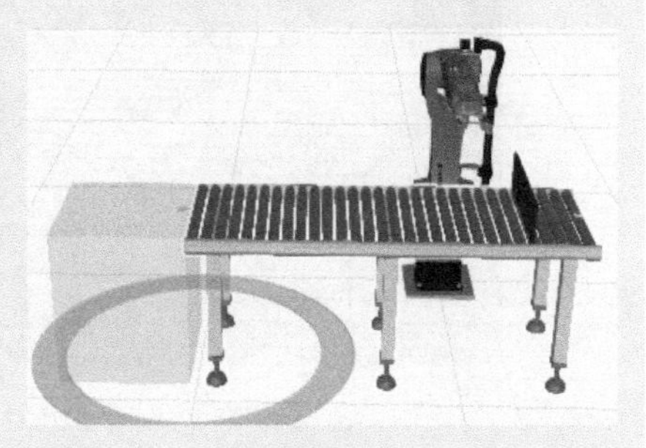

步骤6　传送带与容器创建组件对齐完成。

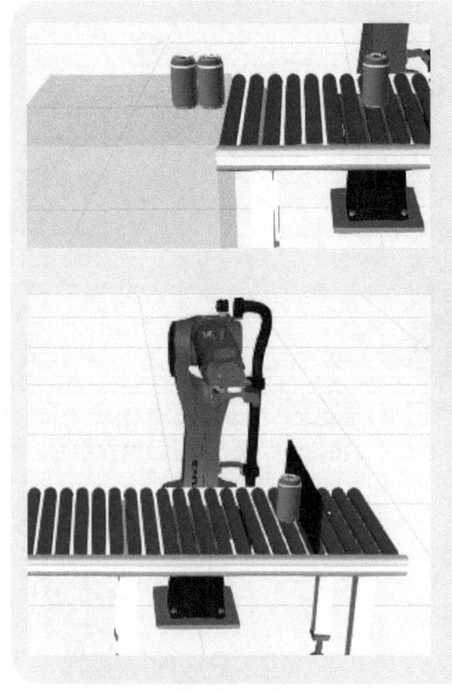

步骤7　点击“播放”，易拉罐会传输到传送带上。

步骤8　当易拉罐移动到传送带挡板处时，传送带自动停止。这里不是因为挡板把易拉罐挡住了，而是传送带的行为属性中已经设置好了传感器，易拉罐只是到了传感器位置被检测到，传送带才停止。添加的传送带为系统自带，该传送带为智能组件，一些行为属性已经配置好，可直接使用。外部导入的传送带模型，是不具备这些智能属性的，需要手动添加设置。

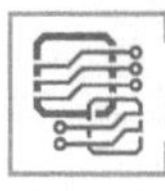

4.5.2　添加易拉罐托盘

添加易拉罐托盘的步骤如下。

步骤1　在搜索框输入“case”，选择“Case 600×400×130”。

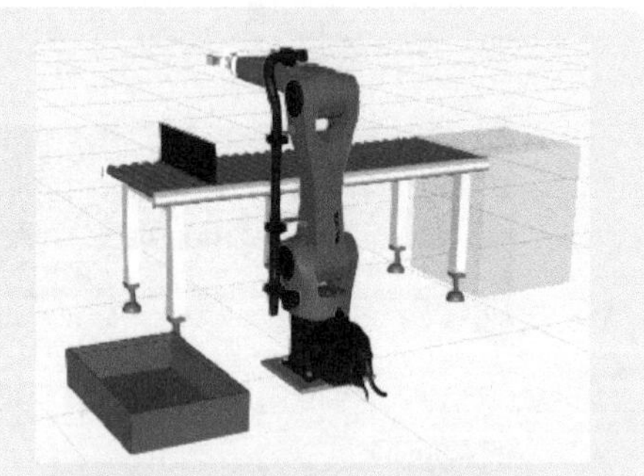

步骤2　双击托盘，将托盘添加进3D世界中心。手动移动托盘，将托盘放置到合适位置。

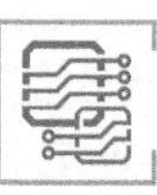

4.5.3 码垛程序编写调试

这里以机器人码垛五个物料为例进行编程，编程步骤如下。

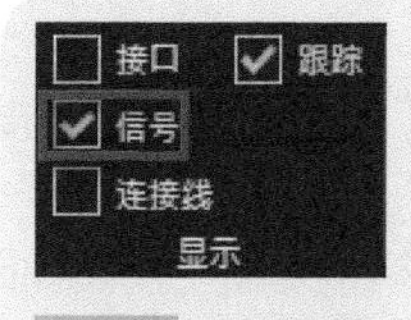

步骤1 在程序视图下，将信号的框勾选上。

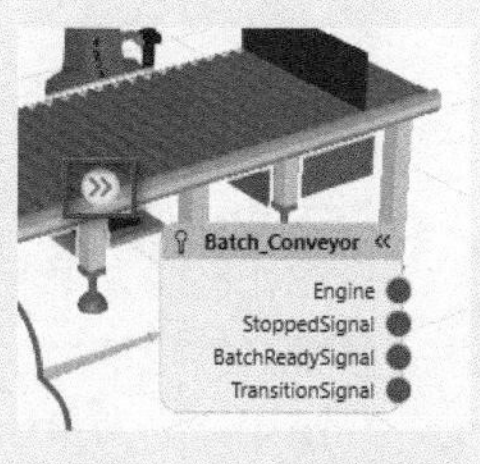

步骤2 选中传送带或机器人，若机器人IO信号端口不显示，可点击缩放箭头。

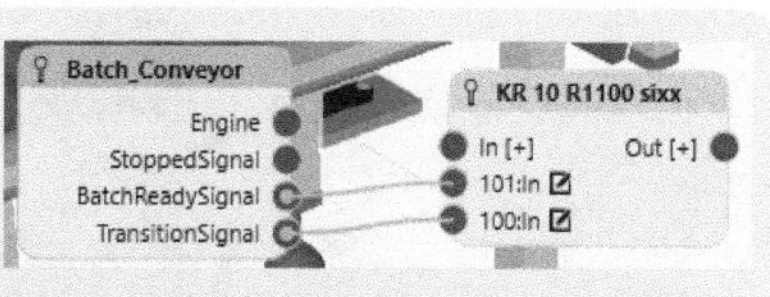

步骤3 将传送带“Transition Signal”信号、“BatchReady Signal”信号和机器人输入端口连接，分别设为100、101。

步骤4 选中创建易拉罐组件，在组件属性中设置创建易拉罐的时间间隔和数量，这里设置5s和5个。

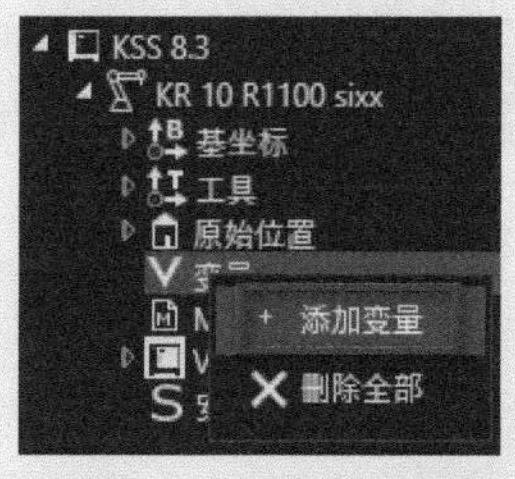

步骤5 在控制器图面板下，点击右键，出来添加变量选项，点击“添加变量”。这里设置一个整数变量来对码垛的易拉罐个数进行计数。

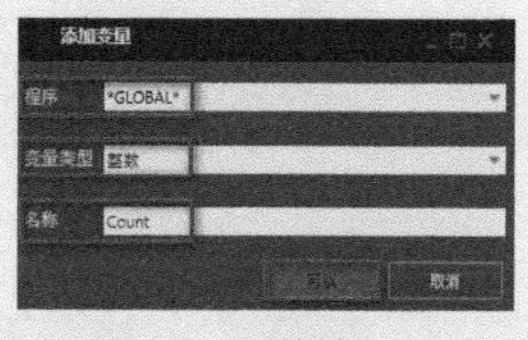

步骤6 在程序框设置变量范围，这里选“*GLOBAL*”全局变量，变量类型框选择“整数”，名称为“Count”。

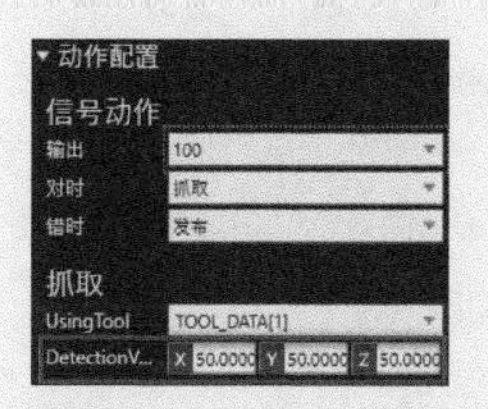

步骤7 将机器人输出口100的检测范围XYZ都改为50，这里设置小一点，以免在编程时将传送带也一起带起来。

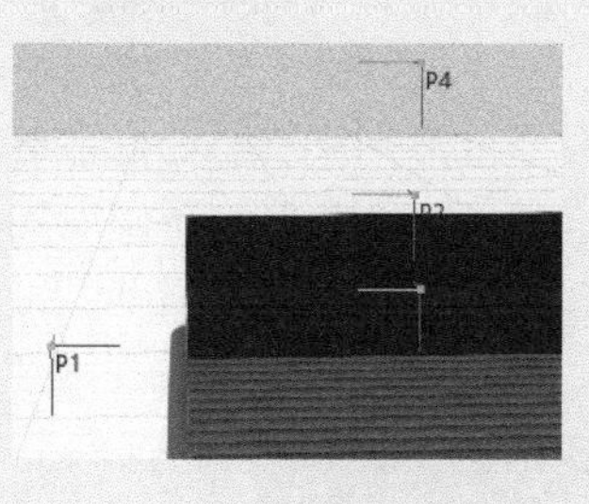

步骤8 机器人搬运易拉罐的示教点如下：

P1为机器人准备的点；

P2为易拉罐上方；

P3为搬运易拉罐的点；

P4为搬运后向上平移的点。

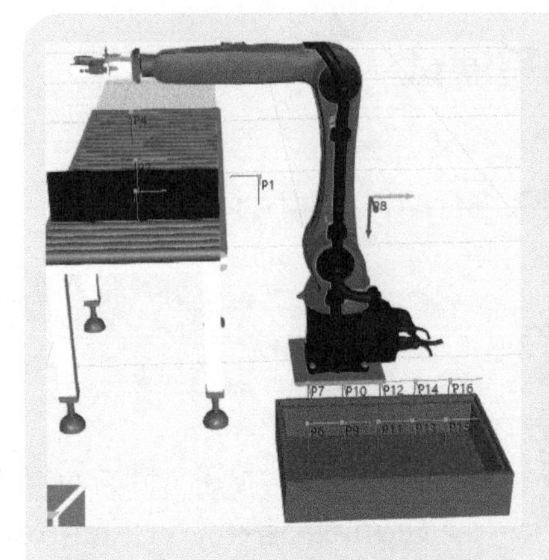

步骤9　机器人放下易拉罐的示教点如下：P5和P8为同一点，都是放下前的过渡点；P6和P7为第1个易拉罐放置点和向上平移点；P9和P10为第2个易拉罐放置点和向上平移点；P11和P12为第3个易拉罐放置点和向上平移点；P13和P14为第4个易拉罐放置点和向上平移点；P15和P16为第5个易拉罐放置点和向上平移点。

```
MAIN My_Job
  PTP HOME  Vel=100%
  Count = 0
  WAIT FOR $IN[100]==TRUE
  PTP P1 CONT Vel=100% PDATP1 Tool[1] Base[0]
  WHILE Count < 5
  PTP HOME  Vel=100%
```

步骤10　首先是循环码垛前的程序，机器人先回到原点，初始化Count变量为0，当有易拉罐传输到传送带时输入信号100为TRUE，机器人移动到准备位置。

```
WHILE Count < 5
  WAIT FOR $IN[101]==TRUE
  Count = Count + 1
  PTP P2 CONT Vel=100% PDATP2 Tool[1] Base[0]
  OUT 100 ''  State= FALSE
  WAIT SEC 1
  LIN P3 CONT Vel=2m/s CPDATP1 Tool[1] Base[0]
  OUT 100 ''  State= TRUE
  WAIT SEC 1
  LIN P4 CONT Vel=2m/s CPDATP2 Tool[1] Base[0]
  PTP P5 CONT Vel=100% PDATP3 Tool[1] Base[0]
  IF (Count == 1)
  LIN P8 CONT Vel=2m/s CPDATP5 Tool[1] Base[0]
PTP HOME  Vel=100%
```

步骤11　接下来的5次物料码垛都在WHILE大循环和IF分支循环下进行。用WHILE判断变量Count是否小于5，小于则一直循环。进入循环后，用WAIT判断输入101是否有信号，当易拉罐到达传送带传感器处，101为TRUE，Count加1，机器人移动到P2点，将夹具打开，再移动到P3点，夹紧易拉罐，平移到P4，移动到过渡点P5后进入IF分支条件判断中。IF语句用来判断码垛的是第几个易拉罐，根据数量不同放在不同的位置。5个易拉罐码垛完，不再满足WHILE循环，跳出WHILE，回到原点。

```
IF (Count == 1)
  THEN
    LIN P6 CONT Vel=2m/s CPDATP3 Tool[1] Base[0]
    OUT 100 ''  State= FALSE
    WAIT SEC 1
    LIN P7 CONT Vel=2m/s CPDATP4 Tool[1] Base[0]
  ELSE
LIN P8 CONT Vel=2m/s CPDATP5 Tool[1] Base[0]
```

步骤12　当计数变量Count为1时，机器人移动到第1个码垛点，放下易拉罐，向上平移到P7点。

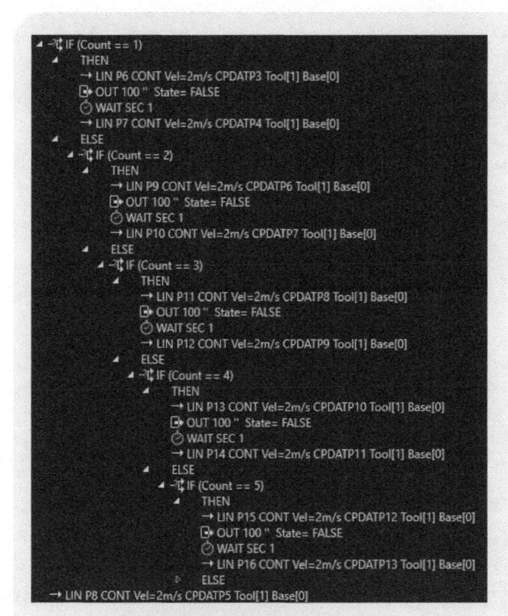

步骤13 每条IF语句内容都差不多，只是根据第几个易拉罐，放置和平移的点不一样。

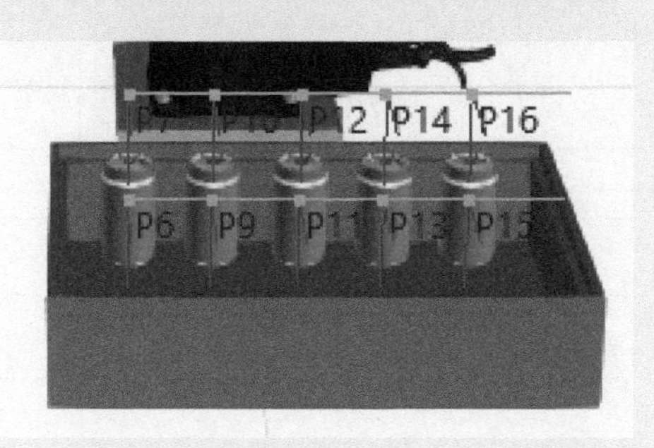

步骤14 机器人码垛5个易拉罐后的效果。

KUKA.Sim Pro

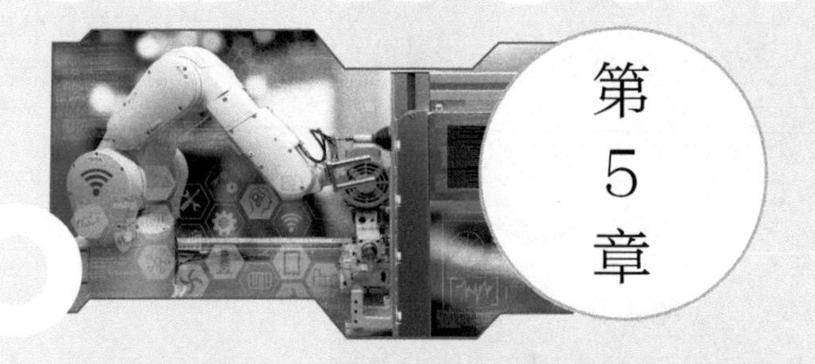

机器人外部轴应用

KUKA.Sim Pro 仿真软件中可通过使用抽象接口将机器人远程连接至外部运动组件，例如工作变位机。当外部运动组件连接至机器人时，会在控制器图面板中将组件与机器人一起列出。该组件的元素会说明有多少个关节被连接至机器人。同样，机器人的属性及机器人程序中的运动类别、动作属性将说明外部关节、轴值。

知识目标

① 了解仿真软件中机器人行走轴的搭建。
② 了解仿真软件中工作变位机的搭建。
③ 掌握机器人与行走轴之间的运动编程。
④ 掌握机器人与变位机之间的协作编程。

能力目标

① 会使用软件自带的行走轴和变位机。
② 会手动搭建机器人外部行走轴。
③ 会手动搭建工作变位机。
④ 能编写机器人与行走轴、机器人与变位机之间的运行程序。

5.1 机器人行走轴的搭建 

扫码看：软件自带的行走轴应用

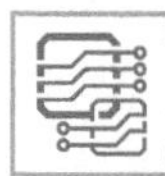 5.1.1 自带的行走轴应用

自带行走轴的应用步骤如下。

步骤1 选择“所有模型”，在搜索框输入“KL”，选择“KL 100”，双击行走轴加载到3D世界中。

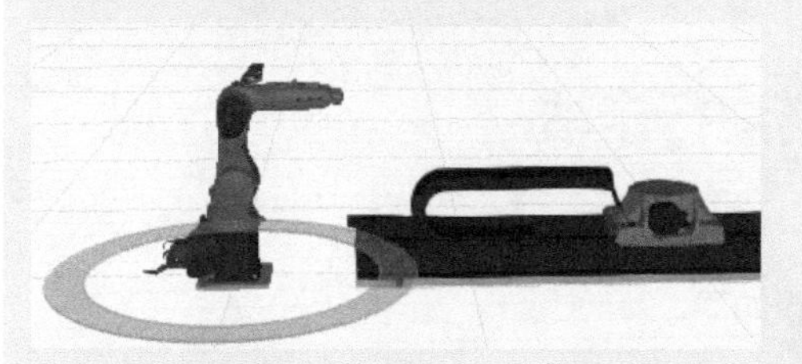

步骤2 添加机器人“KR 6 R700 sixx”，移动机器人，错开布局。

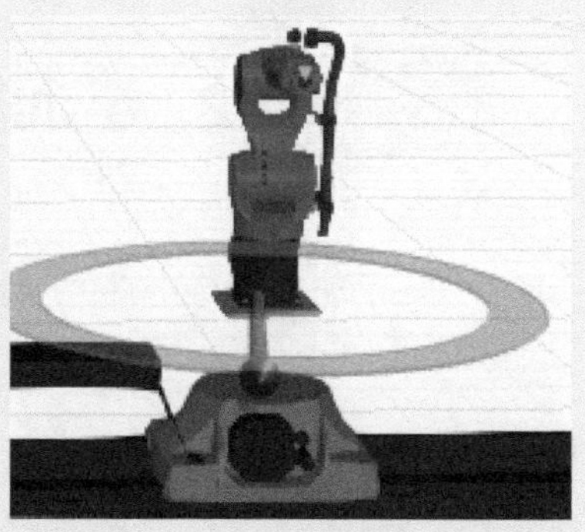

步骤3 选择PnP工具，将机器人拖到行走轴底座上，机器人和底座会自动捕捉到一起。

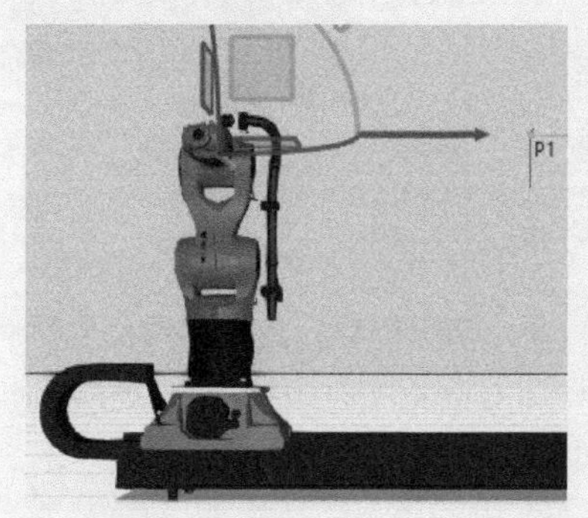

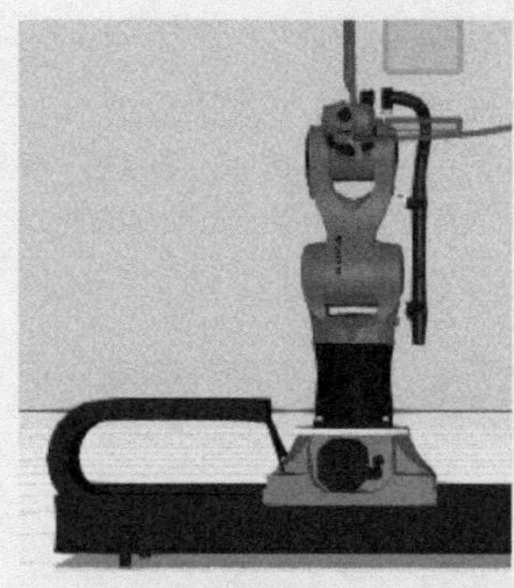

步骤4 在程序视图下，选择点动工具，手动移动行走轴，机器人跟着行走轴一起移动。

```
MAIN My_Job
  PTP P1 CONT Vel=100% PDATP1 Tool[0] Base[0]
  PTP P2 CONT Vel=100% PDATP2 Tool[0] Base[0]
```

步骤5　示教两个坐标点，P1为机器人原点，P2为行走轴向右平移一段距离，机器人改变位置姿态的点。

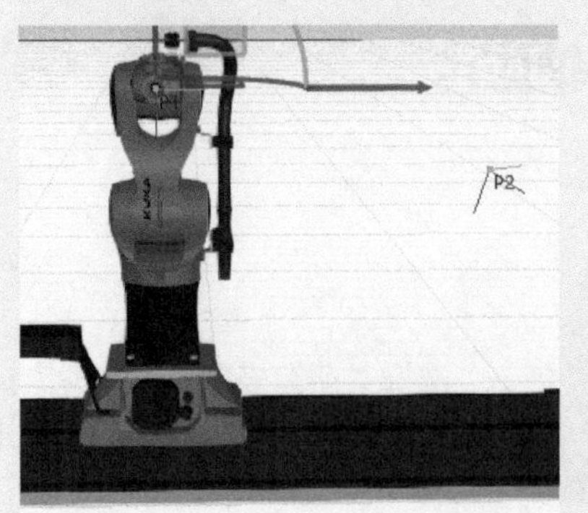

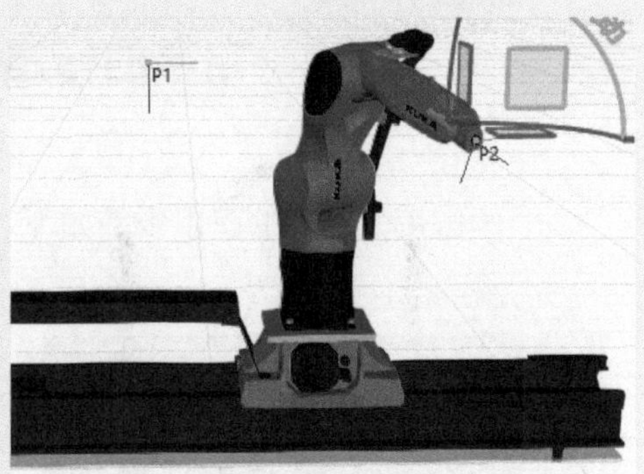

步骤6　执行程序可知，机器人TCP改变姿态和位置时，行走轴也同步移动。

5.1.2　手动搭建行走轴

手动搭建行走轴的步骤如下。

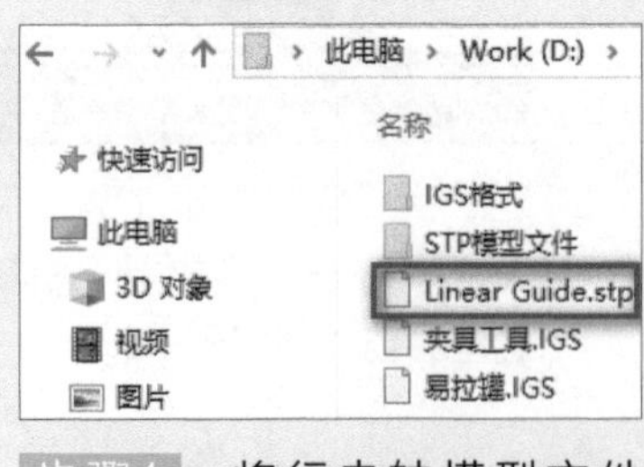

步骤1　将行走轴模型文件“Linear Guide.stp”直接拉入3D世界中，或者通过导入几何元工具导入。

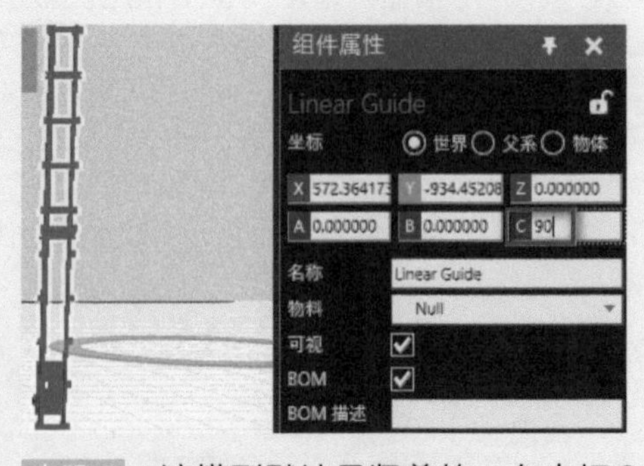

步骤2　该模型默认是竖着的，在坐标C处输入90，按回车。

步骤3　接着设置行走轴的原点坐标，在开始视图下点击原点“捕捉”，选择“3点–弧中心”捕捉模式，对齐轴选择“–Z”。

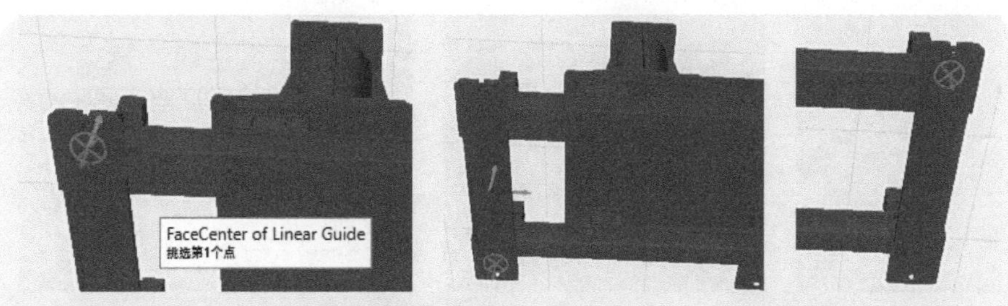

步骤4　捕捉的3个点分别为底部左上角、底部左下角、底部右上角，捕捉好之后点击“应用”，软件通过三个角自动算出原点。

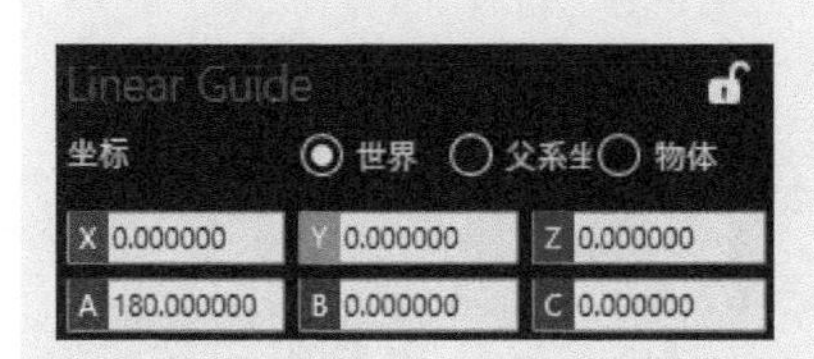

步骤5　将XYZ设为0，行走轴组件回到3D世界中心点。

步骤6　在建模视图下，按住Ctrl键，点击鼠标左键选中行走轴移动底座。

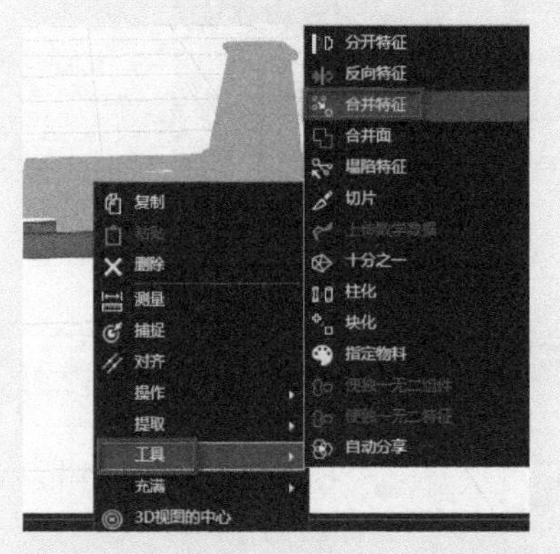

步骤7　点击鼠标右键，选择“工具”“合并特征”。

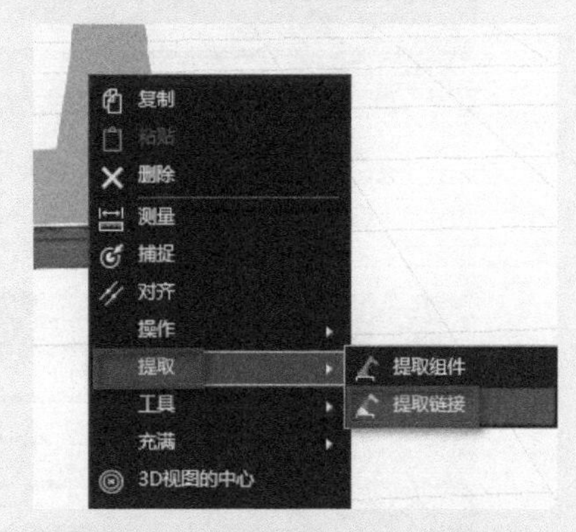

步骤8　点击鼠标右键，选择“提取”→“提取链接”。

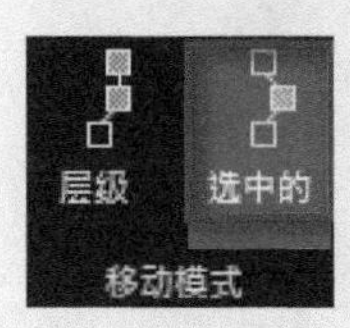

步骤9　在移动模式菜单下点击“选中的”，这里要设置行走轴底座移动的话只设置底座即可，并不需要设置整个模型，所以这里一定要选择“选中的”，不然会出问题。

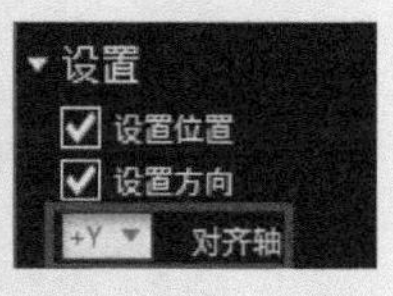

步骤10　选择“捕捉”工具，设置行走轴底座移动坐标。选择“1点”捕捉模式，对齐轴设为“+Y”轴。

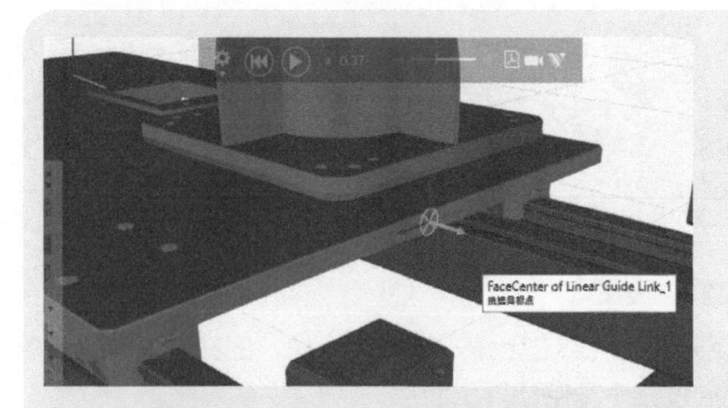

步骤11 捕捉到目标点行走轴底座右侧中心点。

步骤12 在链接属性面板中，设置JointType为“平移”，轴为“+Y”。

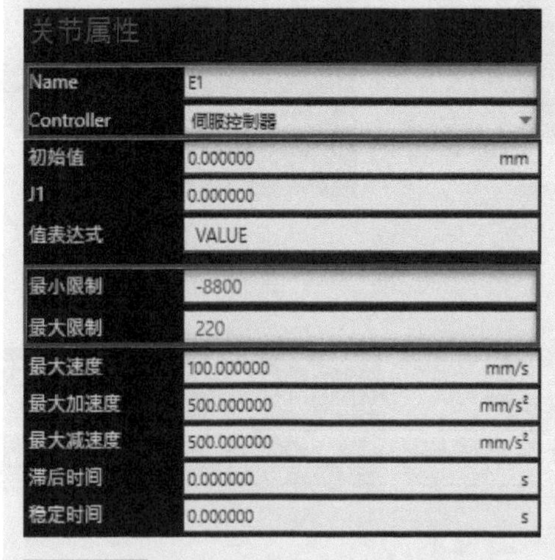

步骤13 关节属性中给该轴命名为“E1”，控制器选择“伺服控制器”，最小限制为-8800，最大限制为220。

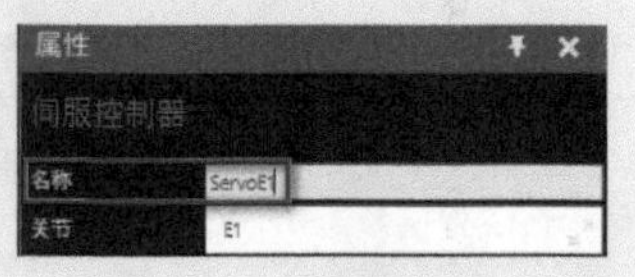

步骤14 在伺服控制器属性中名称改为“ServoE1”。

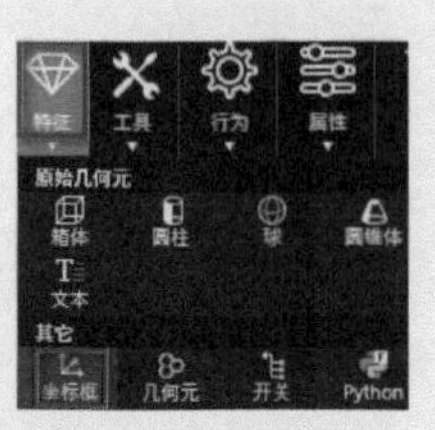

步骤15 点击“Link_1”，点击“特征”“坐标框”创建坐标系。

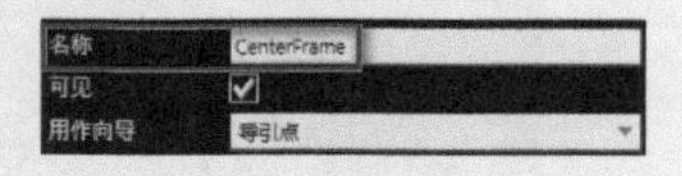

步骤16 给新建坐标框取名为“CenterFrame”。

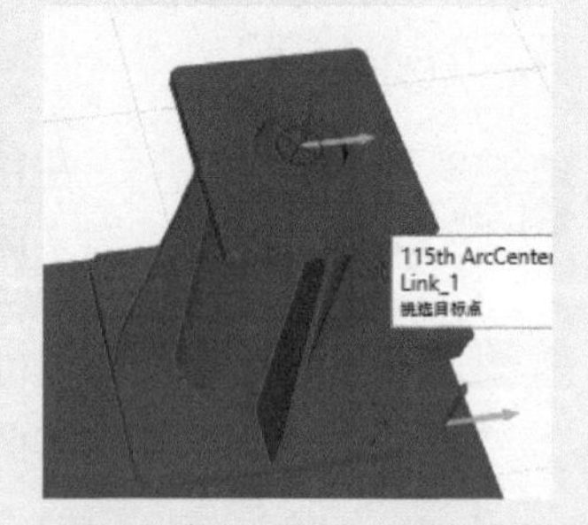

步骤17 选择捕捉工具，捕捉底座中心点。

步骤18 选择Link_1下的“行为”。

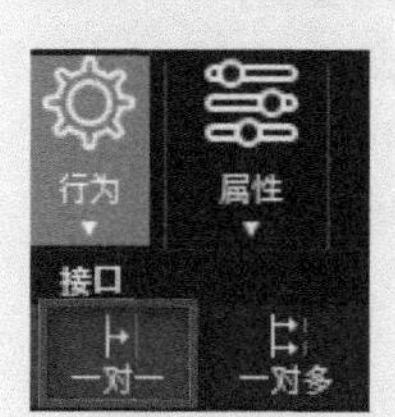

步骤19 选择“行为”，点击“一对一”。

步骤20 在一对一节段和字段下，点击“添加新节段”，节段框坐标选择“CenterFrame”。

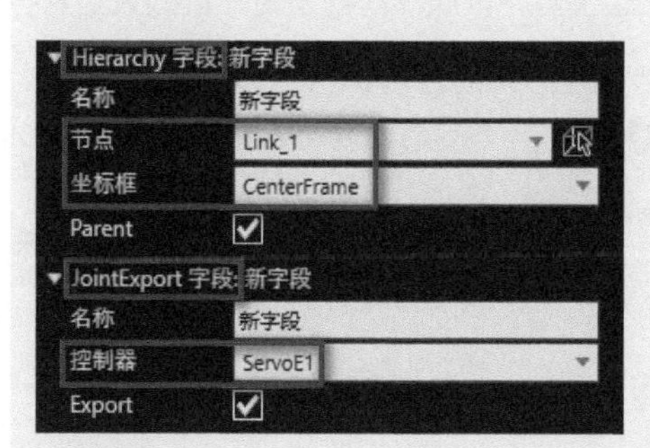

步骤21 点击“添加新字段”，首先添加“Hierachy”新字段，节点选择“Link_1”，坐标框选择“CenterFrame”。其次添加“JointExport”新字段，控制器选择“ServoE1”。

步骤22 建模视图下点击“工具”，选择物料“指定”。

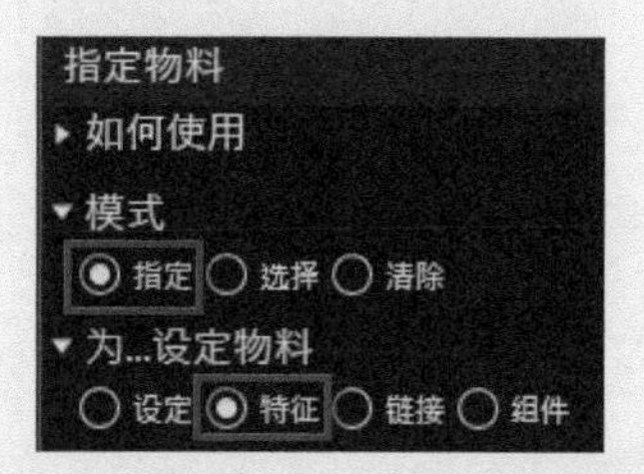

步骤23 在指令物料属性面板中，模式选择“指定”，设定物料选“特征”。

步骤24 选择“库”，在下面选择一种颜色，这里以“chrome”为例。选择好颜色再点击行走轴底座。

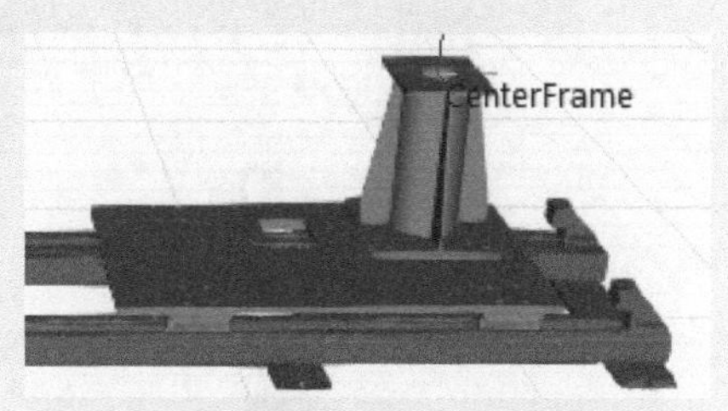

步骤25 底座颜色修改完成。

5.1.3 机器人行走轴编程应用

机器人行走轴编程应用步骤如下。

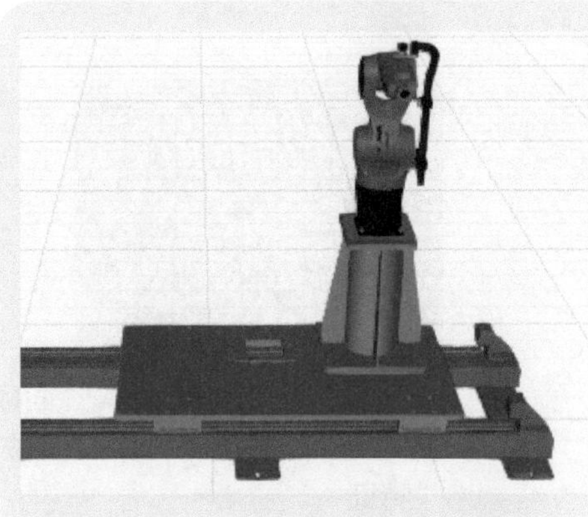

步骤1 添加机器人“KR 6 R700 sixx”，选择PnP工具，将机器人拖到行走轴底座上，机器人和底座会自动捕捉到一起。

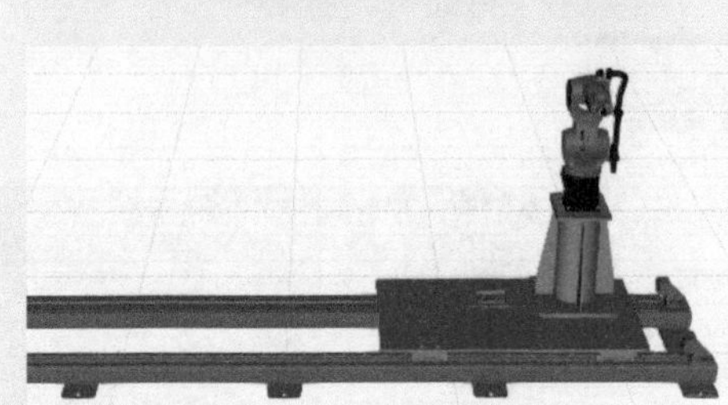

步骤2 在程序视图下，选择点动工具，手动移动行走轴，机器人跟着行走轴一起移动。

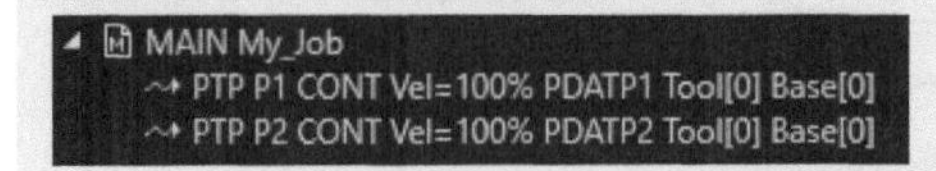

步骤3 示教两个坐标点，P1为机器人原点，P2为行走轴向右平移一段距离，机器人改变位置姿态的点。

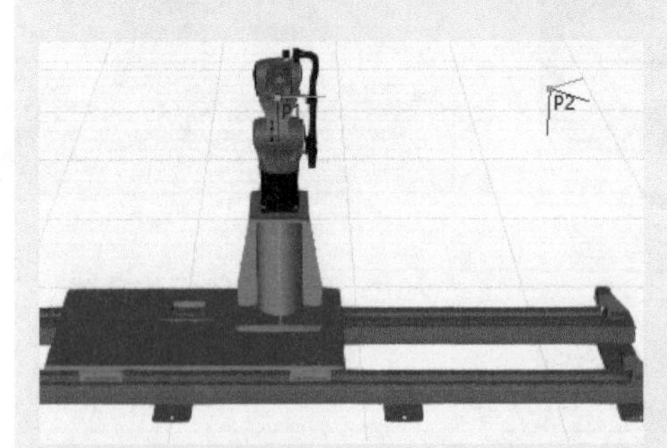

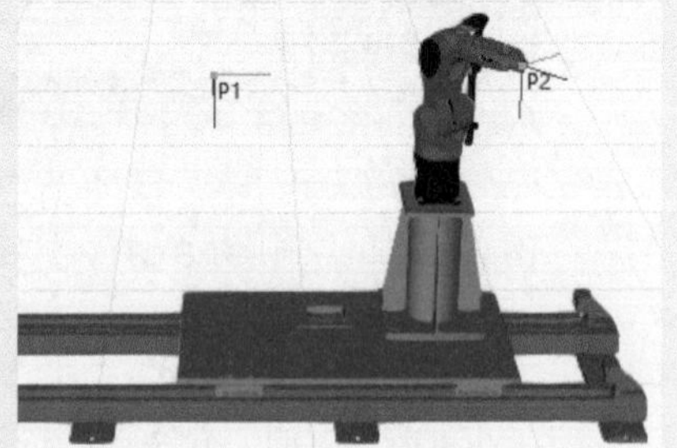

步骤4 执行程序可知，机器人TCP改变姿态和位置时，行走轴也同步移动。

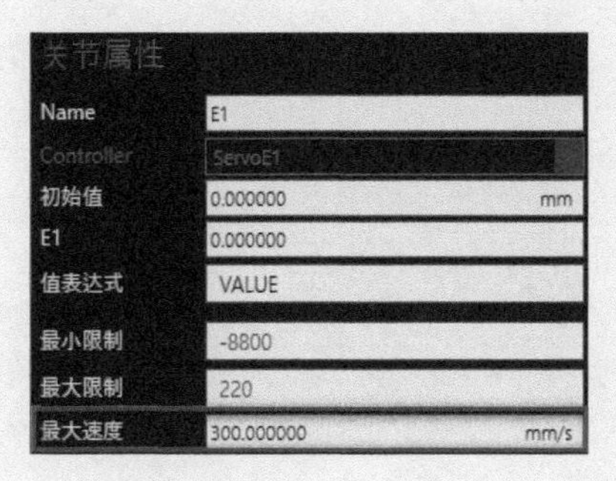

步骤5　若运行程序觉得行走轴速度太慢，可设置行走轴关节属性下的最大速度。

5.2 变位机的搭建

扫码看：系统自带变位机的应用

5.2.1 系统自带变位机的应用

系统自带变位机的应用步骤如下。

步骤1　选择“所有模型”，在搜索框输入“DKP”，选择“DKP_400_V1”，双击变位机加载到3D世界中。

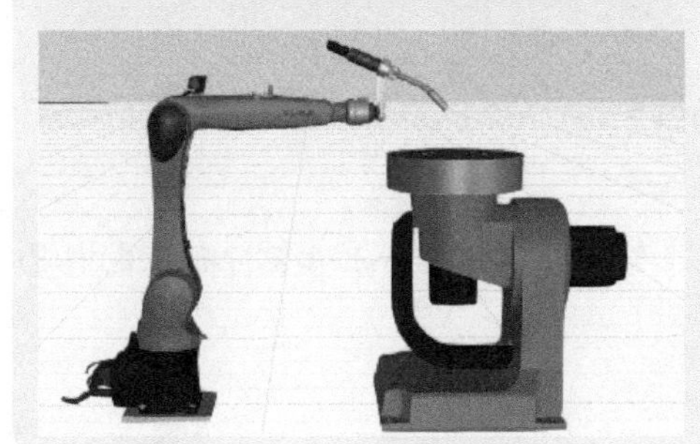

步骤2　添加机器人“KR 10 R1100 sixx”，给机器人添加焊枪“ed33_xt400”，移动机器人和变位机，错开布局。

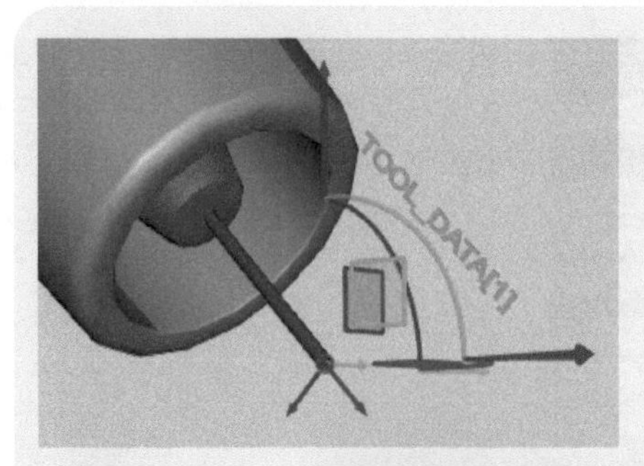

步骤3　使用捕捉工具设置好工具坐标系“TOOL_DATA[1]”。

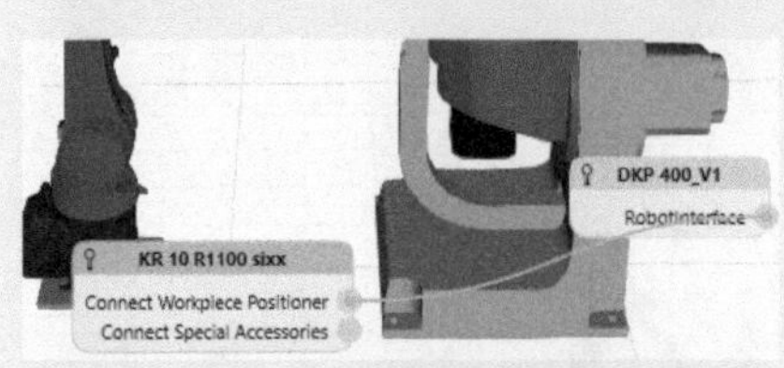

步骤4　在程序视图下，将“接口”框勾选上，机器人接口“Connect Workpiece Positioner”连接变位机接口“RobotInterface”。

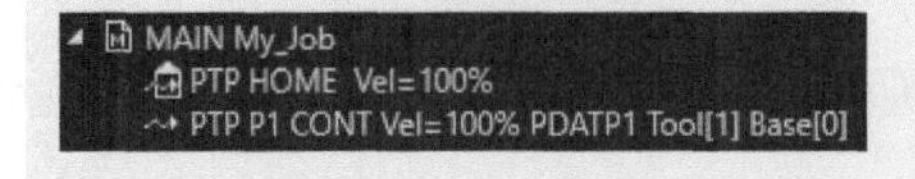

步骤5　示教两个坐标点，HOME为机器人原点，P1为机器人移动到变位机边缘的点。

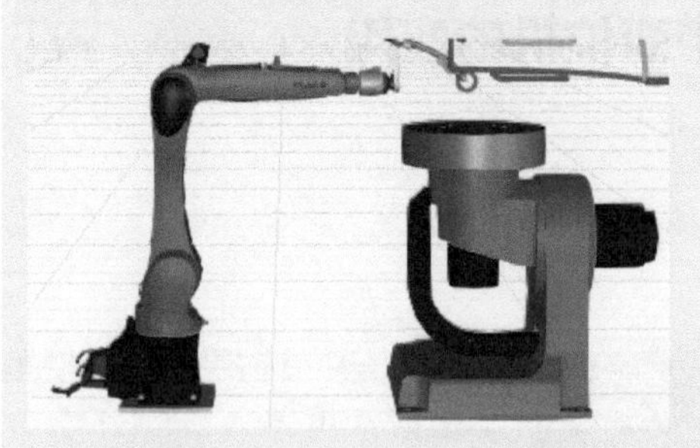

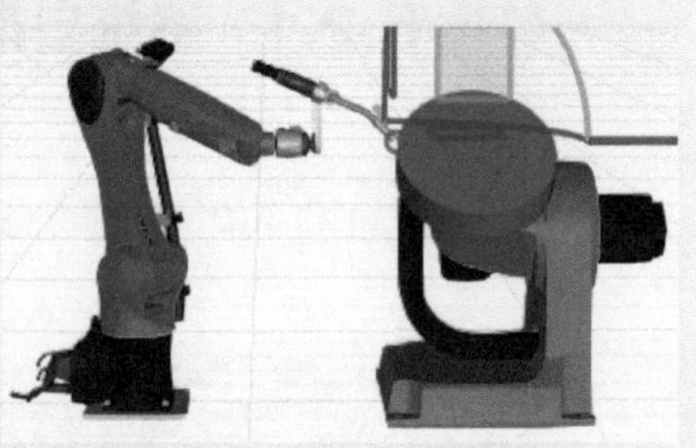

步骤6　执行程序可知，机器人TCP改变姿态和位置时，变位机也会跟着旋转。

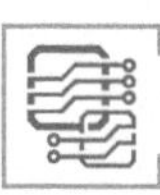

5.2.2　手动搭建变位机

手动搭建变位机的步骤如下。

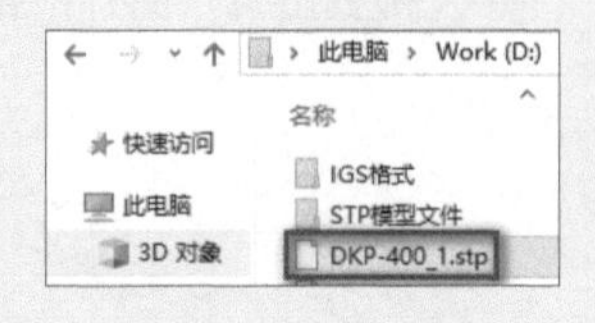

步骤1　将变位机模型文件拖入3D世界中。

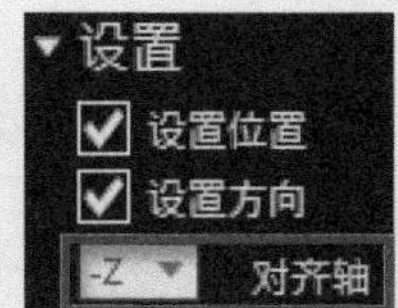

步骤2 在开始视图下点击原点“捕捉”，选择“3点-弧中心”捕捉模式，对齐轴选择“-Z”，设置变位机原点。

步骤3 捕捉变位机底部四个角的圆中心点中的三个点，点击“应用”完成原点设置。

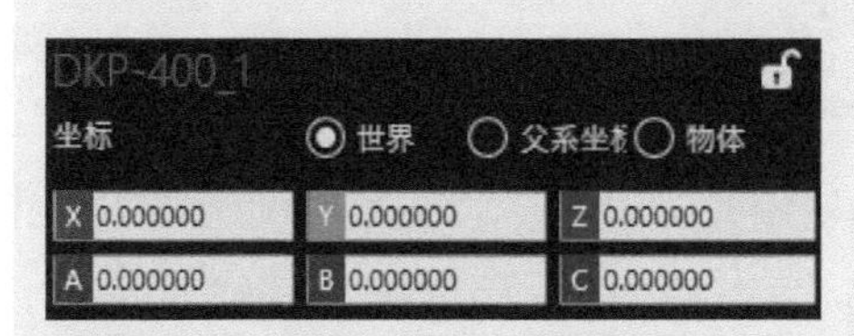

步骤4 将XYZABC坐标数据设为0，让变位机回到世界中心原点。

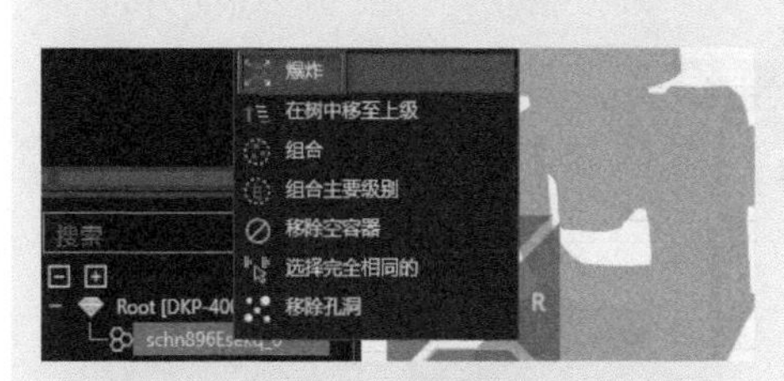

步骤5 在建模视图下，选中变位机几何元，点击鼠标右键，选择“爆炸”，将变位机整体模型炸开成若干模型。

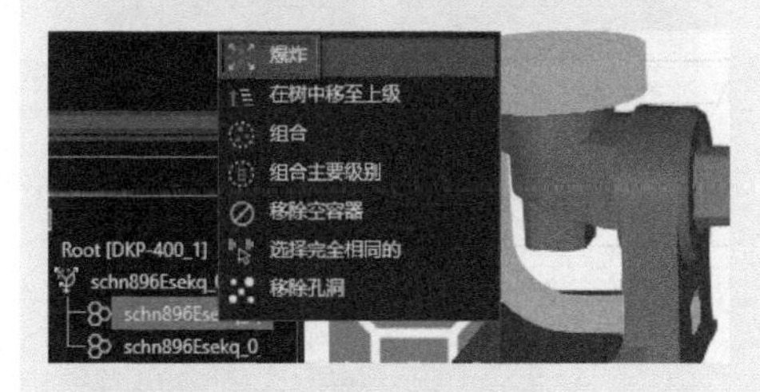

步骤6 选中其中一个几何元，点击右键，选择“爆炸”，选中的几何元会变成绿色。

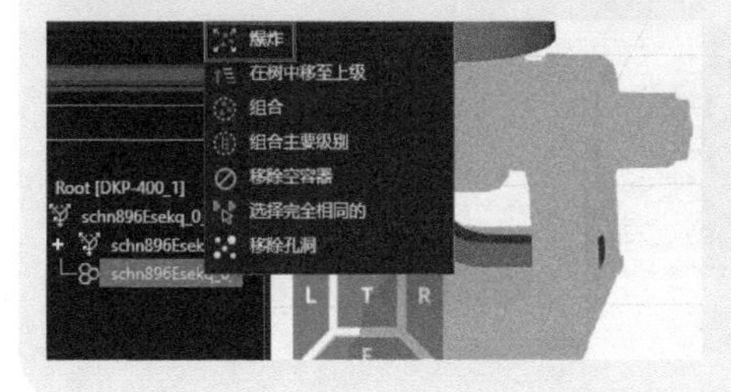

步骤7 选中另一个几何元，点击右键，选择“爆炸”，选中的几何元会变成绿色。

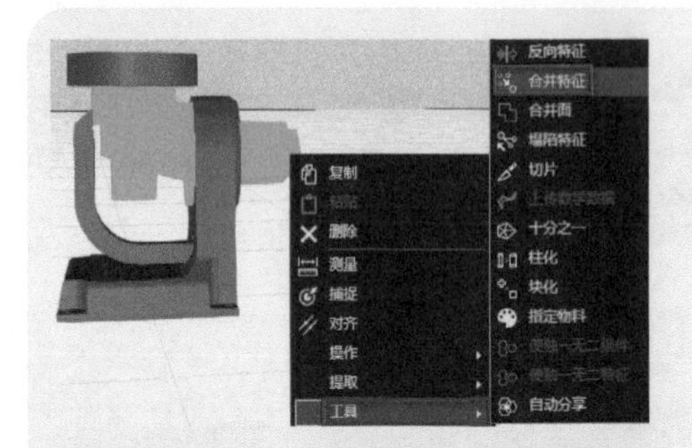

步骤8　按住Ctrl键，选中绿色部分，点击右键，选择“工具”“合并特征”将其中一个旋转轴的几何元合并为一个。

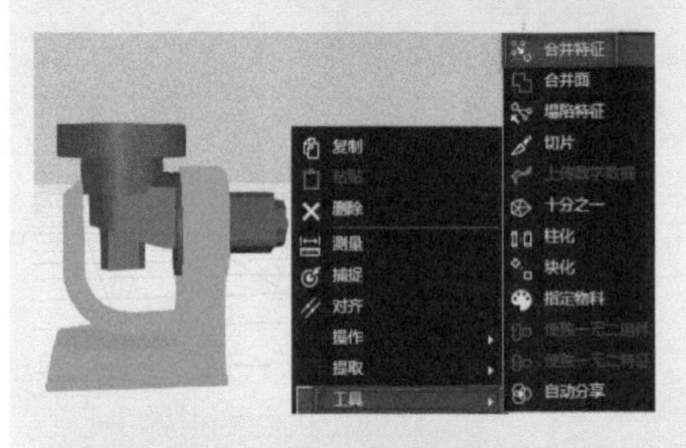

步骤9　选中所有剩余的几何元，如左图绿色部分所示，点击右键，选择“工具”“合并特征”将它们合并为一个几何元。

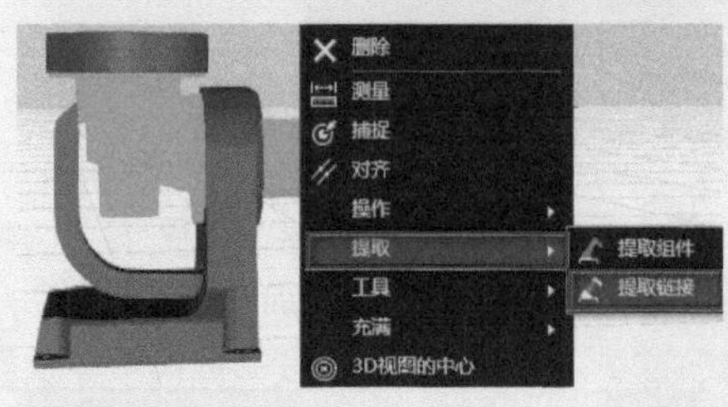

步骤10　选中变位机下面旋转几何元，点击右键，选择“提取”“提取链接”，生成Link_1。

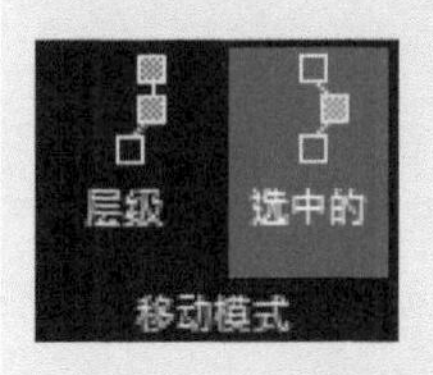

步骤11　选择移动模式“选中的”。

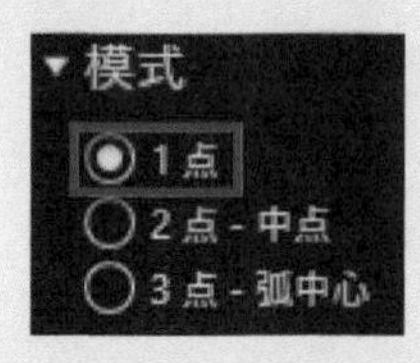

步骤12　点击捕捉工具，选择“1点”捕捉模式，设置“+X”方向为对齐轴。

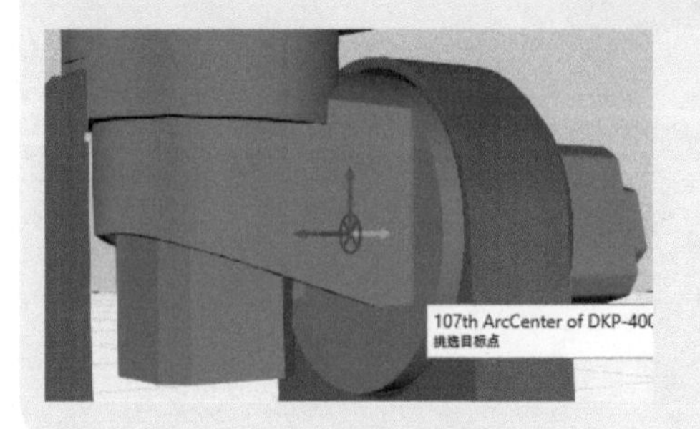

步骤13　捕捉内圆中心点。

链接属性

Link_1

坐标 世界 父系坐标 物体

X 141.861755 Y -6.264912 Z 509.999969

A 180.000000 B 0.000000 C 0.000000

Name Link_1

Offset Tx(141.861755).Ty(-6.264912).Tz(509.999969).Rz(180.000000)

JointType 旋转的

轴 +X

步骤14　在Link_1链接属性面板中，JointType选择“旋转的”，轴选择“+X”。

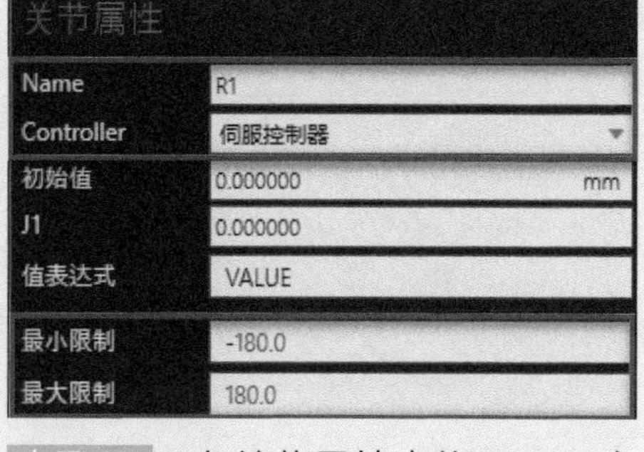

步骤15　在关节属性中将Name改为“R1”，Controller选择“伺服控制器”，默认的最小限制和最大限制是−180和180。

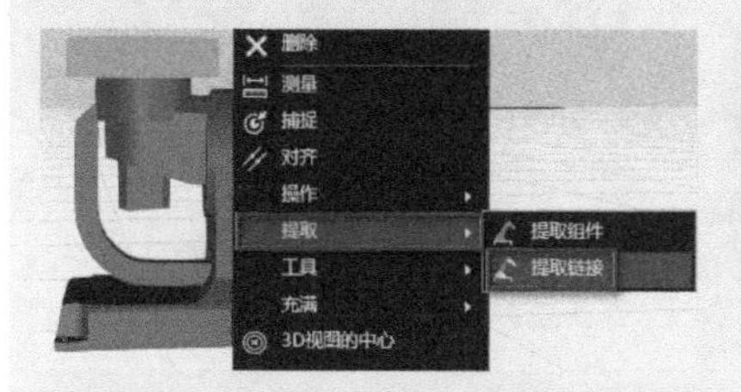

步骤16　选中变位机上面旋转几何元，点击右键，选择“提取”“提取链接”，生成Link_2。

步骤17　将Link_2拖到Link_1下面。

步骤18　此时Link_2选择盘会跑到上面去，选中旋转盘。

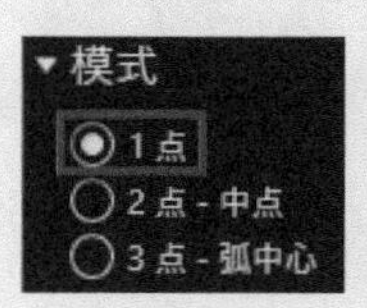

步骤19　点击原点捕捉工具，选择“1点”捕捉模式，设置“−Z”为对齐轴。

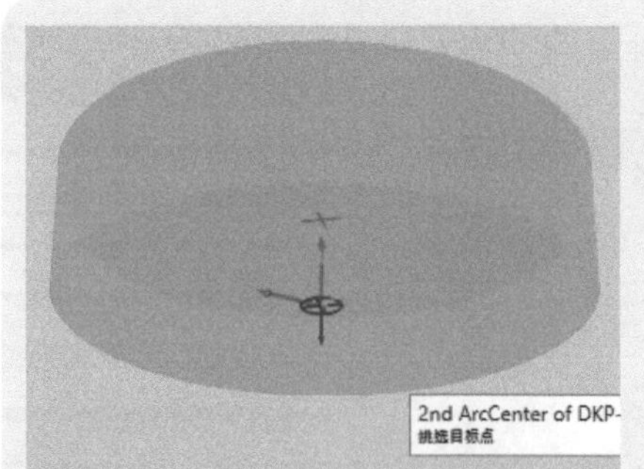

步骤20 捕捉圆盘下面中心点。

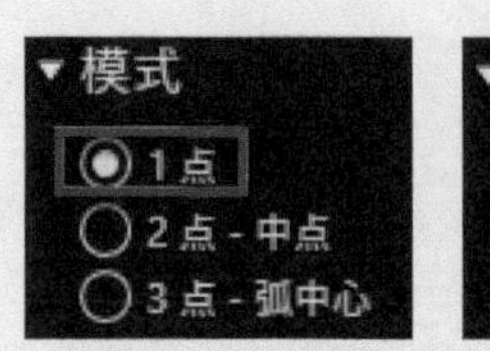

步骤21 点击工具捕捉，选择“1点”捕捉模式，设置“+Z”方向对齐轴。

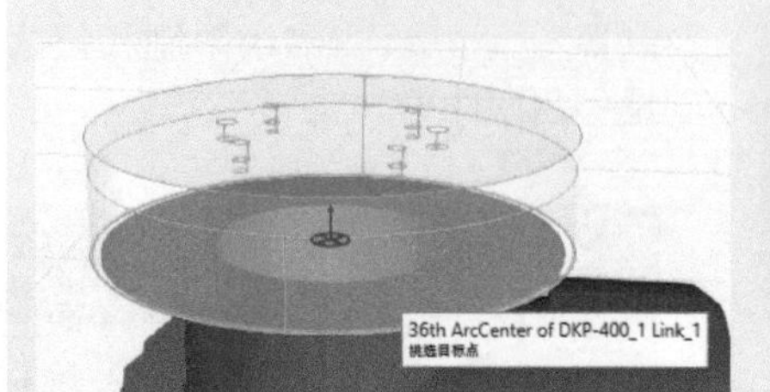

步骤22 捕捉到第一个旋转轴上面圆中心点。

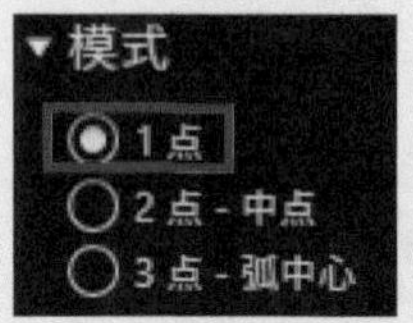

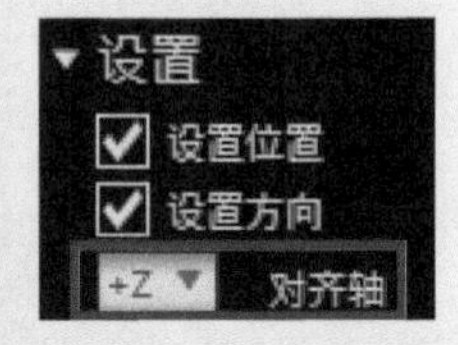

步骤23 选择Link_2，点击工具捕捉，选择“1点”捕捉模式，设置“+Z”方向对齐轴。

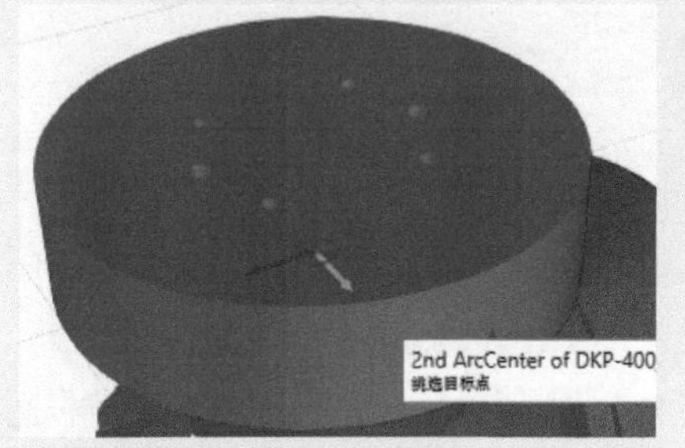

步骤24 捕捉到底部圆中心点。

步骤25 在Link_2链接属性面板中将JointType设为“旋转的”，轴设为“+Z”。

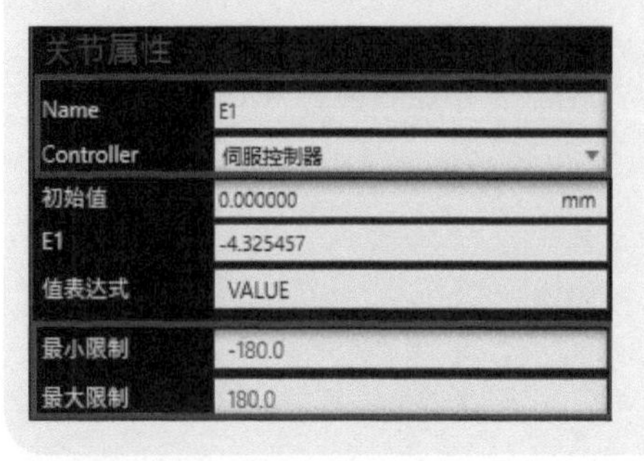

步骤26 在关节属性中将Name设为“R2”，Controller设为Link_1创建好的“伺服控制器”。

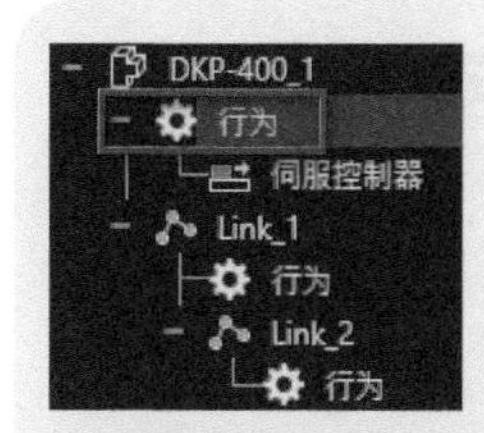

步骤27 选择第一个“行为”。

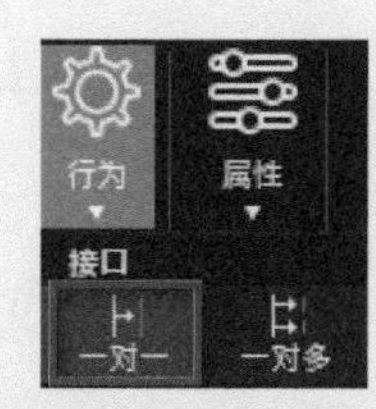

步骤28 选择“行为”，点击“一对一”。

步骤29 在OneToOneInterface属性中，将“为抽象的”框勾选上。

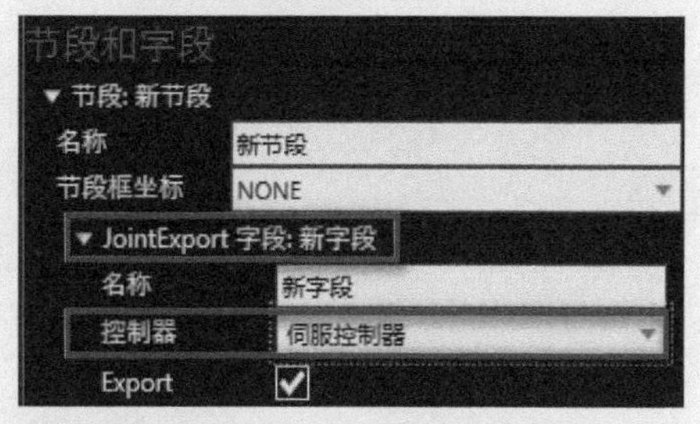

步骤30 在一对一节段和字段下，点击“添加新节段”，点击“添加新字段”，添加“JointExport”新字段，控制器选择“伺服控制器”。

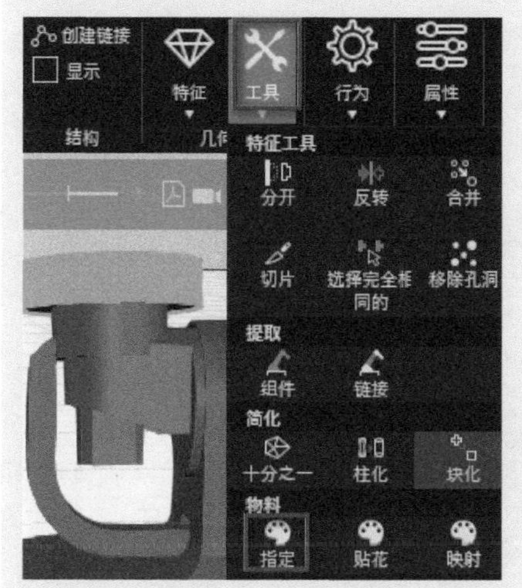

步骤31 选中Link_2几何元，选择“工具”“指定”。

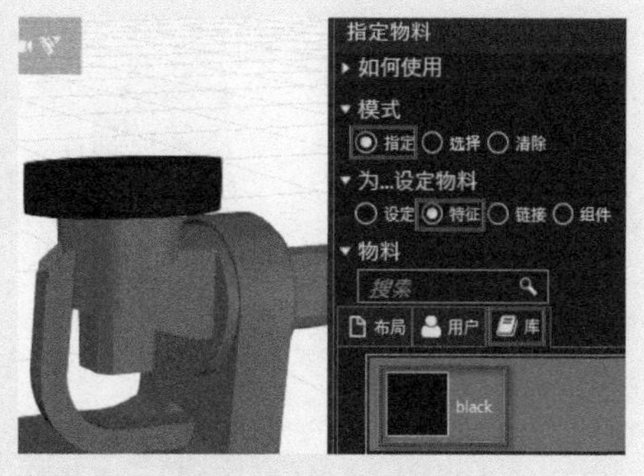

步骤32 在指令物料属性面板中，模式选择“指定”，为…设定物料选“特征”。在库中选择“black”，选择好颜色再点击R2旋转轴，该旋转轴变成黑色。

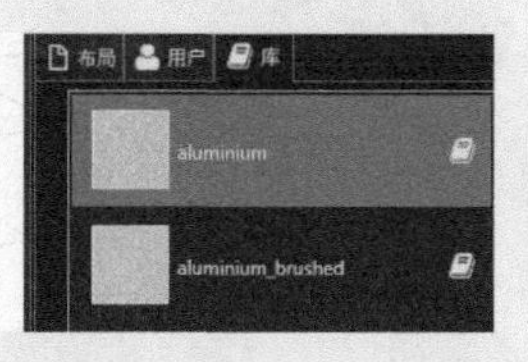

步骤33 选择“aluminium”，点击R1旋转轴，将R1旋转轴设成指定颜色。

步骤34 点击交互工具，可用鼠标转动设置好的R1和R2旋转轴。

5.2.3 机器人变位机编程应用

机器人变位机编程应用的步骤如下。

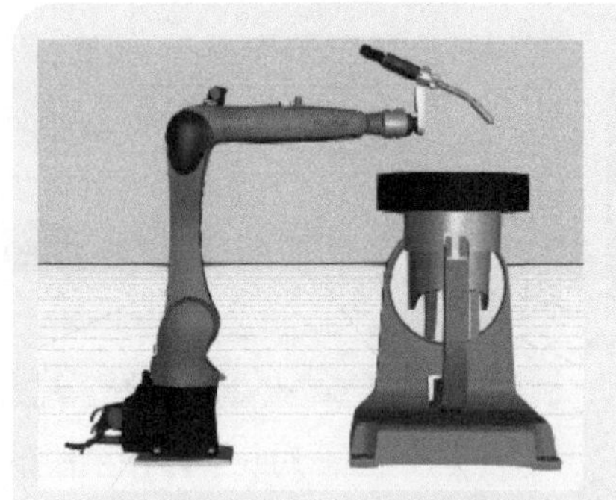

步骤1 添加机器人“KR 10 R1100 sixx”，给机器人添加焊枪“ed33_xt400”，移动机器人和变位机，调整布局。

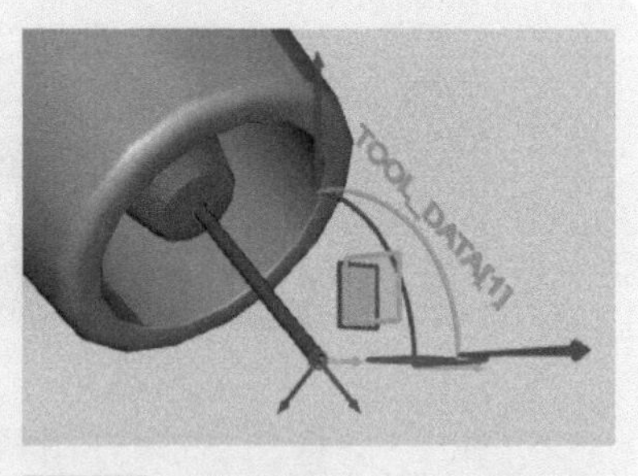

步骤2 使用捕捉工具设置好工具坐标系“TOOL_DATA[1]”。

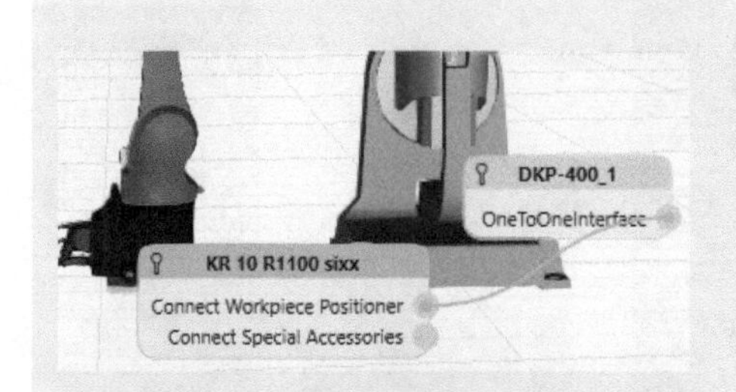

步骤3 在程序视图下，将“接口”框勾选上，机器人接口“Connect Workpiece Positioner”连接变位机接口“OnoToOneInterface”。

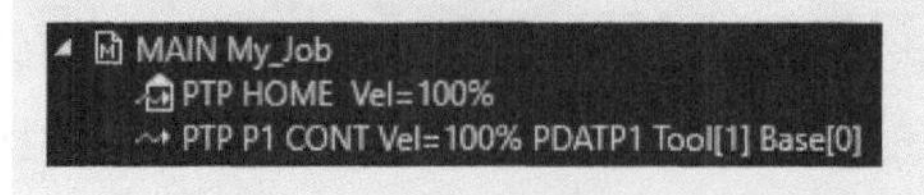

步骤4 示教三个坐标点，HOME为机器人原点，P1为R1旋转，机器人移动到变位机边缘的点，P2为机器人不动，R1旋转半圈后的点。

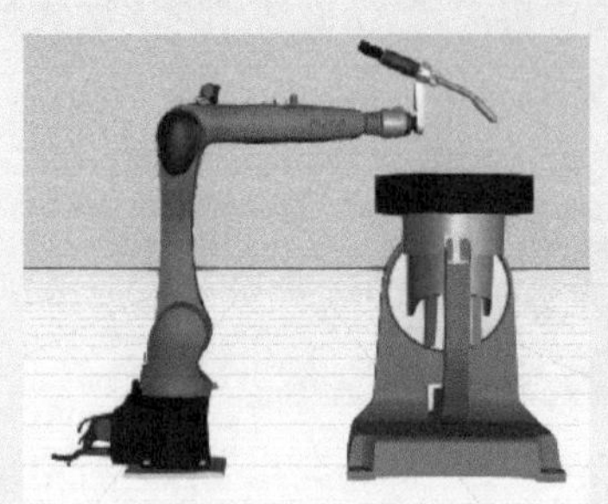

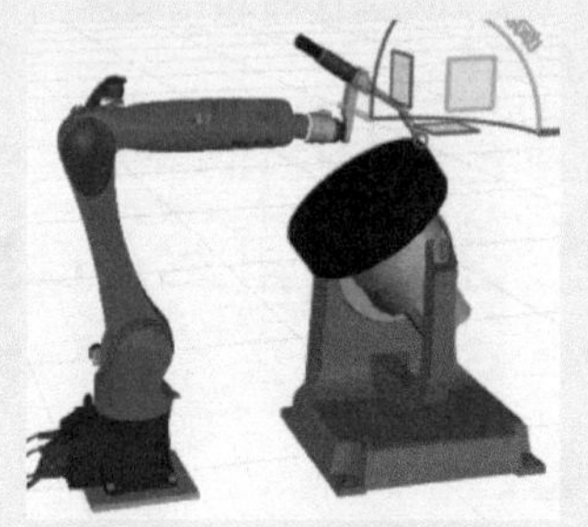

步骤5 执行程序可知，机器人移动到P1点时，变位机R1也会跟着旋转，执行第三条指令，机器人不动，R2旋转180°。

KUKA.Sim Pro

第6章

机器人涂绘应用

KUKA.Sim Pro 仿真软件的涂绘功能默认是没有打开的，若要使用该功能，需要开启涂绘插件。仿真软件涂绘功能能够模拟和分析机器人和喷枪涂绘流程结果。KUKA.Sim Pro 仿真软件的涂绘功能跟大多数仿真软件一样，都是通过添加喷枪，设置喷枪的参数，如喷嘴大小、喷涂范围等实现的。但 KUKA.Sim Pro 的涂绘功能更加丰富，除了能设置喷枪外，还能设置涂绘颜色、涂绘对象，并且涂绘颜色可以根据涂料的深浅显示不同颜色，还能用测量工具测出涂料的厚度，使得涂绘仿真跟真实涂绘效果一样。

知识目标

① 了解仿真软件的涂绘功能。
② 熟悉涂绘功能的操作流程。
③ 熟悉涂绘工具的属性参数设置。

能力目标

① 会添加喷枪工具，并能根据需求设置喷枪参数。
② 能根据自身需要，设置不同的涂料颜色。
③ 能配置机器人与喷枪工具之间的 IO 信号。
④ 能够独立完成涂绘编程。

6.1 涂绘功能

6.1.1 启用涂绘功能插件

（1）启用插件

KUKA.Sim Pro 虚拟仿真软件的涂绘功能默认是没有打开的，需要手动打开，可以使用一个后台选项开启 / 关闭涂绘插件（图 6-1），开启步骤如下：

① 点击文件面板，而后在导航面板上，点击“选项”。

② 在选项下点击“附加”，可以看到涂绘插件。若要启用插件，点击“启用”；若要禁用插件，点击“禁用”。

③ 开启涂绘插件后，点击下方“确定”即可，无需重启软件。

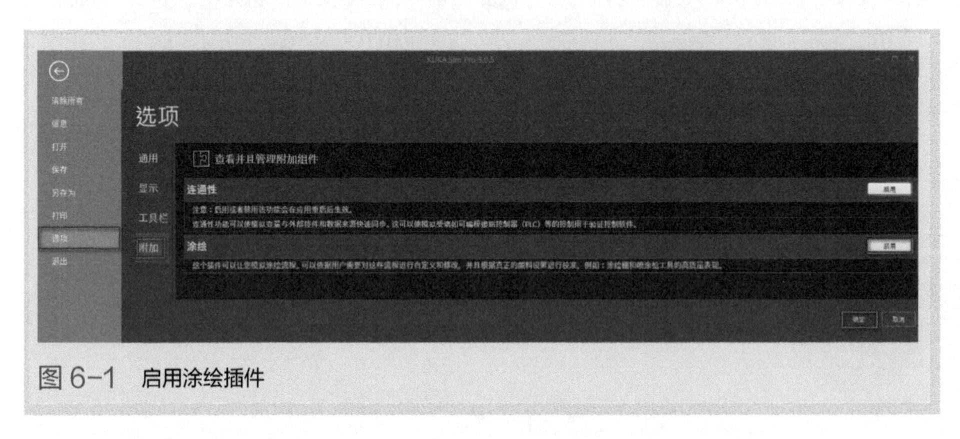

图 6-1　启用涂绘插件

（2）访问涂绘视图

涂绘视图在软件开始视图、建模视图、图纸视图下是看不到的，只有在程序视图下才能看到。点击“程序”，可以看到涂绘工具，如图 6-2 所示。而后，在涂绘工具中，点击“涂绘”进入涂绘面板。

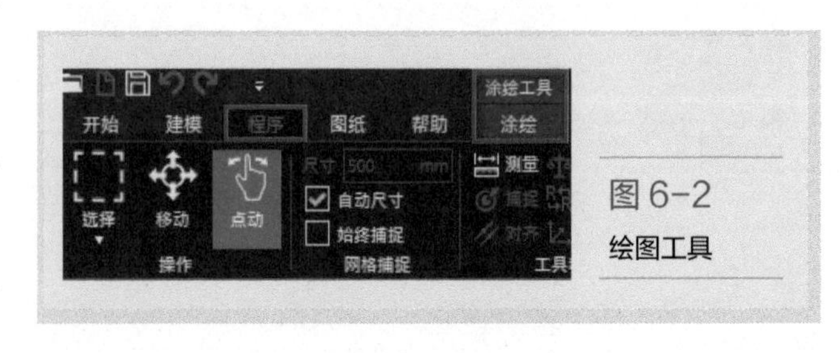

图 6-2
绘图工具

6.1.2 涂绘功能介绍

扫码看：涂绘功能介绍

打开涂绘面板，如图6-3所示。该面板由准备几何元、显示颜料、测量、删除颜料组成。

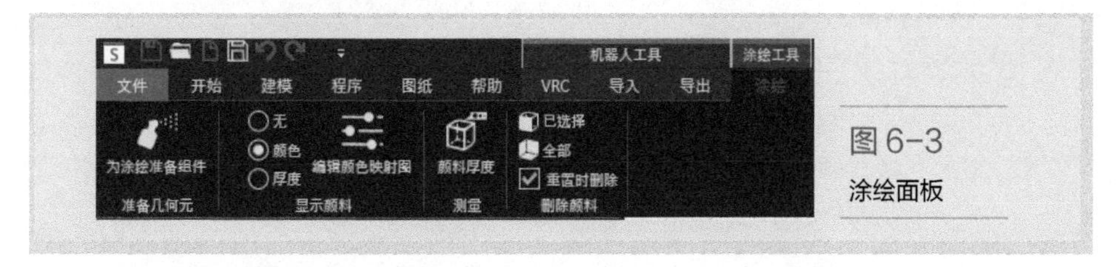

图6-3 涂绘面板

（1）准备几何元

若要涂绘一个组件，需要为涂绘准备几何元、物料以及表面。组件的几何元可镶嵌成想要的细节层次用于涂绘。

① 在涂绘面板准备几何元中，点击“为涂绘准备组件”。

② 在3D世界中，直接选择在模拟期间想要涂绘的组件。

③ 在准备涂绘任务面板中，将最大边长设定为想要的值，而后点击“准备选中的组件”，如图6-4所示。

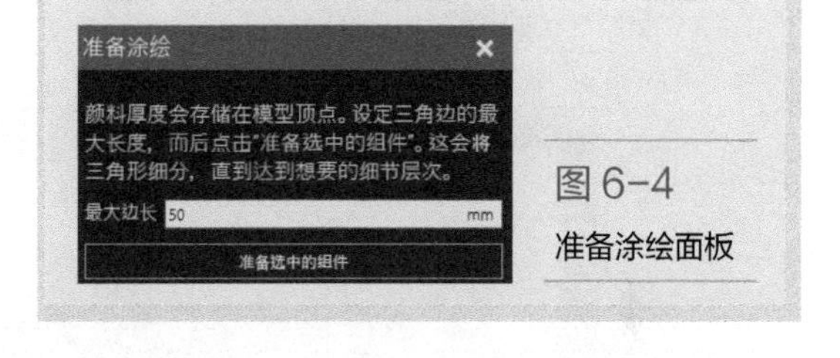

图6-4 准备涂绘面板

（2）显示颜料

显示颜料属性可以显示颜料的颜色和厚度。已准备好的组件的物料由一个颜色映射表定义。该颜色映射表会根据涂层厚度为几何元指定物料。通常来说，已准备好的组件没有颜料，因此，其物料就是映射到颜料厚度的物料。

① 在涂绘面板显示颜料中，点击“编辑颜色映射图”。

② 在颜色映射表编辑器任务面板映射表中，找到颜料厚度为0的一行，而后将颜色字段设定至想要的物料，如图6-5所示。

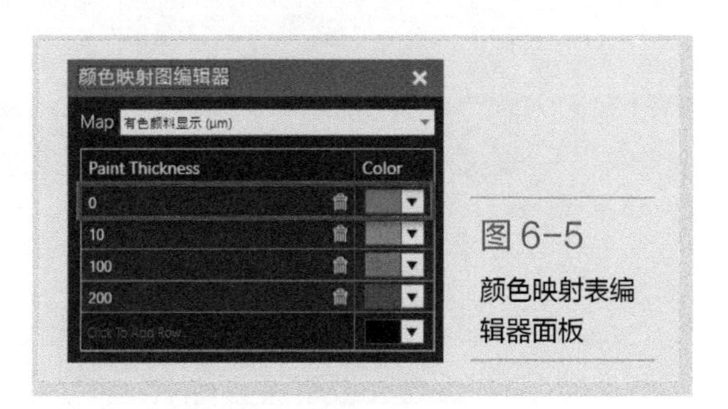

图6-5 颜色映射表编辑器面板

除一些特殊情况外，当已准备的组件被另一个组件覆盖时，不会涂绘另一个组件覆盖的任何表面区域。已准备组件的细节层次会影响颜料印流，导致被遮掩区域的边不整洁，含有一些颜料。通常来说，这种情况会在组件几何元的边过长时出现。有些喷枪可能不支持环境光遮蔽，因此，被遮掩的区域仍然会被涂绘。

3D 世界的渲染会影响颜料的显示，但不会影响其颜色。可以随时在不同颜色模式之间切换，在表面显示 / 隐藏颜料。

在涂绘面板显示颜料中：

① 若要不显示任何颜料，选择“无”。

② 若要使用颜色渐变显示颜料，选择“颜色”。

③ 若要使用颜色间隔显示颜料，选择“厚度”。

（3）测量

颜料厚度工具可用于测量和记录已涂绘组件上任何表面点上的颜料厚度。默认情况下，颜料厚度以微米（μm）为单位测量。

① 在涂绘面板测量中，点击“颜料厚度”。

② 在 3D 世界中，若要显示测量值，指向一个已涂绘表面，如图 6-6 所示。若要记录测量值，点击已涂绘表面上的一个点，这会为该测量点添加一个临时注释。

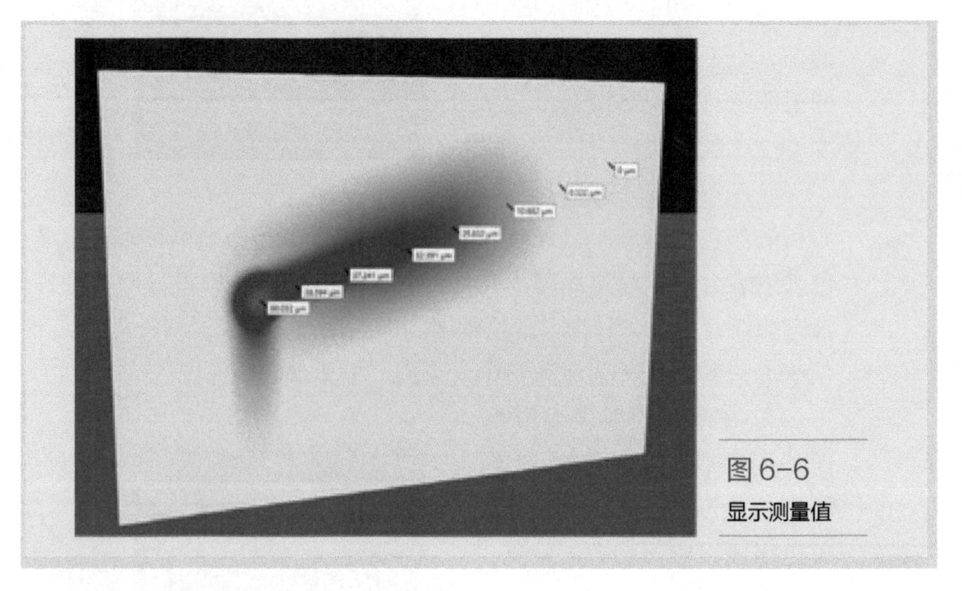

图 6-6
显示测量值

（4）删除颜料

删除颜料也就是说，可以删除使用喷枪添加至组件几何元的纹理坐标。

在涂绘面板删除颜料中：

① 若要从选中组件删除颜料，需要先在 3D 世界中选择组件，而后使用选中命令删除颜料；

② 若要从 3D 世界中的所有组件删除颜料，需将全部组件选中。记住，这只会影响为涂绘准备的组件；

③ 若想在重置一个模拟时自动删除所有颜料，选择重置时删除复选框，若不想在重置一个模拟时删除任何颜料，清除重置时删除复选框。

6.2 涂绘工具参数设置 

6.2.1 涂绘工具属性

可以在喷枪工具属性中找到涂料的流动性和分配特性，喷枪工具属性介绍如下（图 6-7 ~图 6-11）。

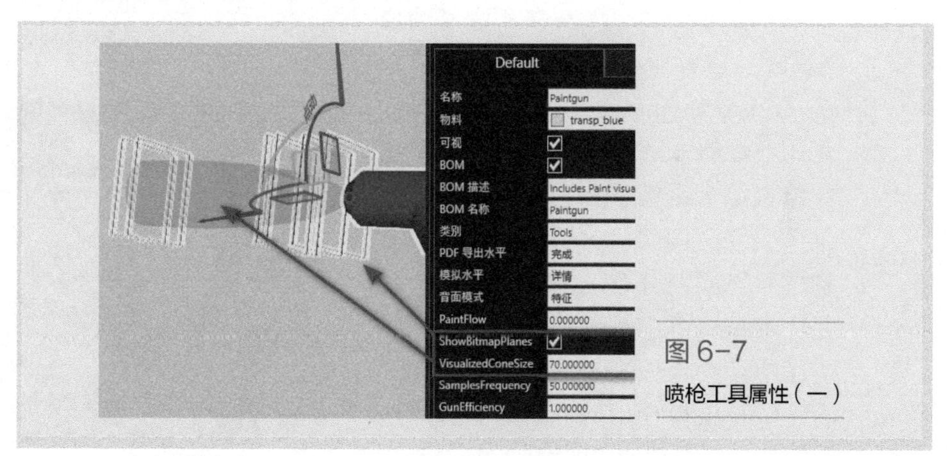

图 6-7 喷枪工具属性（一）

ShowBitmapPlanes：切换分布图距离可视化平面箭头指向的框。

VisualizedConeSize：缩放漆锥可视化，最小喷涂距离和最大喷涂距离定义了喷枪的最小喷涂距离和喷涂范围。

SamplesFrequency：刷新率是定义涂料分布的计算频率（每秒计算周期）。较高的值将产生更详细的油漆分配，但会降低性能。通常来说，这是之前产品版本中出现的问题，更新后的喷枪模式可能不会有这个属性。

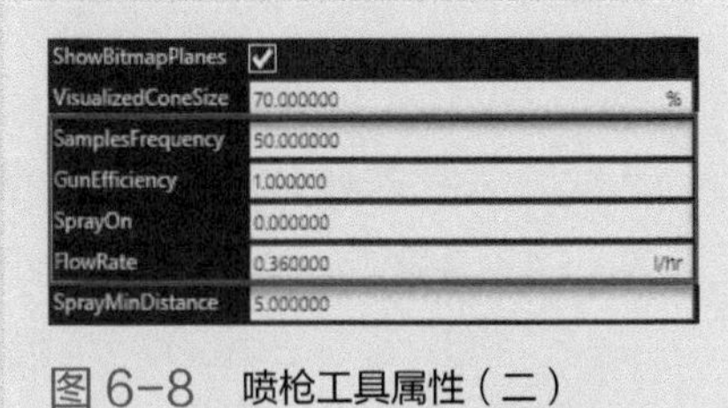

图 6-8 喷枪工具属性（二）

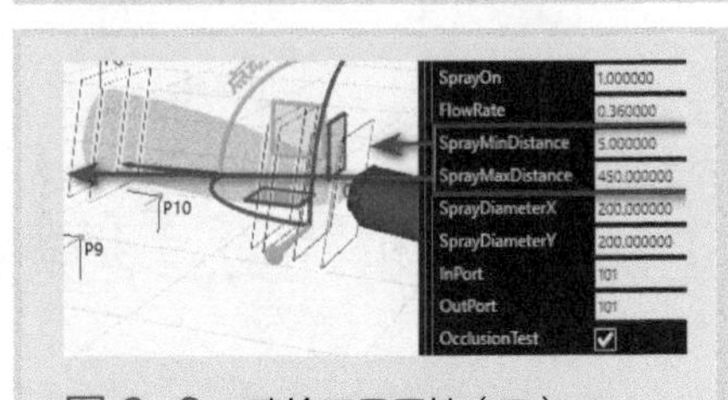

图 6-9 喷枪工具属性（三）

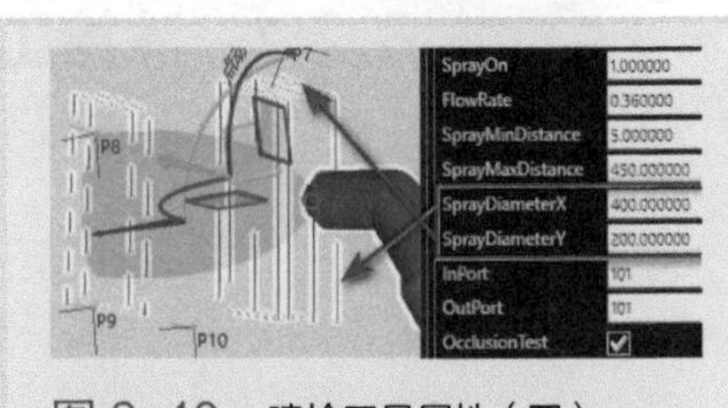

图 6-10 喷枪工具属性（四）

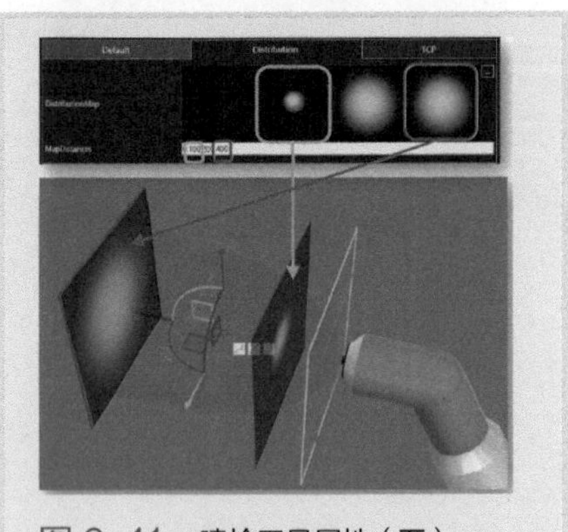

图 6-11 喷枪工具属性（五）

GunEfficiency：喷枪效率是喷枪的总体颜料传送效率，值越小意味着在一定时间内传送到表面的颜料越少。这个属性的单位可以是一个比例或者标度，例如 50% 或者 0.5。

SprayOn：显示喷枪的状态，打开为 1，关闭为 0，这个不用手动设置，程序执行会更改状态。

FlowRate：流量定义，每秒分配到表面的涂料量。

SprayMinDistance：喷涂最小距离，是颜料分布在表面上的最小距离。在大多数情况下，坐标框特征用于在 3D 世界中显示这个距离。

SprayMaxDistance：喷涂最大距离，是颜料分布的最大距离。在大多数情况下，坐标框特征用于在 3D 世界中显示这个距离。颜料在所定义的最小和最大喷涂距离范围内喷涂。

SprayDiameter：喷雾直径特性可调节涂料椭圆直径。喷涂直径 X 和喷涂直径 Y 是基于 X 和 Y 轮廓的喷涂锥体直径。例如，一个轮廓可用于对称的常态颜料分布。因此，如果 X 值是 160mm，则喷涂直径为 320mm。右图中 X 为较长的边，Y 为较短的边。

InPort 和 OutPort 定义了组件连接机器人后自动使用的端口号。

OcclusionTest：使光线跟踪方法能够检测出某些区域是否遮住了绘制区域其他成分

DistributionMap 用于通过位图定义距喷枪喷嘴不同距离的涂料分布。MapDistances 之间的分布是混合的。

如果分布图是单个图像，则无论表面与喷枪喷嘴的距离如何，都将使用相同的分布。

6.2.2 涂绘颜色设置

（1）定义颜料的显示

在模拟期间，喷枪会动态地为已准备组件的几何元添加纹理坐标，这些坐标用于定义表面上颜料的厚度。这意味着，可以在喷枪在 3D 世界中渲染之前或者之后更改颜料的显示。

（2）颜色映射

有两种显示表面上颜料的方式。一种方式是使用映射至颜料厚度值的渐变色，这会将颜色混合并且像在真实世界一样显示颜料的应用。另一种方式是使用映射到颜料厚度值间隔的颜色，这可以清楚地界定表面上的颜料厚度。例如，颜料厚度值为 X 的表面区域将被分配为 Y 物料颜色，Y 物料颜色依据以下这些规则显示：X ≤ 0，Y 为白色；0<X ≤ 0.5，Y 为蓝色；以及 0.5<X ≤ 1，Y 为红色。颜色映射设置如下。

步骤1　在颜料面板显示颜料中，点击“编辑颜色映射图”。

步骤2　在颜色映射图编辑器任务面板中，将映射设定为以下之一：

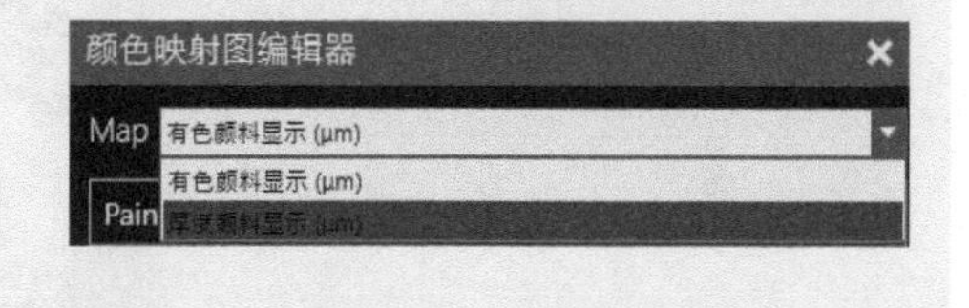

① 若要定义设置用于使用颜色渐变显示颜料，点击“有色颜料显示”。

② 若要定义设置使用一个颜色间隔显示颜料，点击“厚度颜料显示”。

步骤3　在映射表中，完成以下一项或者多项：

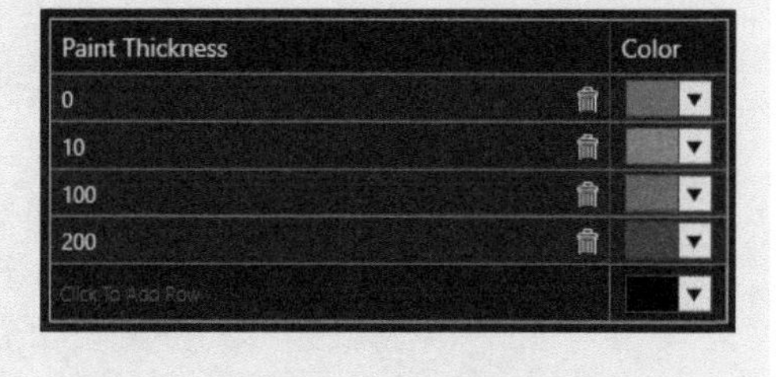

① 若要编辑映射，找到要编辑的行，而后编辑该行的字段。

② 若要删除一个映射，找到想要删除的行，而后在颜料厚度字段中，点击垃圾桶图标。

③ 若要添加映射，编辑该表的最后一行。每个有效行都必须有一个已定义的颜料厚度值。

6.3 涂绘机器人系统编程应用

6.3.1 搭建涂绘环境

搭建涂绘环境步骤如下。

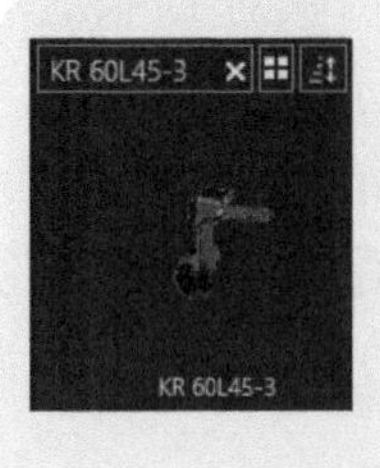

步骤1 选择“所有模型”，在搜索框输入“KR 60L45-3”，选择“KR 60L45-3”机器人，双击机器人加载到3D世界中。

步骤2 选择“所有模型”，在搜索框输入“Paint”，选择“Paint Gun”，双击喷枪加载到3D世界中。

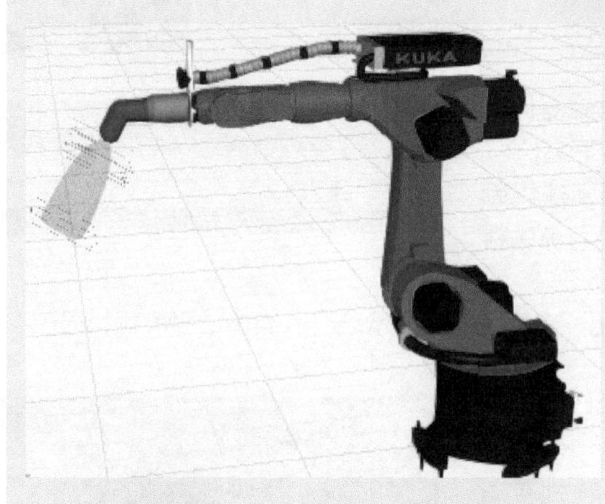

步骤3 选择PnP工具，将喷枪安装到机器人法兰盘。

步骤4 在建模视图下，点击“新建”，创建一个新组件，给新组件取名“Board”。

步骤5 点击“特征”“箱体”，给新组件创建一个箱体几何元。

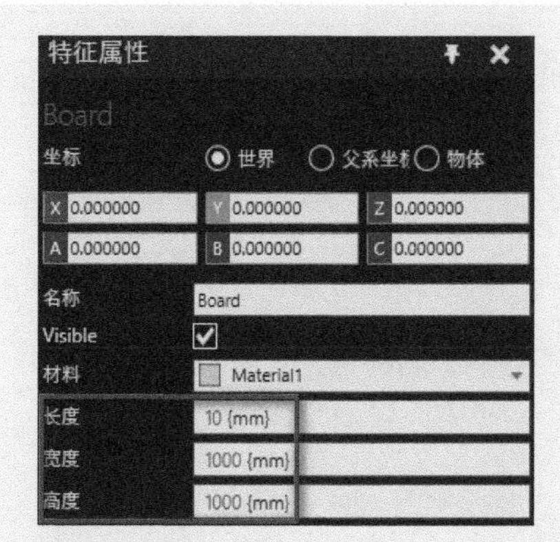

步骤6　设定该几何元尺寸长宽高为10mm、1000mm、1000mm。

步骤7　使用几何元工具中的物料指定设定喷涂板颜色，将喷涂板移动到相应位置做好布局。

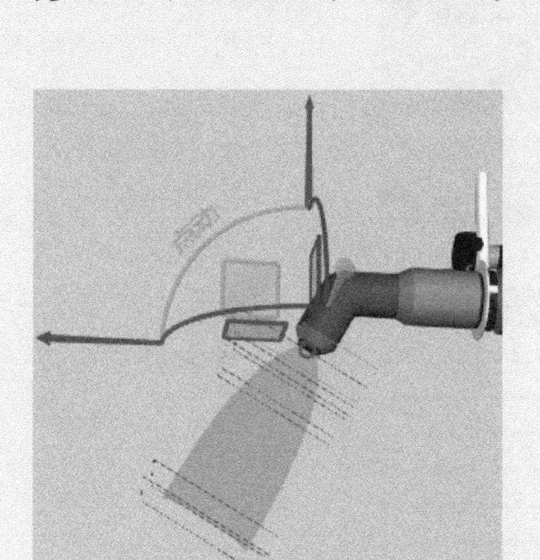

步骤8　设置好喷枪工具坐标系PaintGunToolData[1]。

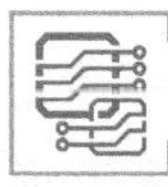

6.3.2　配置涂绘IO

配置涂绘 IO 步骤如下。

步骤1　在程序视图下，将信号前的框勾上。

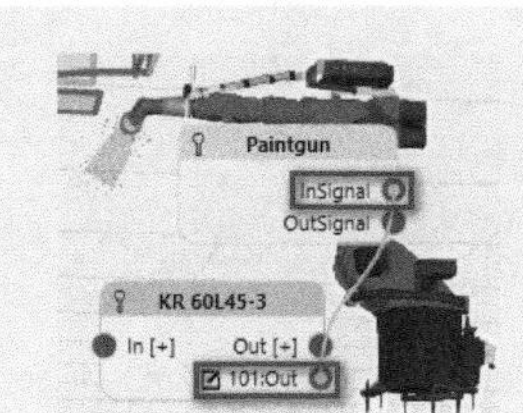

步骤2　将机器人Out信号连接到喷枪的InSignal信号，机器人输出口设置成101。

6.3.3 涂绘编程应用

涂绘编程应用步骤如下。

步骤1　在涂绘视图下，点击“为涂绘准备组件”。

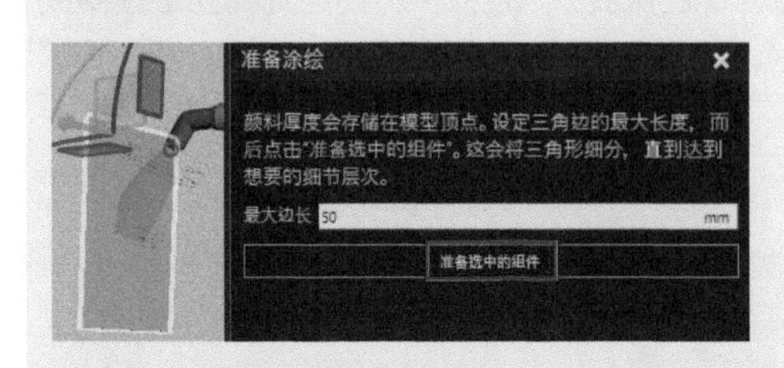

步骤2　选中组件，设置最大边长，点击“准备选中的组件”。

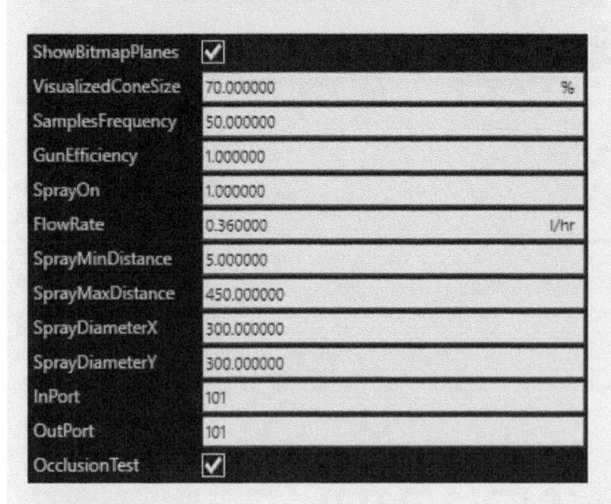

步骤3　选中喷枪，在喷枪组件属性面板中，根据自己需要设置相应参数。

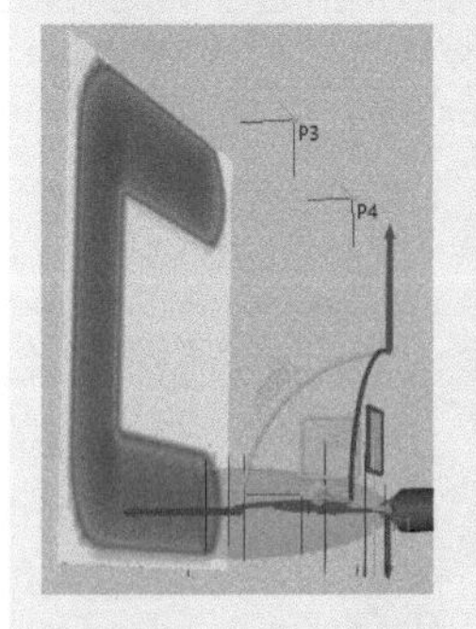

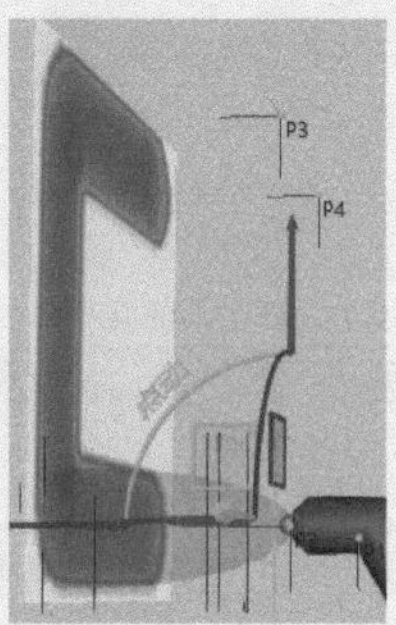

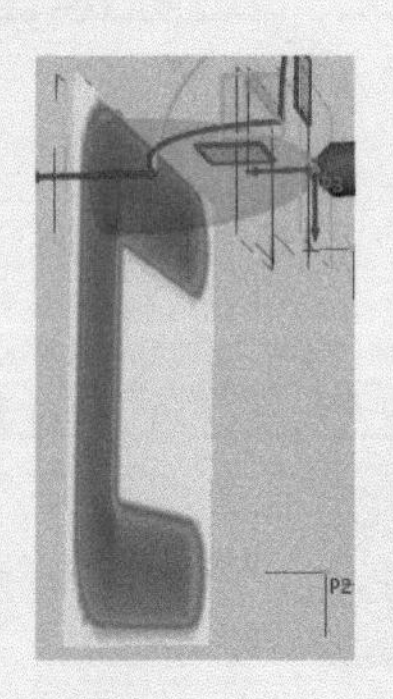

步骤4　示教P1、P2、P3、P4点如上图所示。

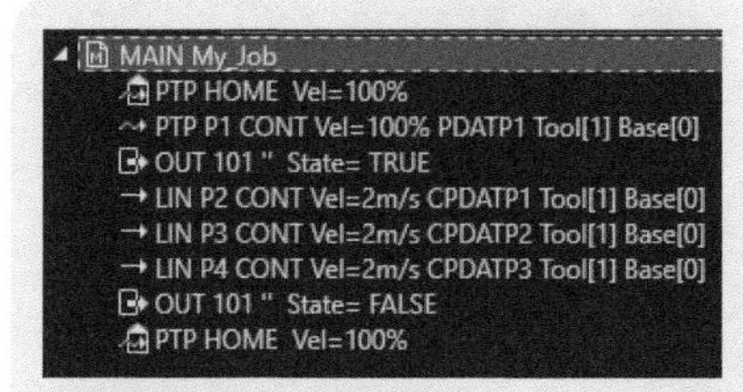

步骤5　编写涂绘程序，首先让机器人回原点，移动到P1点，打开喷枪，移动到P2、P3、P4点后关闭喷枪，机器人最终回原点。

步骤6　勾选显示“颜色”，点击“编辑颜色映射图”。

颜色映射图编辑器

Map 有色颜料显示 (μm)

Paint Thickness	Color
0	
30	
60	
100	
200	
250	
Click To Add Row	

步骤7　设置有色颜料显示。

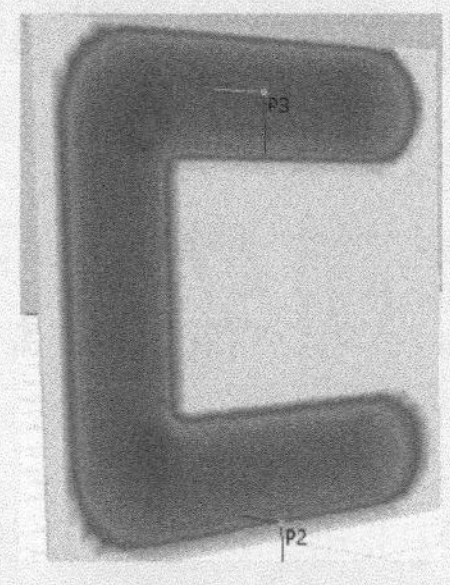

步骤8　机器人喷涂完的有色颜料显示效果。

步骤9　勾选“厚度”，点击“编辑颜色映射图”。

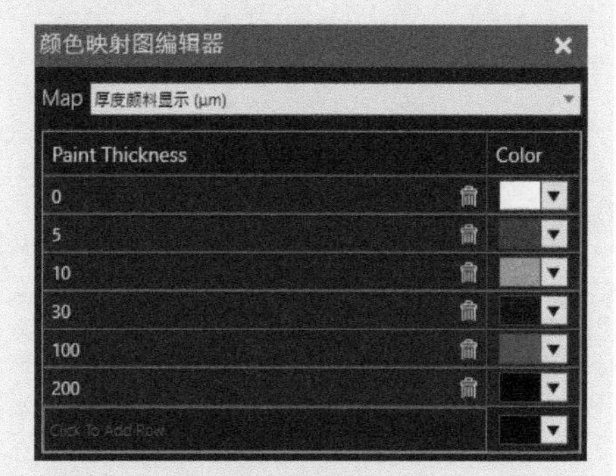
颜色映射图编辑器

Map 厚度颜料显示 (μm)

Paint Thickness	Color
0	
5	
10	
30	
100	
200	
Click To Add Row	

步骤10　设置厚度颜料显示。

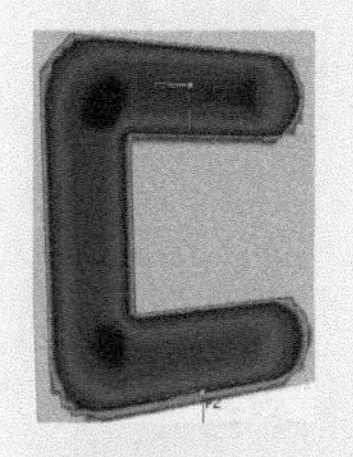

步骤11　机器人喷涂完的厚度颜料显示效果。

步骤12　选择“颜料厚度”。

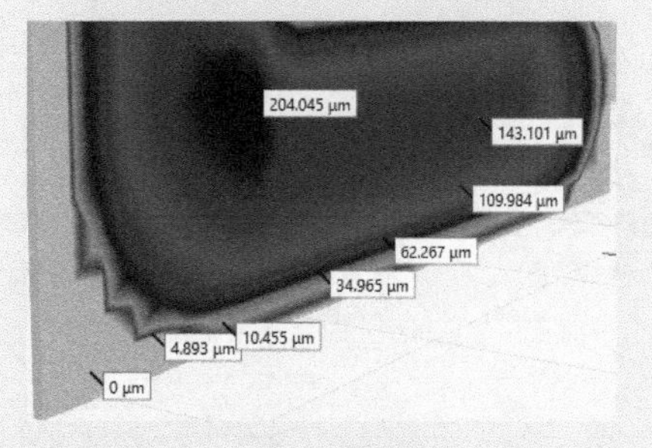

步骤13　在不同的颜色上点击鼠标左键，测量不同颜色厚度值。

KUKA.Sim Pro

仿真软件通信应用

KUKA.Sim Pro 虚拟仿真软件的组件之间可以通过信号和接口进行通信，若想让虚拟仿真软件里的工业机器人或其他组件跟外部设备，如 PLC 或 KUKA 示教器进行通信的话，需要用到 VRC 和连通性功能。

ABB、安川、发那科的虚拟仿真软件都带示教器，可直接在虚拟仿真软件上操作示教器来操作机器人。KUKA.Sim Pro 作为 KUKA 工业机器人官方虚拟仿真软件，并不带示教器，如果要通过操作示教器来操作虚拟仿真软件内的工业机器人，需要将 KUKA.Sim Pro 与 OfficeLite 示教器软件进行连接，才能操作示教器控制虚拟仿真软件内的工业机器人。

① 理解 KUKA.Sim Pro 与 OfficeLite 之间的通信连接。
② 掌握两台机器人之间的通信连接。
③ 掌握 KUKA.Sim Pro 与西门子 1500PLC 之间的通信应用。

能力目标

① 能搭建 KUKA.Sim Pro 与 OfficeLite 之间的通信连接。
② 能使两台工业机器人之间进行通信运行。
③ 会创建西门子 1500PLC 通信程序。
④ 能搭建 KUKA.Sim Pro 与西门子 1500PLC 之间的通信连接。
⑤ 会配置仿真软件与 PLC 之间的通信变量。

7.1 KUKA.Sim Pro 与 OfficeLite 之间的连接应用

KUKA 工业机器人的操作与编程是通过 KUKA smartPAD（手持示教器）完成的，也可通过 WorkVisual 进行配置，导入程序、工具坐标系等。要想在计算机上模拟训练 KUKA 工业机器人的操作、编程、示教、各坐标系设置等，需通过 OfficeLite 操作示教器。但如果仅使用 OfficeLite，只能看到数据变化，看不到机器人动作变化和机器人实际模拟运行效果。KUKA 要想实现像 ABB、安川、发那科等机器人一样的虚拟仿真，通过示教器操作机器人动作，需要用 OfficeLite 结合 KUKA.Sim Pro 虚拟仿真软件一起使用。

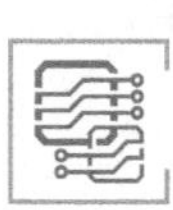

7.1.1 KUKA.Sim Pro与OfficeLite之间的通信设置

在进行 KUKA.Sim Pro 与 OfficeLite 之间的通信前，需要保证服务器计算机和客户端计算机之间能通信上，也就是服务器和客户端之间能互相 PING 通。这需要对服务器和客户端计算机进行设置，由于 OfficeLite 软件为虚拟机文件，该文件需要使用虚拟机软件才能打开，这里以 VMware Workstation 12 Pro 版本软件为例，设置步骤如下。

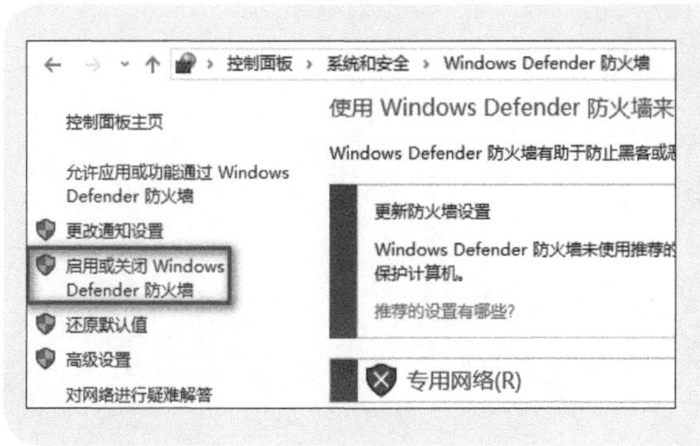

步骤1 打开服务器计算机“控制面板”“系统和安全”“Windows Defender 防火墙”下，点击“启用或关闭Windows Defender防火墙”。

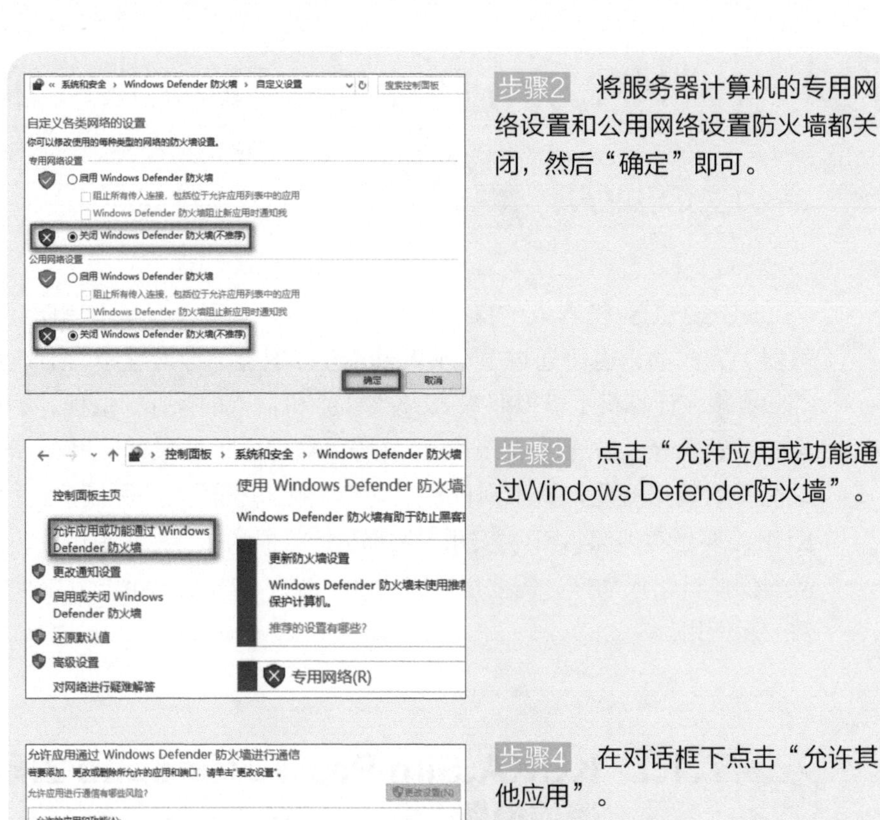

步骤2　将服务器计算机的专用网络设置和公用网络设置防火墙都关闭，然后“确定”即可。

步骤3　点击“允许应用或功能通过Windows Defender防火墙”。

步骤4　在对话框下点击“允许其他应用”。

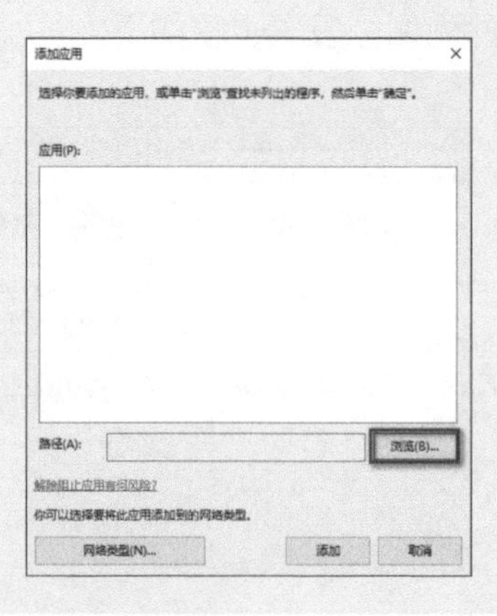

步骤5　在添加应用对话框，点击“浏览”。

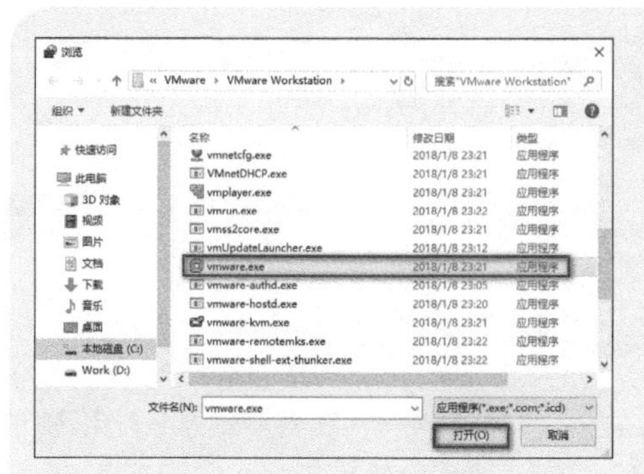

步骤6　找到vmware虚拟机的安装目录，选择“vmware.exe”可执行文件，点击“打开”。

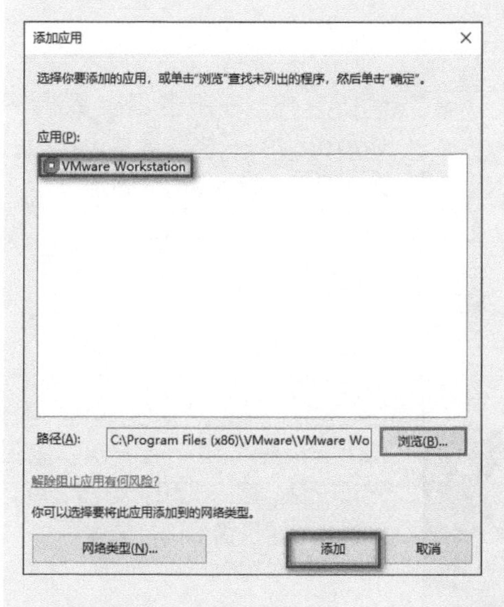

步骤7　在添加应用对话框中可以看到虚拟机和虚拟机路径，点击“添加”。

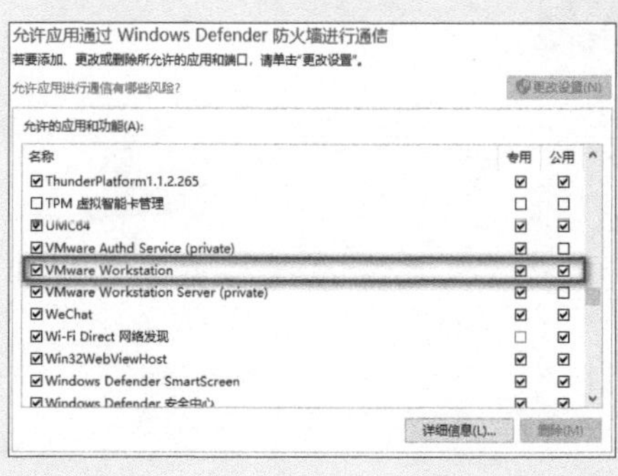

步骤8　在允许应用通过Windows Defender防火墙进行通信对话框中可以看到刚刚添加的虚拟机，将后面的框都勾选上。

步骤9　点击服务器计算机网络属性，查看服务器IP地址。

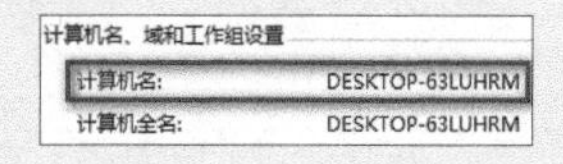

步骤10　在服务器计算机属性下，查看计算机名。

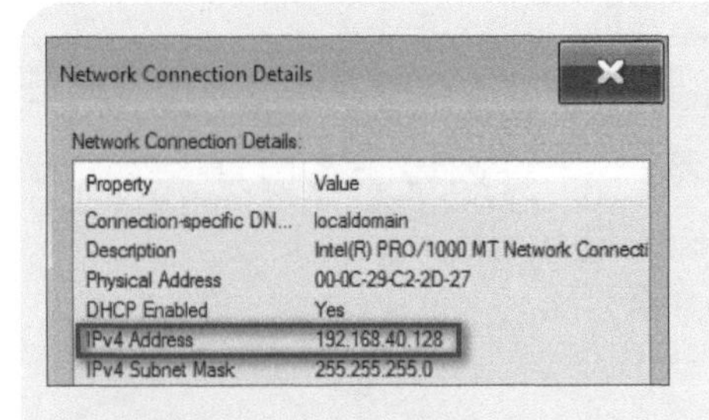

步骤11 在客户端系统网络属性下查看客户端IP地址。

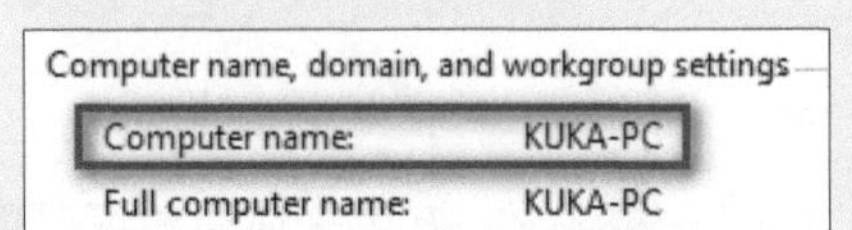

步骤12 在客户端系统电脑属性下，查看计算机名。

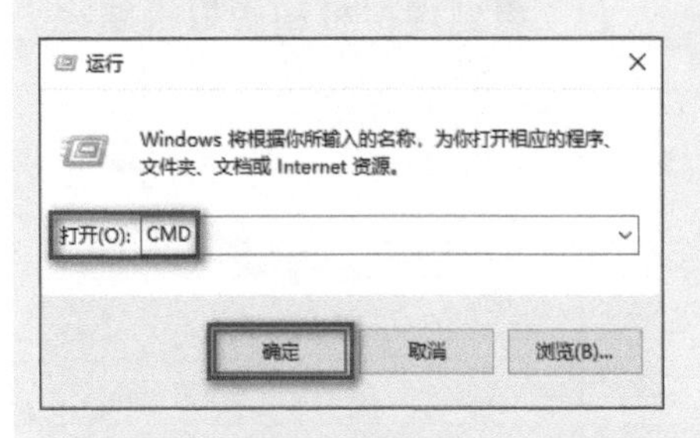

步骤13 在服务器计算机下按住Windows+R快捷键将运行打开，输入“CMD”，点击“确定”。

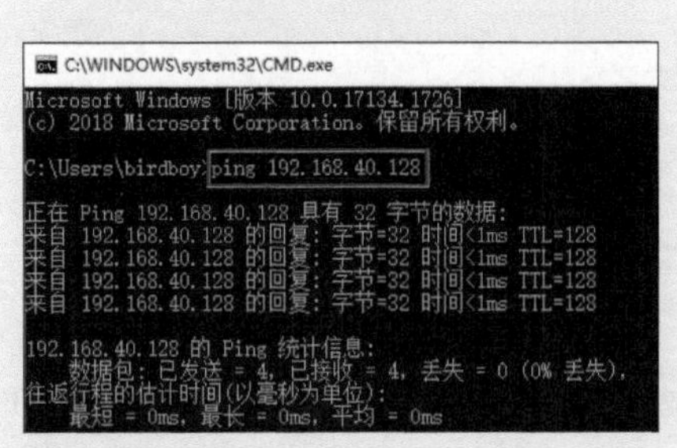

步骤14 输入“ping 192.168.40.128”指令（客户端IP），看是否能PING通，客户端和服务器之间可互相PING，看是否能PING通。

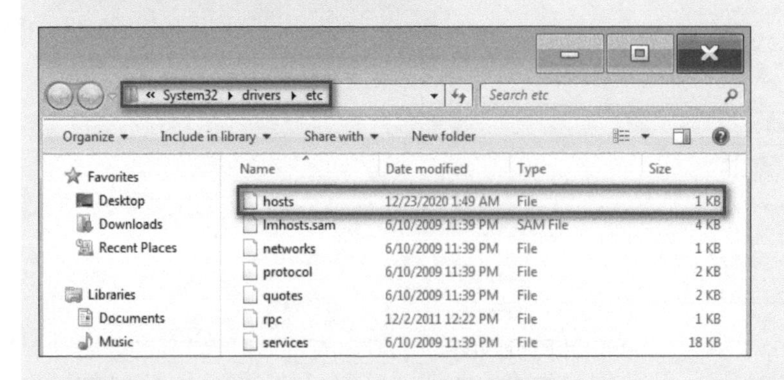

步骤15 进入客户端C盘目录C:\Windows\System32\drivers\etc\下，用记事本打开hosts文件夹。

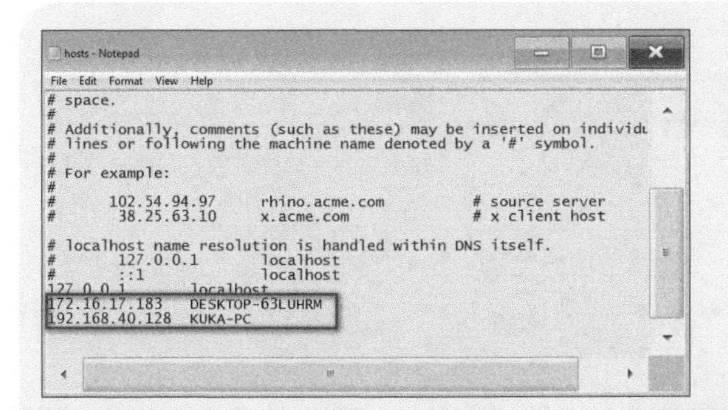

步骤16　将服务器和客户端IP地址、计算机名添加到该hosts文件后面。

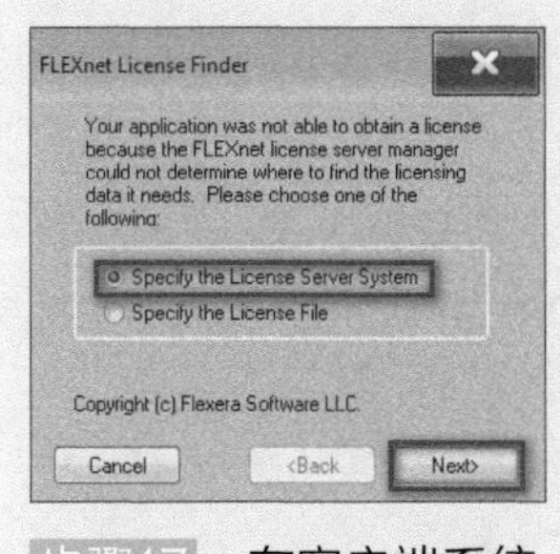

步骤17　在客户端系统中，打开示教器，需要访问服务器证书，选择证书方式。

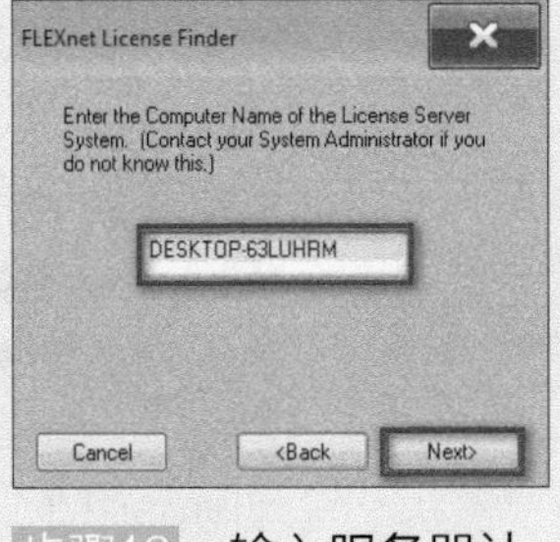

步骤18　输入服务器计算机名。

步骤19　点击“Finish”，虚拟机中的KRC连接服务器证书成功，这里先不打开示教器。

7.1.2 安装 KUKA VRC Interface

为了结合 KUKA.Sim Pro，必须在已装入 KUKA.OfficeLite 的虚拟镜像文件中安装 KUKA VRC 接口，操作步骤如下。

步骤1　切换到专家用户组。

步骤2　在主菜单中选择“投入运行”→“辅助软件”，已安装的所有附加程序都将显示出来。

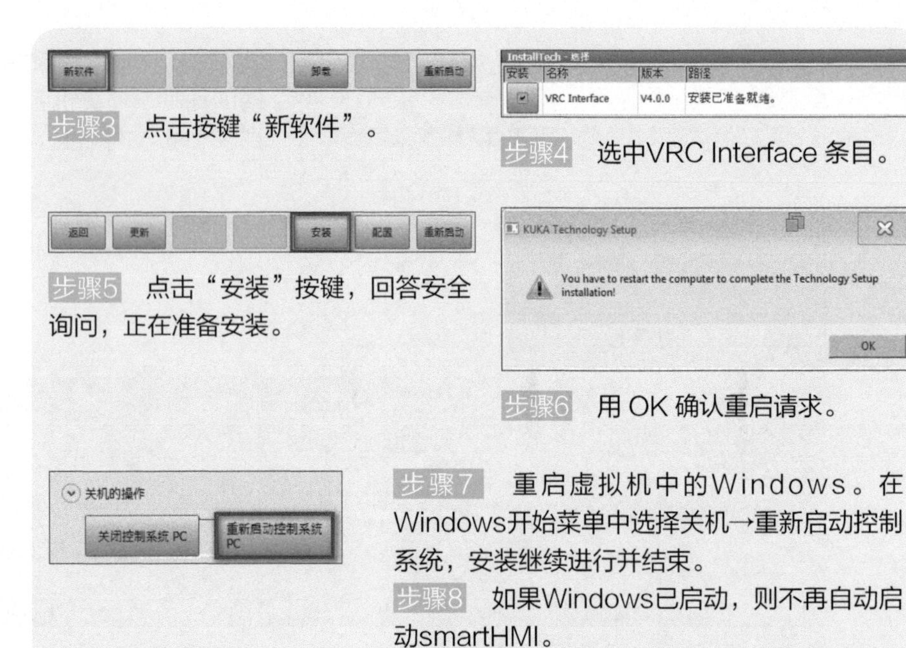

步骤3　点击按键“新软件”。

步骤4　选中VRC Interface 条目。

步骤5　点击“安装”按键，回答安全询问，正在准备安装。

步骤6　用 OK 确认重启请求。

步骤7　重启虚拟机中的Windows。在Windows开始菜单中选择关机→重新启动控制系统，安装继续进行并结束。

步骤8　如果Windows已启动，则不再自动启动smartHMI。

为了启动smartHMI，在虚拟机的Windows开始菜单中选择All Programs→KUKA→StartKRC。

7.1.3　KUKA.Sim Pro连接OfficeLite

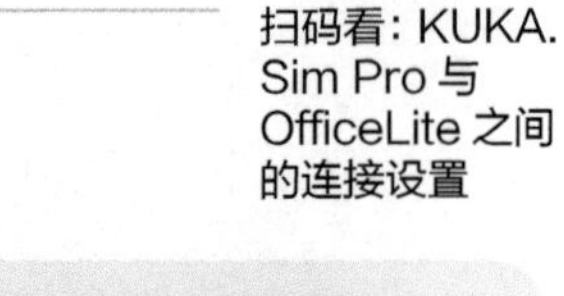

扫码看：KUKA. Sim Pro 与 OfficeLite 之间的连接设置

KUKA. Sim Pro 连接 OfficeLite 的步骤如下。

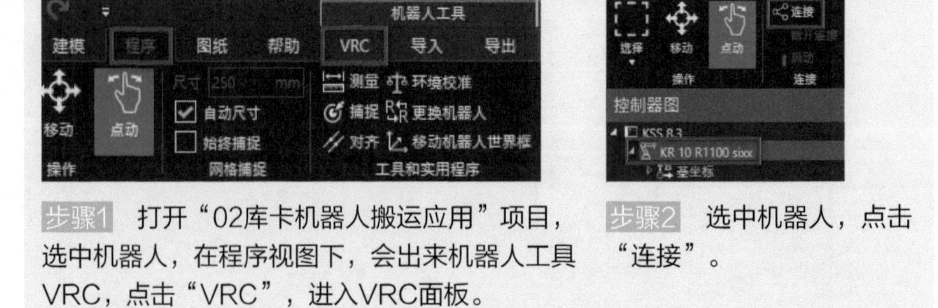

步骤1　打开“02库卡机器人搬运应用”项目，选中机器人，在程序视图下，会出来机器人工具VRC，点击“VRC”，进入VRC面板。

步骤2　选中机器人，点击“连接”。

步骤3 输入客户端计算机名“KUKA-PC”，这时下面的连接是灰色的，首先按回车。

步骤4 连接变成白色，点击“连接”。

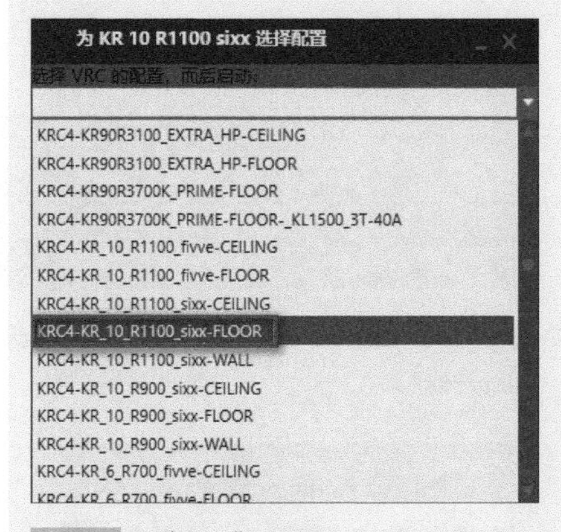

步骤5 选择“KRC4-KR_10_1100_sixx-FLOOR”机器人，点击确定。

步骤6 选择VRC程序，这里先不选，点“Cancel”取消。

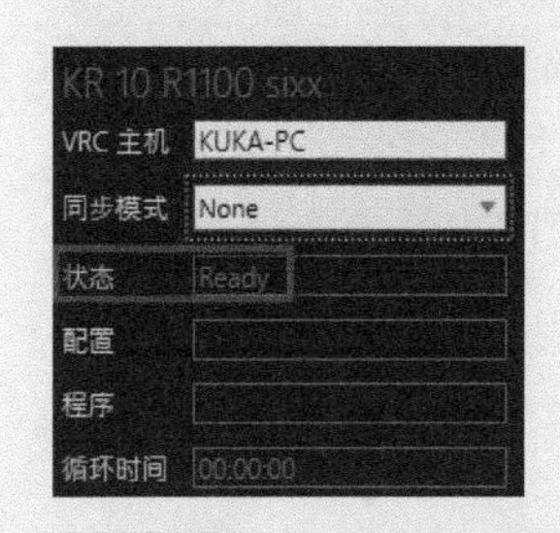

步骤7 在机器人属性下，可以看到连接的VRC主机名，状态为“Ready”表示已经连接成功。

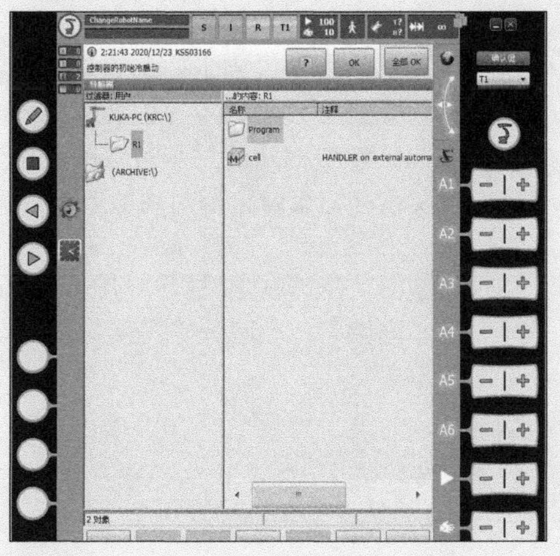

步骤8 可以通过操作示教器控制KUKA.Sim Pro软件中的机器人。

7.1.4 OfficeLite示教器控制KUKA.Sim Pro机器人

OfficeLite 示教器和 KUKA.Sim Pro 机器人模型之间可以进行相互通信，可以通过操作示教器让机器人模型移动；也可以将 KUKA.Sim Pro 做好的程序直接导出到示教器中；还能把外部工具数据文件、基坐标文件、作业程序文件直接导入到 KUKA.Sim Pro 中的机器人中。这里以载入程序给示教器，通过 KUKA.Sim Pro 运行示教器中的程序为例进行说明，操作步骤如下：

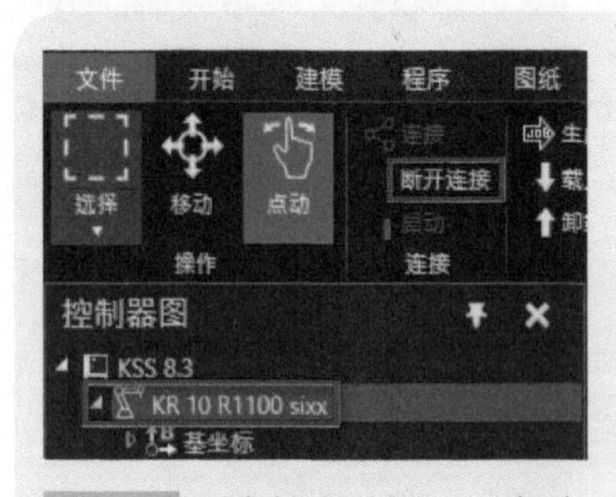

步骤1　选择机器人，点击“断开连接”。

步骤2　选择“否”，不进行VRC关机时断开连接。

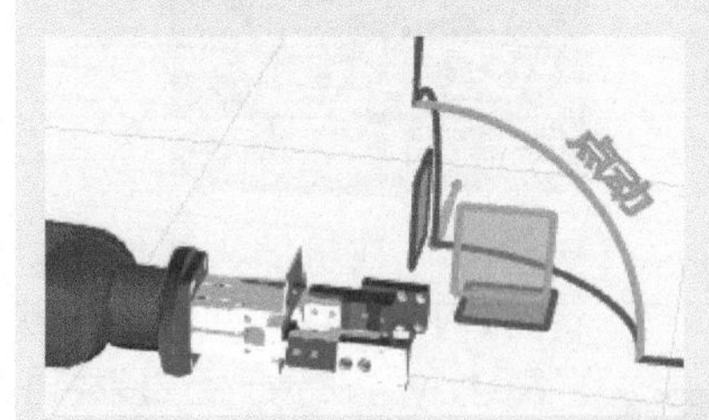

步骤3　在程序视图下，选中机器人，点击“点动”，可以看到仿真软件内机器人的工具坐标系位置。

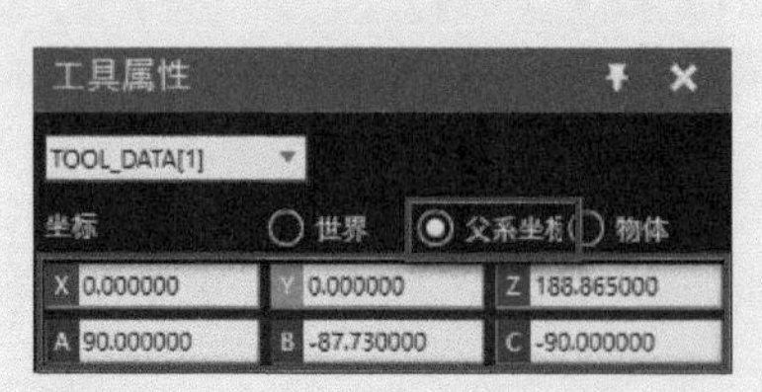

步骤4　进入工具坐标系，选择“父系坐标”，可以看到目前工具坐标系XYZABC的数据，记录下当前数据。注意：这里一定要选择父系坐标系，不要用默认的世界坐标系，因为世界坐标系是相对世界坐标系原点的工具坐标系，但实际机器人工具坐标系都是相对法兰盘位置的数据，这里的父系坐标系就是相对法兰盘的数据。

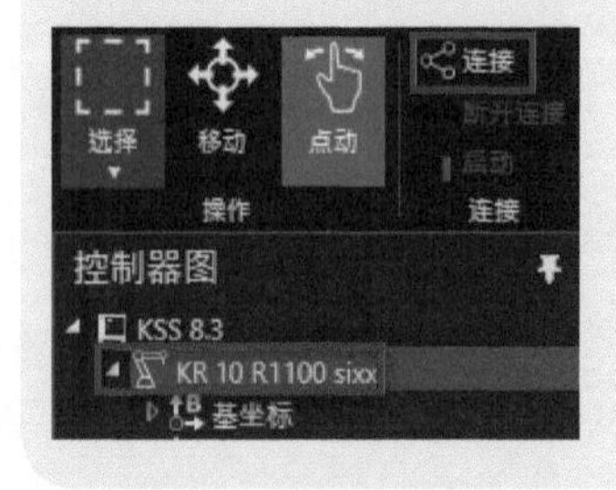

步骤5　在VRC视图下，选择机器人，点击“连接”，取消选择程序。

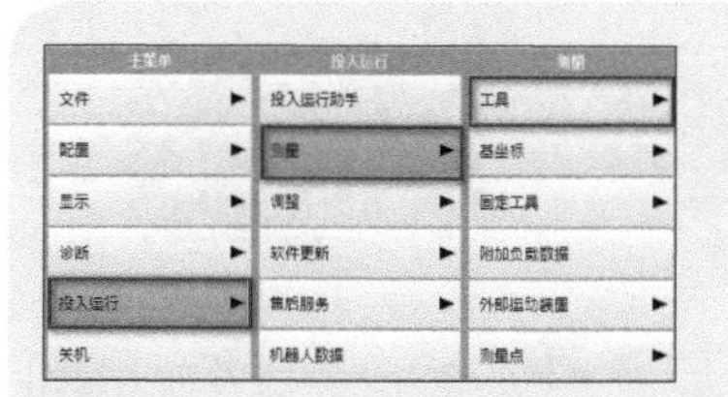

步骤6　在示教器软件中，点击“主菜单”“投入运行”“测量”“工具”。

步骤7　选择“数字输入”。

步骤8　选择工具号1，因为仿真软件中搬运程序示教的点都是用的工具坐标系1，所以这里也要设置好工具坐标系1。给工具取名Gripper，点击“继续”。

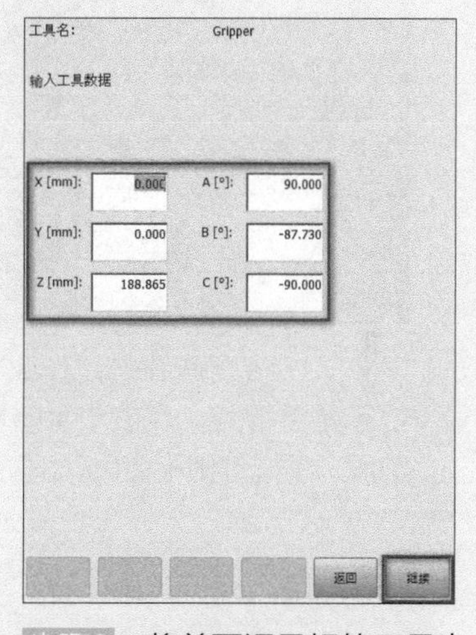

步骤9　将前面记录好的工具坐标系1的数据输入到XYZABC中，点击“继续”。

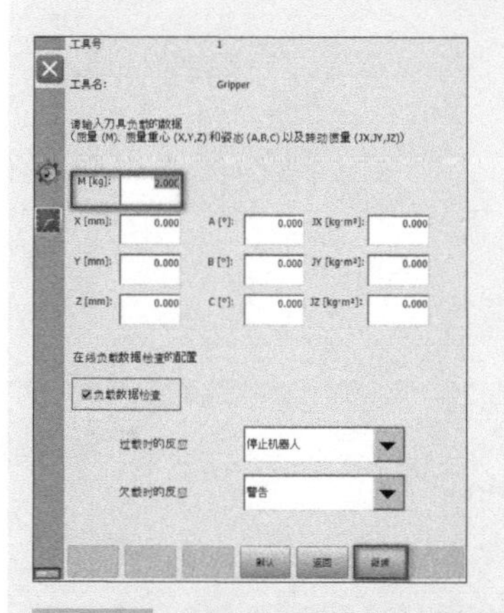

步骤10　输入工具坐标系重量，这里输入2kg，点击“继续”。

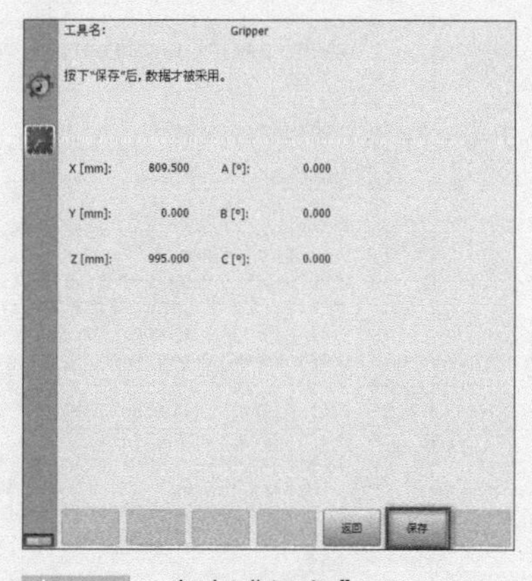

步骤11　点击“保存”。

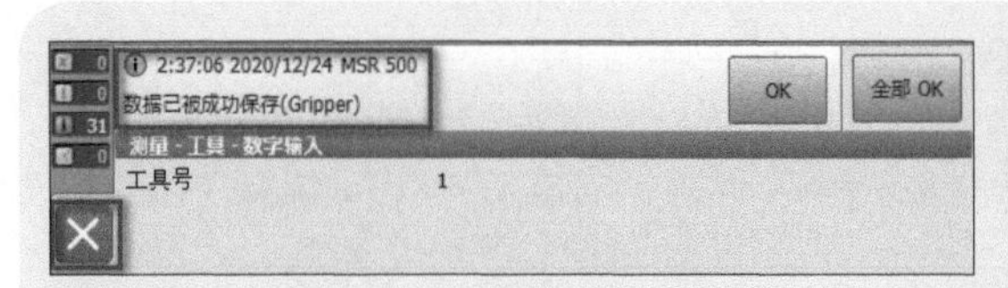

步骤12　信息栏提示数据已经成功保存，关闭即可。

步骤13　在VRC视图下，点击“生成并载入作业”。

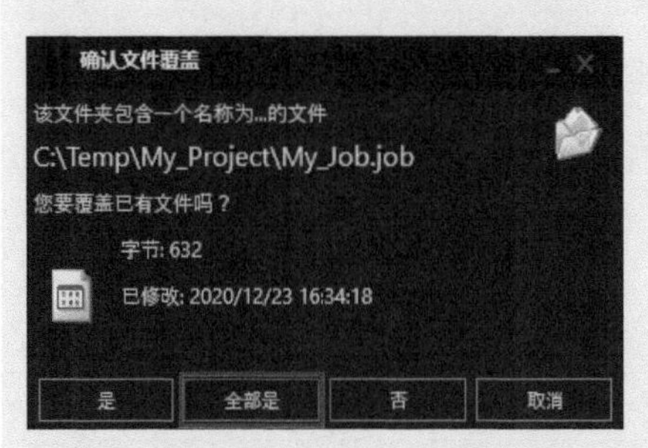

步骤14　若原来生成过作业文件，则会提示是否覆盖，点击“全部是”，若以前没有生成过则不会出现该对话框。

步骤15　查看机器人属性，状态栏为“Program loaded”程序已装载，程序为“MY_JOB”。

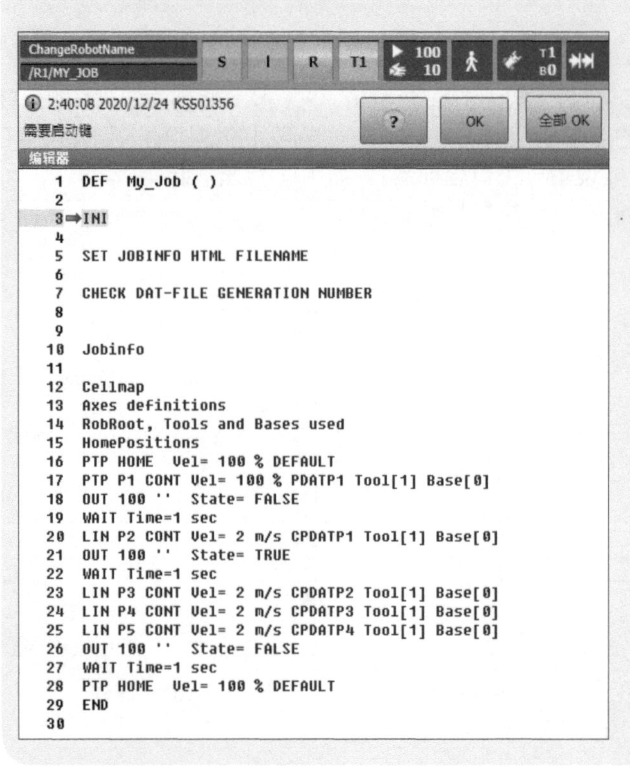

步骤16　示教器默认会自动选择进入My_Job程序。

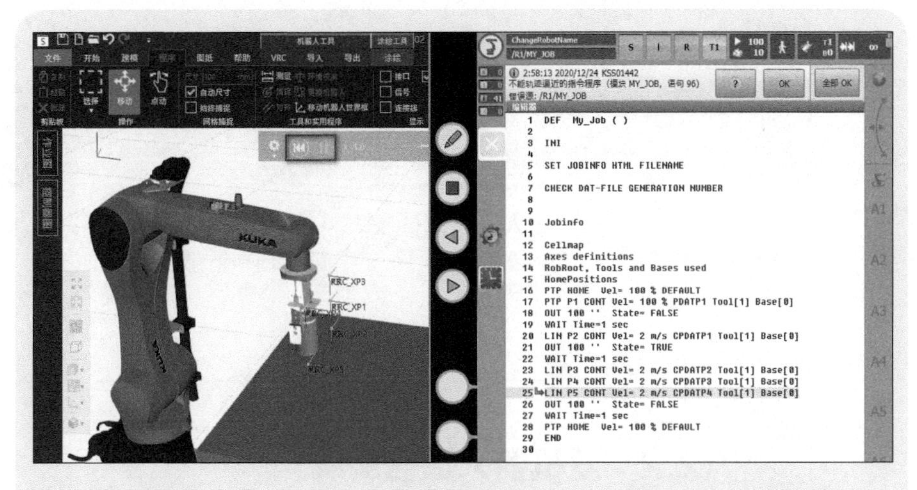

步骤17　点击KUKA.Sim Pro仿真软件播放按钮，机器人执行示教器程序，机器人随着程序指令移动，示教器指针会指向机器人动作的指令。KUKA.Sim Pro与OfficeLite软件之间的通信完成。除了导出KUKA.Sim Pro仿真软件中程序给OfficeLite示教器以外，也可以直接操作示教器，新建程序、示教编程、运行达到可观的仿真效果。

7.2 两台机器人通信应用

7.2.1 添加双机器人

添加双机器人的步骤如下。

步骤1　在电子目录下找到KR 6 R700 sixx型号机器人，双击添加两个机器人，两个机器人被加载进3D世界中心。

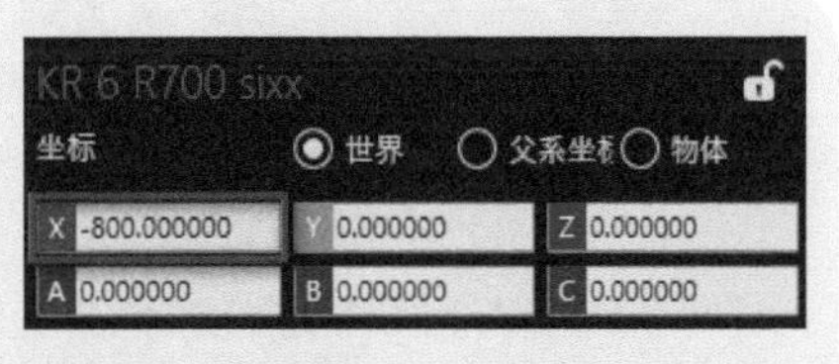

步骤2　选择第一个机器人，在组件属性下将X轴偏移−800。

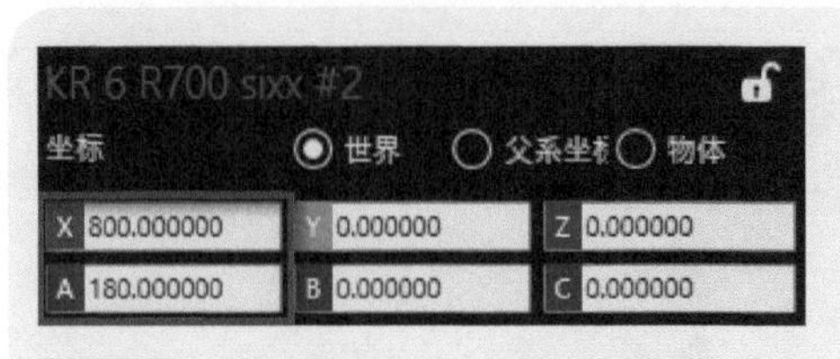

步骤3　选择第二个机器人，在组件属性下将*X*轴偏移800，A旋转180°。

步骤4　两个工业机器人面对面相隔1600mm。

7.2.2　双机器人通信测试

双机器人通信测试步骤如下。

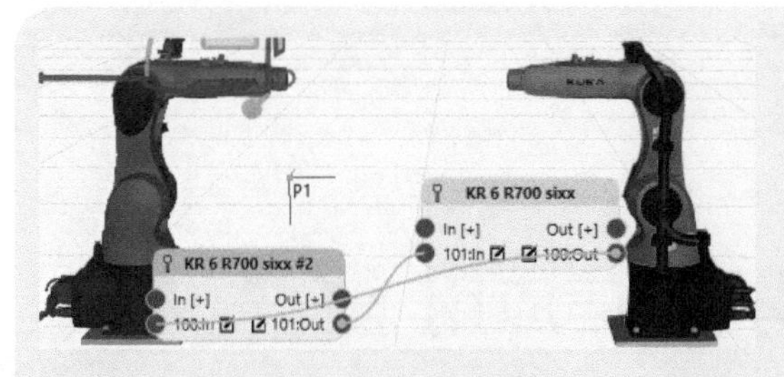

步骤1　在程序视图下，勾选信号框，将两个机器人的输入输出信号连接起来，右边机器人的输出口100连接左边机器人的输入口100，左边机器人的输出口101连接右边机器人的输入口101。

步骤2　编写右边机器人程序，机器人首先回原点，移动到P1点后输出100为TRUE，等待1s，将输出口100置为FALSE后等待输入信号101是否为TRUE，若为TRUE回原点，该信号为左边机器人输出口101信号。

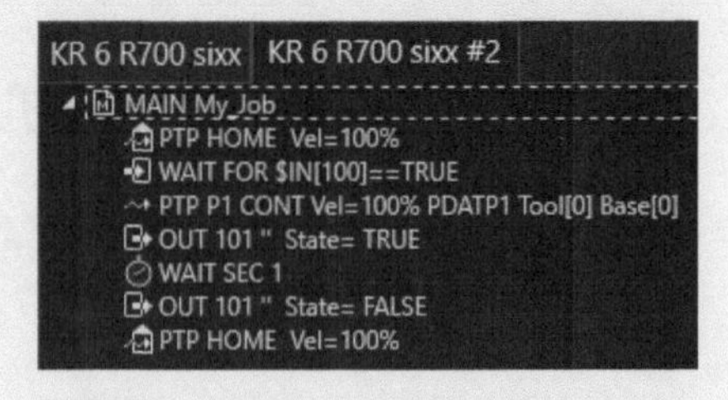

步骤3　编写左边机器人程序，机器人首先回原点，等待输入信号100是否为TRUE，也就是右边机器人输出口100信号。若为TRUE机器人移动到P1点后输出101为TRUE，等待1s，将输出口101置为FALSE，然后回原点。

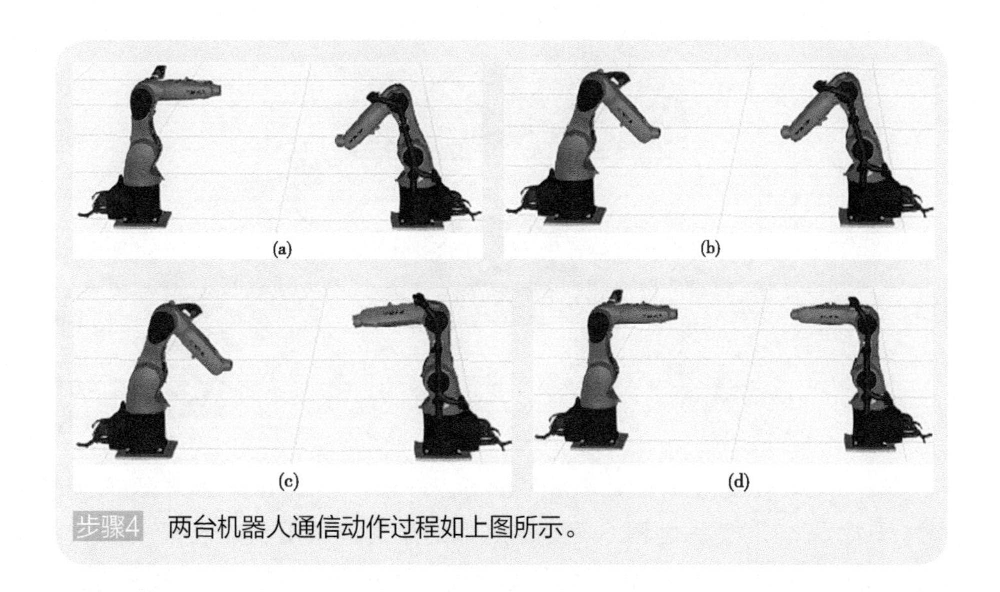

步骤4　两台机器人通信动作过程如上图所示。

7.3 KUKA.Sim Pro 与西门子 1500PLC 之间的通信

扫码看：KUKA.Sim Pro 与西门子 1500PLC 之间的通信方式

KUKA.Sim Pro 与西门子 PLC 之间的通信可以通过三种方式进行，如图 7-1 所示。第一种是用虚拟 PLC，但必须结合 S7-PLCSIM Advanced 仿真软件，该软件将会给 PLC 构建一个虚拟网卡，通过该虚拟网卡支持 TCP / IP 通信。第二种直接跟物理 PLC 进行通信，因为物理 PLC 本身自带网卡，所以无需构建。第三种是用虚拟 PLC 和 S7-PLCSIM 仿真软件，但如果只使用这两者，PLC 只能实现仿真功能，不能实现 TCP / IP 通信（但 S7-PLCSIM Advanced 支持）功能，所以还需结合一个第三方网络搭建软件 NetToPLCSim，仅当使用 S7-PLCSIM 模拟 PLC 时，才需要此部分。因此使用 S7 连接插件创建直接连接不适用于 PLCSIM。可以使用免费工具 NetToPLCSim 作为 S7 通信与 PLCSIM 的西门子软总线接口之间的桥梁。NetToPLCSim 是免费软件，可以从这里下载：http://NetToPLCSim.sourceforge.net/，该下载包括完整用户手册，如果在使用软件时遇到任何问题，可以参考该手册。

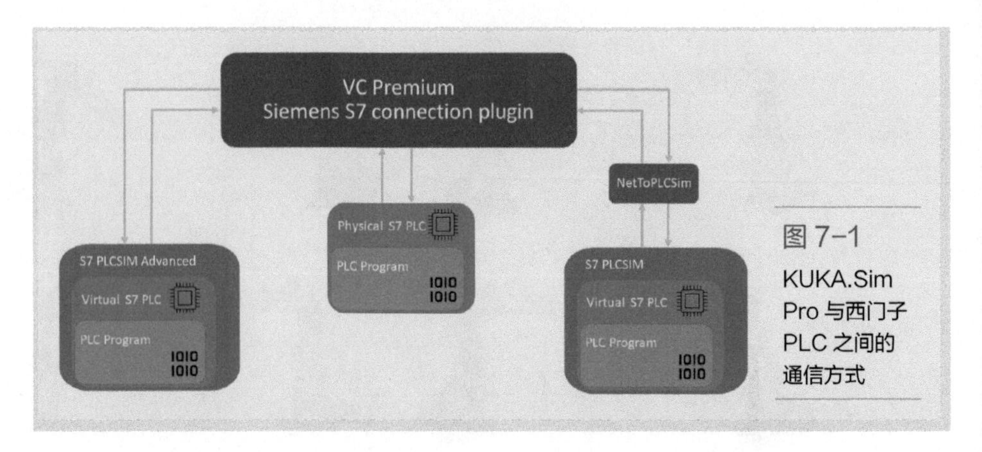

图 7-1 KUKA.Sim Pro 与西门子 PLC 之间的通信方式

本书使用 TIA Portal V16 和 S7-PLCSIM Advanced V3.0 模拟的虚拟 S7-1500 系列 PLC 完成。类似的过程也适用于其他 S7 系列 PLC，例如 S7-300、S7-400 和 S7-1200，这些 PLC 是物理的或通过 PLCSIM、PLCSIM Advanced 模拟的。注意，使用 S7 插件时，PLC 不需要任何 OPC 功能即可连接到 KUKA.Sim Pro。

7.3.1 打开连通性功能

要让 KUKA.Sim Pro 虚拟仿真软件与外部控制器通信上，需要将仿真软件的连通性功能打开，该功能默认是没有打开的，可以使用一个后台选项开启 / 关闭连通性插件，开启步骤如下。

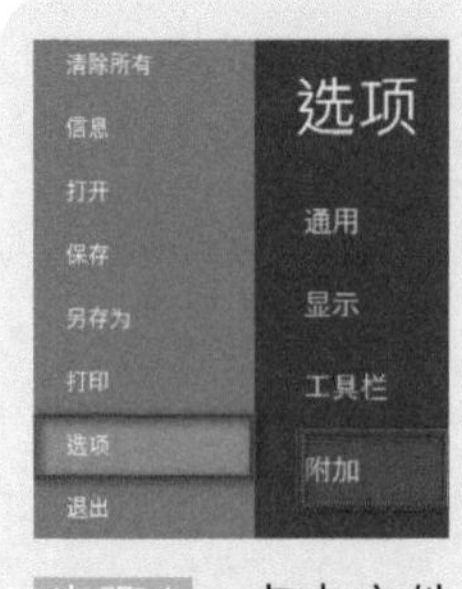

步骤1 点击文件面板，而后在导航面板上，点击“选项”“附加”。

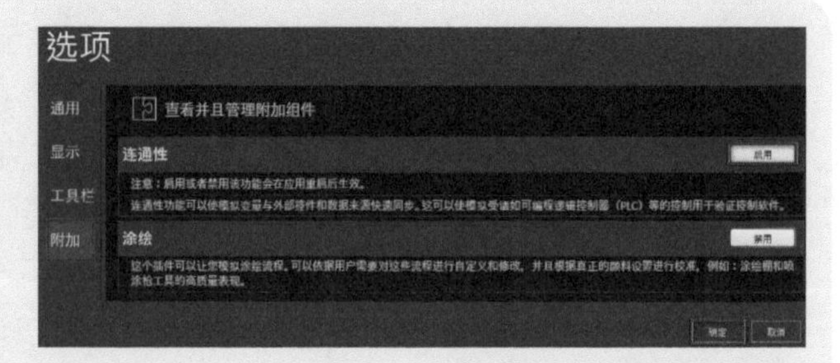

步骤2 点击“附加”，在连通性中，若要启用此功能，点击“启用”，若要禁用此功能，点击“禁用”，然后点击“确定”，重启KUKA. Sim Pro。

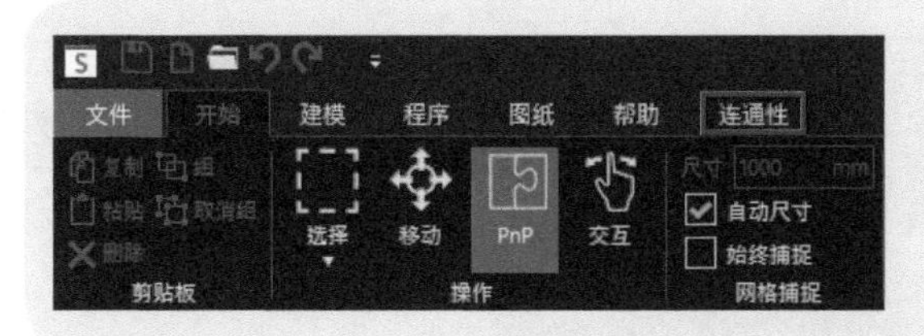

步骤3 打开软件可以看到连通性，点击“连通性”进入连通性面板下。

 7.3.2 西门子1500PLC通信程序创建

要实现西门子 1500PLC 与 KUKA.Sim Pro 之间的通信，需创建一个 PLC 通信程序。这里的 PLC 通信程序与 KUKA.Sim Pro 仿真软件之间的交互功能如下：当 KUKA.Sim Pro 仿真软件的传送带运送易拉罐到传感器位置时，到位信号传给 PLC，PLC 延时 5s 后输出 1 个信号给机器人，机器人接收到 PLC 信号过来抓取易拉罐。PLC 的通信程序创建步骤如下。

步骤1 打开TIA Portal V16。

步骤2 创建新项目。

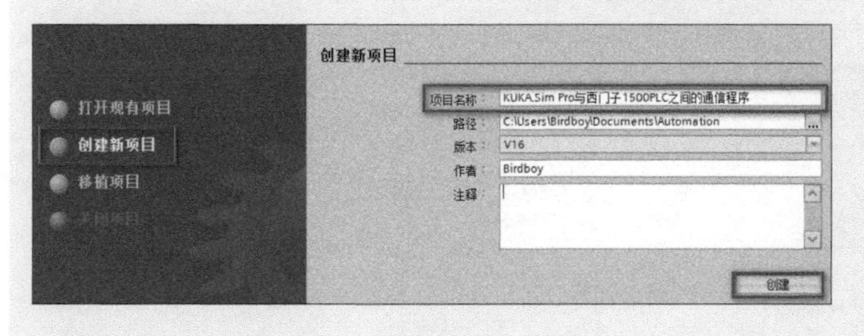

步骤3 给项目命名为“KUKA.Sim Pro与西门子1500PLC之间的通信程序”，选择好路径，点击“创建”。

步骤4　选择“设备与网络”，点击“添加新设备”。

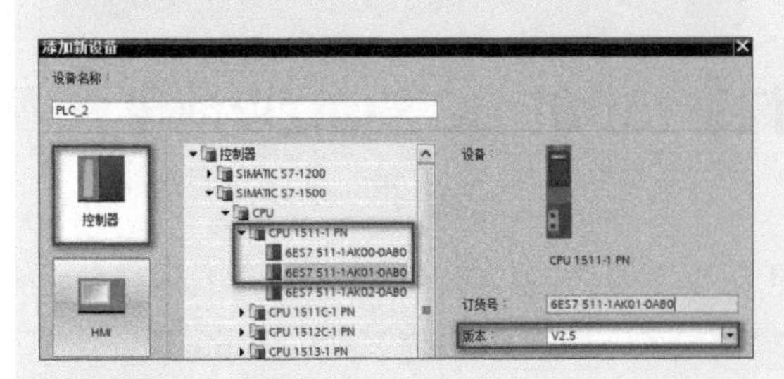

步骤5　选择“控制器”，选择PLC型号为CPU 1511-1-PN，订货号为6ES7 511-1AK01-0AB0，版本号为V2.5。

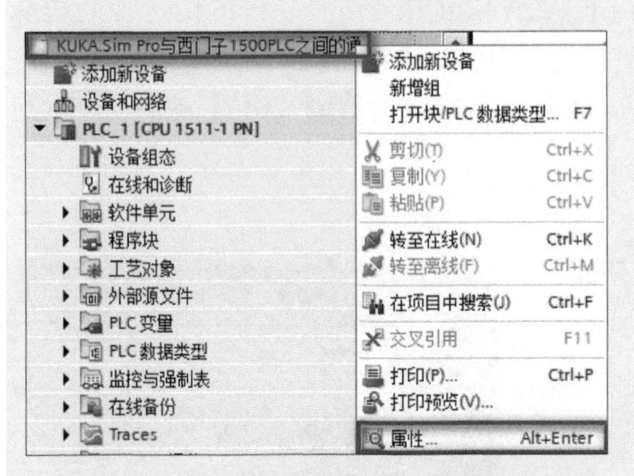

步骤6　选择项目，右键弹出菜单中选择“属性”。

步骤7　在项目属性中选择“保护”，必须确保启用了“在块编译时支持仿真”设置。

步骤8　选择PLC，右键弹出菜单中选择“属性”。

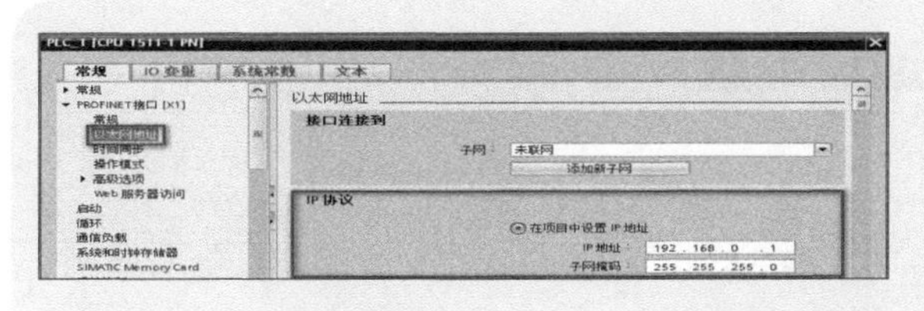

步骤9　在PROFINET接口设置中找到“以太网地址”。使用模拟PLC时，通常最好将IP地址设置为私有IP地址，例如192.168.0.1。

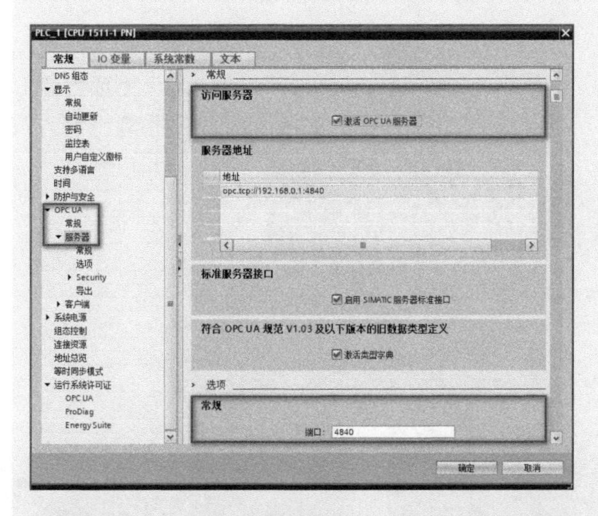

步骤10　在PLC属性中找到“OPC UA”，选择“服务器”，将“激活OPC UA服务器”勾选上，下面的端口设置成4840。

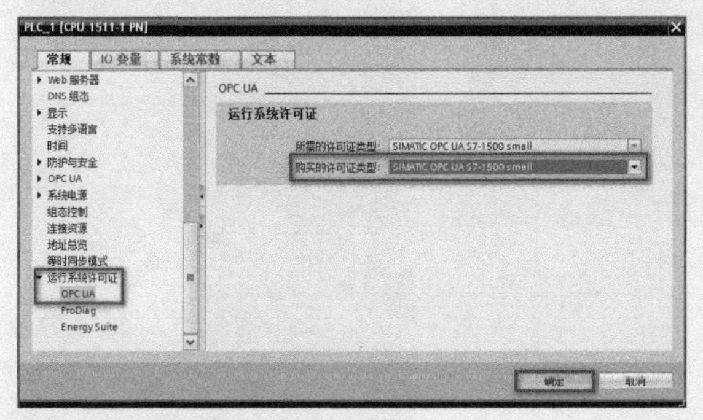

步骤11　找到“运行系统许可证”，选择“OPC UA”，选择“SIMATIC OPC UA S7-1500 small”许可证类型，“确定”即可。

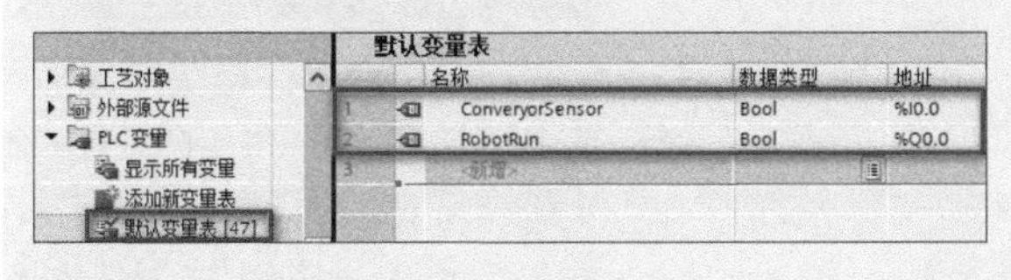

步骤12　给PLC创建两个IO变量。

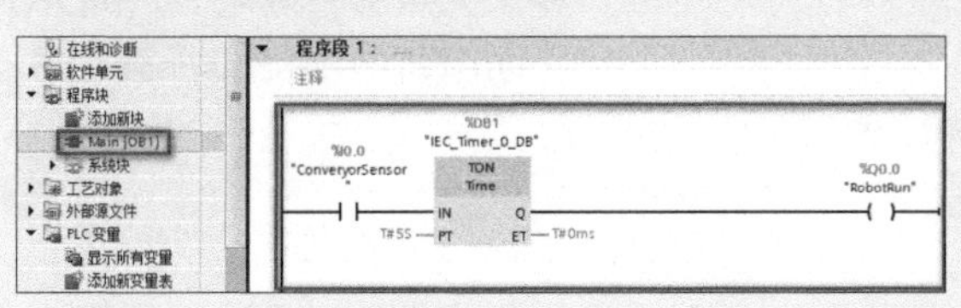

步骤13　编写PLC控制程序。

7.3.3 通信配置

要实现 KUKA.Sim Pro 与西门子 1500PLC 之间的数据通信，需对两边的通信进行配置，配置步骤如下。

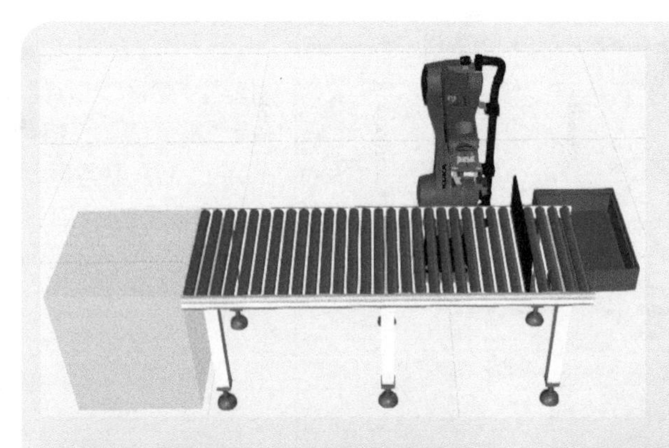

步骤1 首先配置KUKA.Sim Pro项目端，打开“03库卡机器人码垛应用”项目。

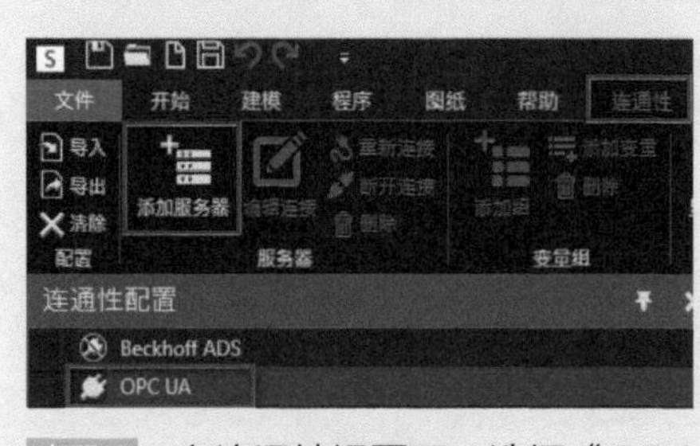

步骤2 在连通性视图下，选择“OPC UA”，点击“添加服务器”。

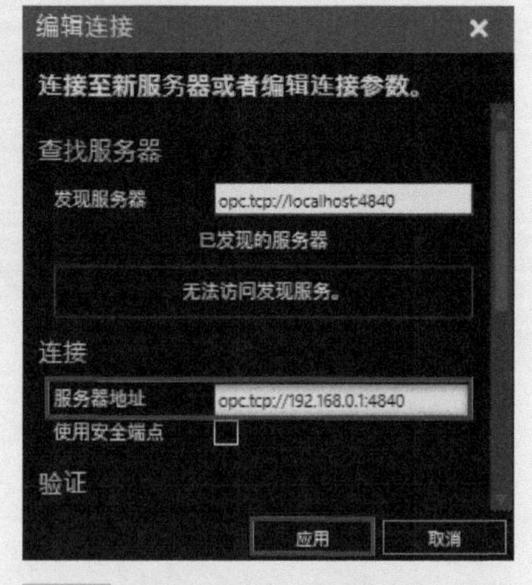

步骤3 在编辑连接面板属性中，按服务器格式填好与PLC一致的服务器地址opc.tcp://192.168.0.1:4840，输入完点击“应用”，KUKA.Sim Pro仿真软件端通信配置完成。

步骤4 要让PLC实现仿真通信，必须建立虚拟网卡，选择西门子仿真虚拟网卡。

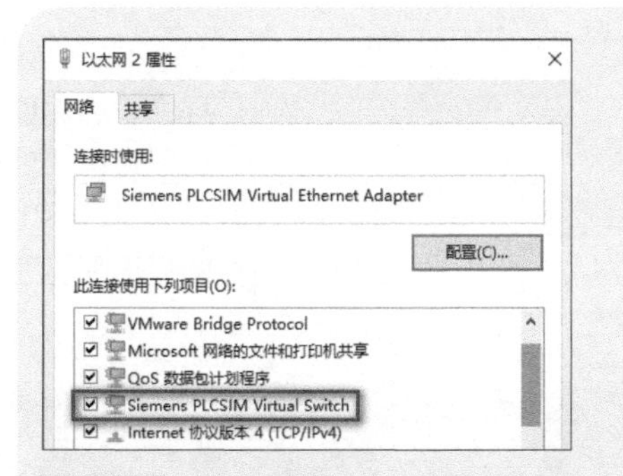

步骤5 在虚拟网卡属性面板下将“Siemens PLCSIM Virtual Switch”前面的框勾选上。

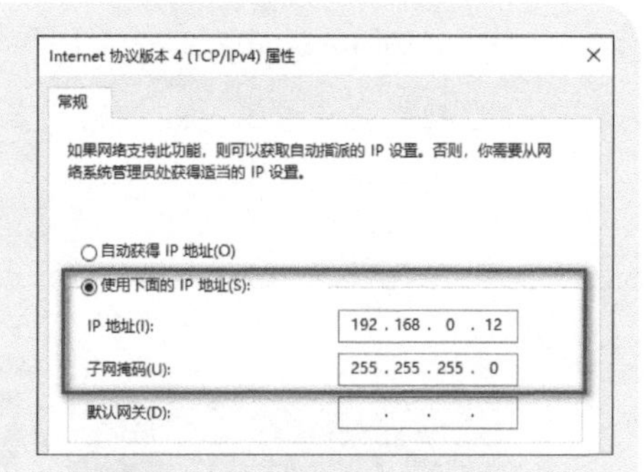

步骤6 PLC和虚拟网卡必须处于同一网段，首先要设置虚拟网卡IP地址。选择TCP/IPv4，打开属性面板，手动输入IP地址和子网掩码，该地址不能是PLC的IP地址。

步骤7 以管理员身份运行“S7-PLCSIM Advanced V3.0”。

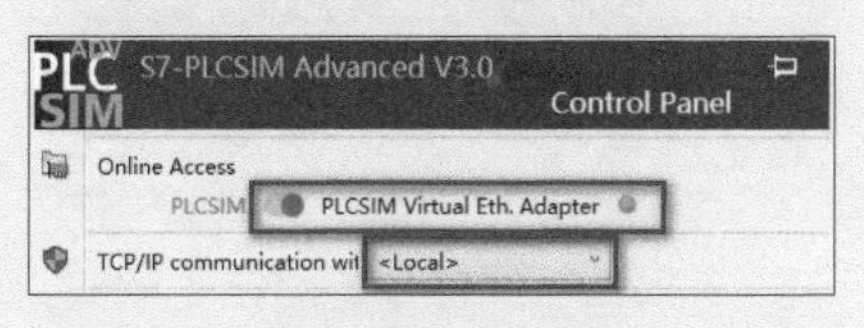

步骤8 选择虚拟网卡适配器。

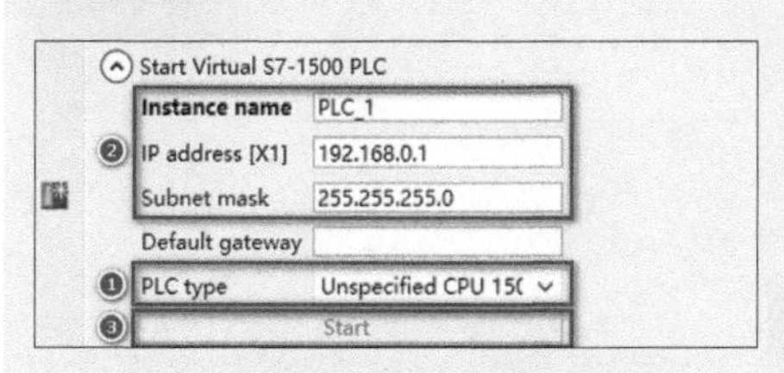

步骤9 PLC类型选择1500PLC，输入即将创建的网卡名称、IP地址和子网掩码，最后点击“Start”按钮。注意：网卡名称无需跟PLC名称一致，但IP地址必须跟PLC组态的IP地址一致。

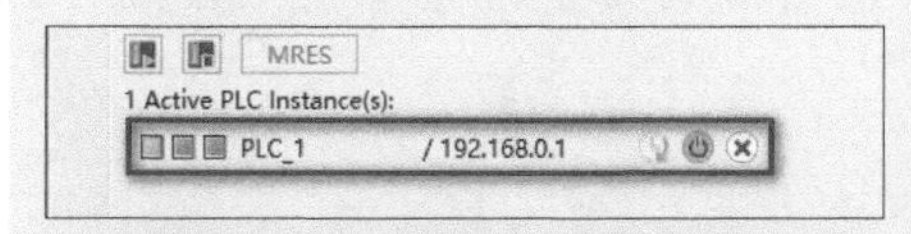

步骤10 当下面出来网卡名称和IP地址，且显示黄灯，说明创建成功，黄灯表示PLC还没运行。

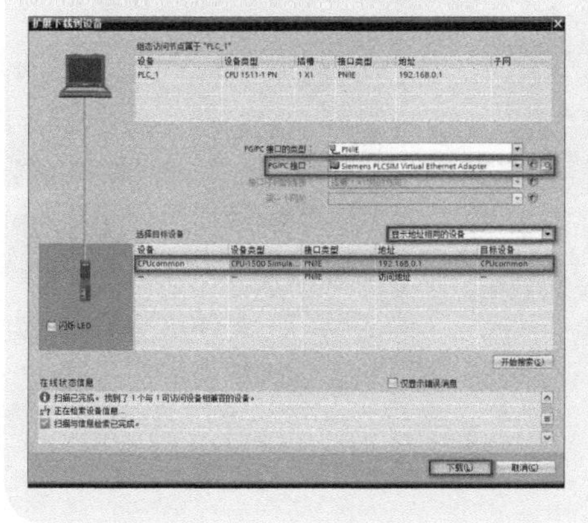

步骤11 虚拟网卡创建完可将PLC程序下载到仿真器中，PG/PC端口选择“Siemens PLCSIM Virtual Ethernet Adapter”虚拟网卡，选择“显示地址相同的设备”，点击“开始搜索”，可以看到创建的1500PLC，点击“下载”即可完成PLC项目的下载。

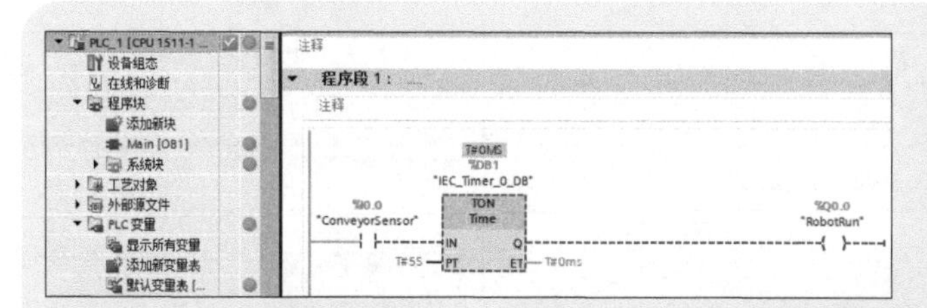

步骤12　回到主程序，启用监视，可以让程序处于在线状态，PLC端的通信配置完成。

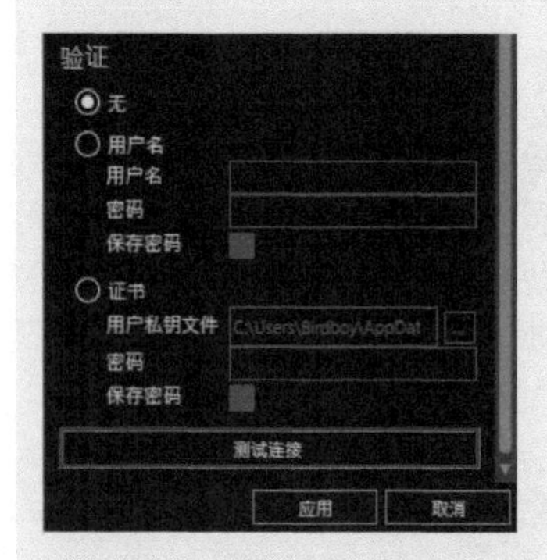

步骤13　在服务器的编辑连接面板属性中，点击“测试连接”。

步骤14　弹出连接成功对话框，说明通信配置成功。

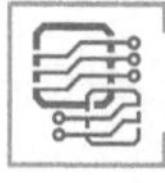

7.3.4　配置变量

配置变量的步骤如下。

步骤1　在前面通信测试成功后，鼠标左键点击服务器右边“连接/端口连接”按钮。

步骤2　若连接服务器成功，服务器属性面板的已连接状态会显示“True”，服务器后面的指示按钮也会变成绿色。

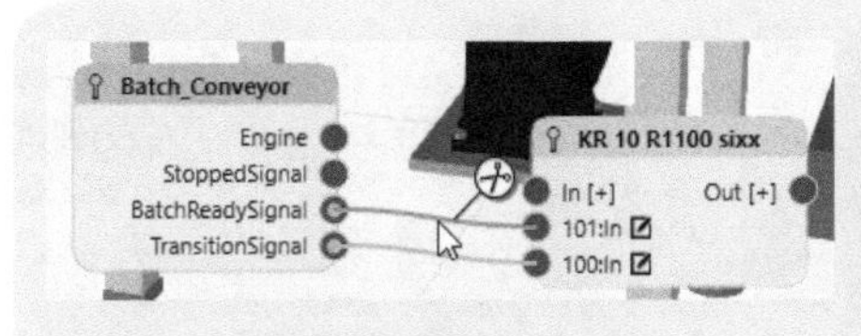

步骤3　由于通信要用到传送带BatchReadySignal信号，所以要先切断该信号和机器人输入口101的连接，这两个信号要重新配置，跟PLC通信用。

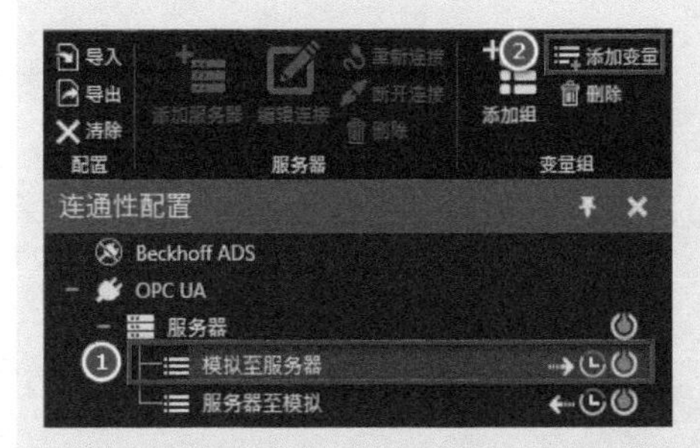

步骤4　这里要配置两个信号，一个是传送带BatchReadySignal信号将传给PLC的输入，另一个是PLC的输出信号传给机器人输入口101。首先配置KUKA.Sim Pro传给PLC的信号，选择“模拟至服务器”，点击“添加变量”。

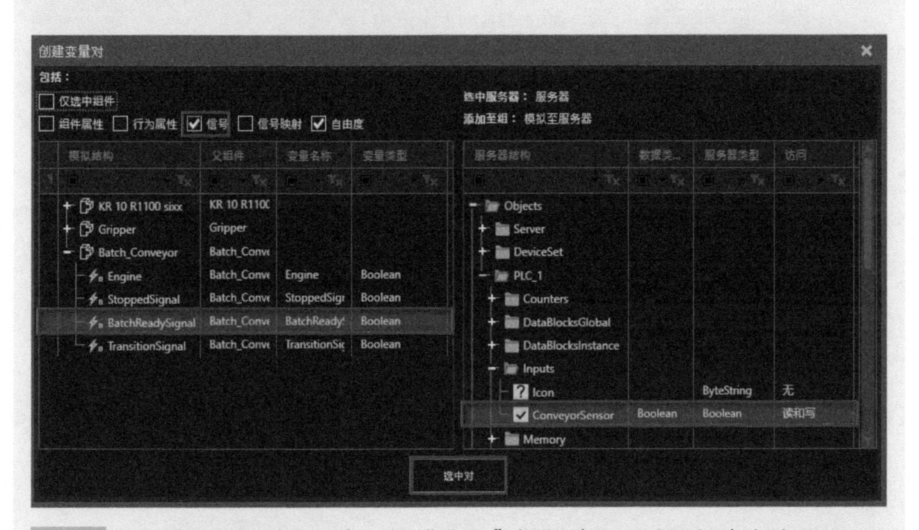

步骤5　在创建变量对面板中，将“信号”框勾选上，该面板中左边是KUKA.Sim Pro信号，右边是PLC变量，左边选中传送带BatchReadySignal信号，右边选中PLC变量ConveyorSensor，点击“选中对”进行配对。

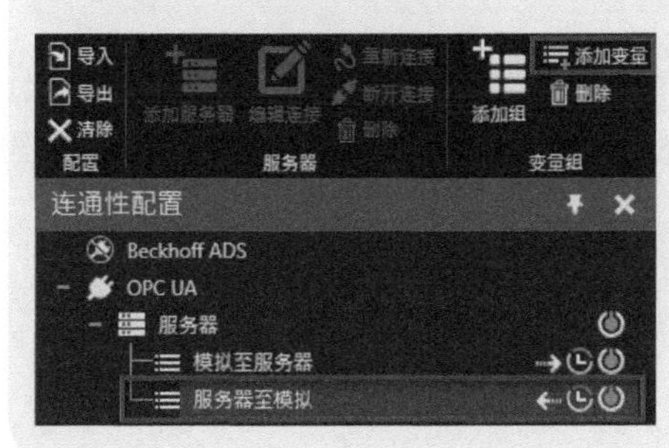

步骤6　其次配置PLC的输出信号传给机器人输入口101，选择“服务器至模拟”，点击“添加变量”。

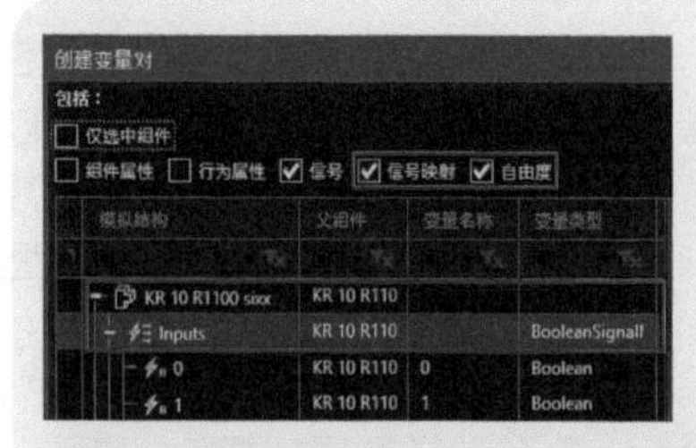

步骤7　在创建变量对面板中，将“信号映射”“自由度”框勾选上，左边选中机器人，展开“Inputs”。

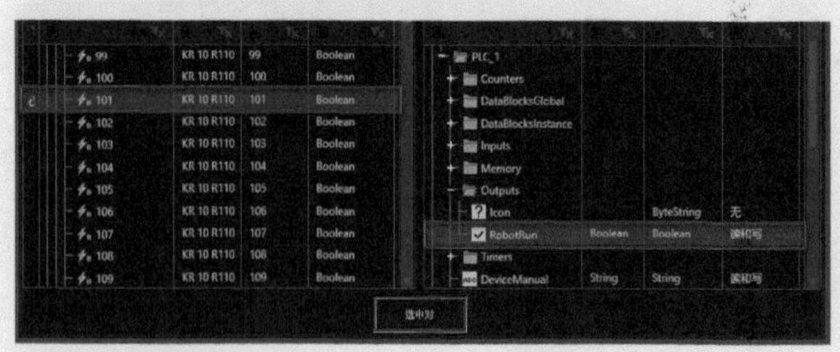

步骤8　左边选中“101”信号，右边选中PLC的输出信号“RobotRun”，点击“选中对”进行配对。

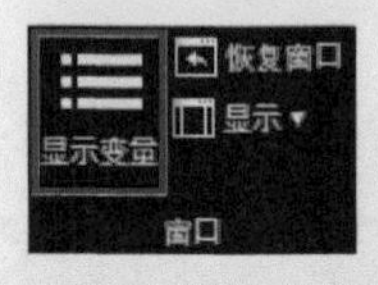

步骤9　点击“显示变量”。

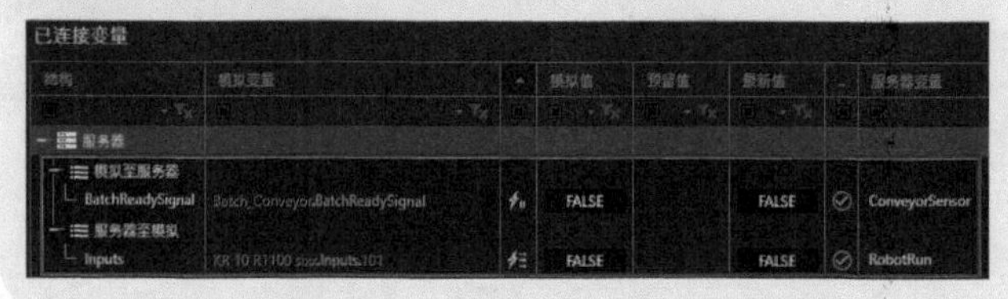

步骤10　可以看到创建好的变量目前状态值。

7.3.5　仿真通信测试

仿真通信测试步骤如下。

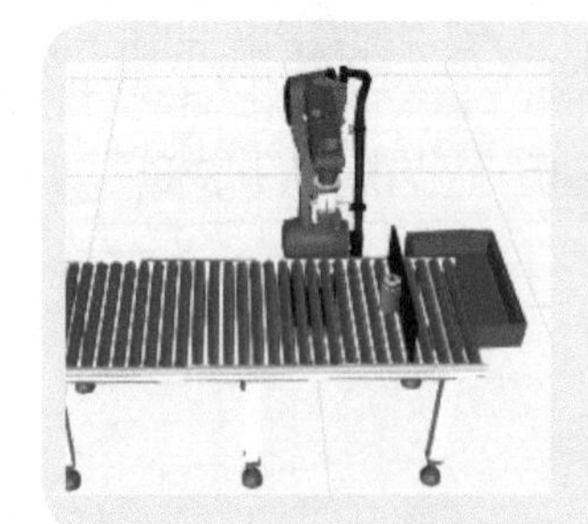

步骤1　在操作前，需保证KUKA.Sim Pro软件与服务器已连接，点击播放，运行机器人仿真程序。

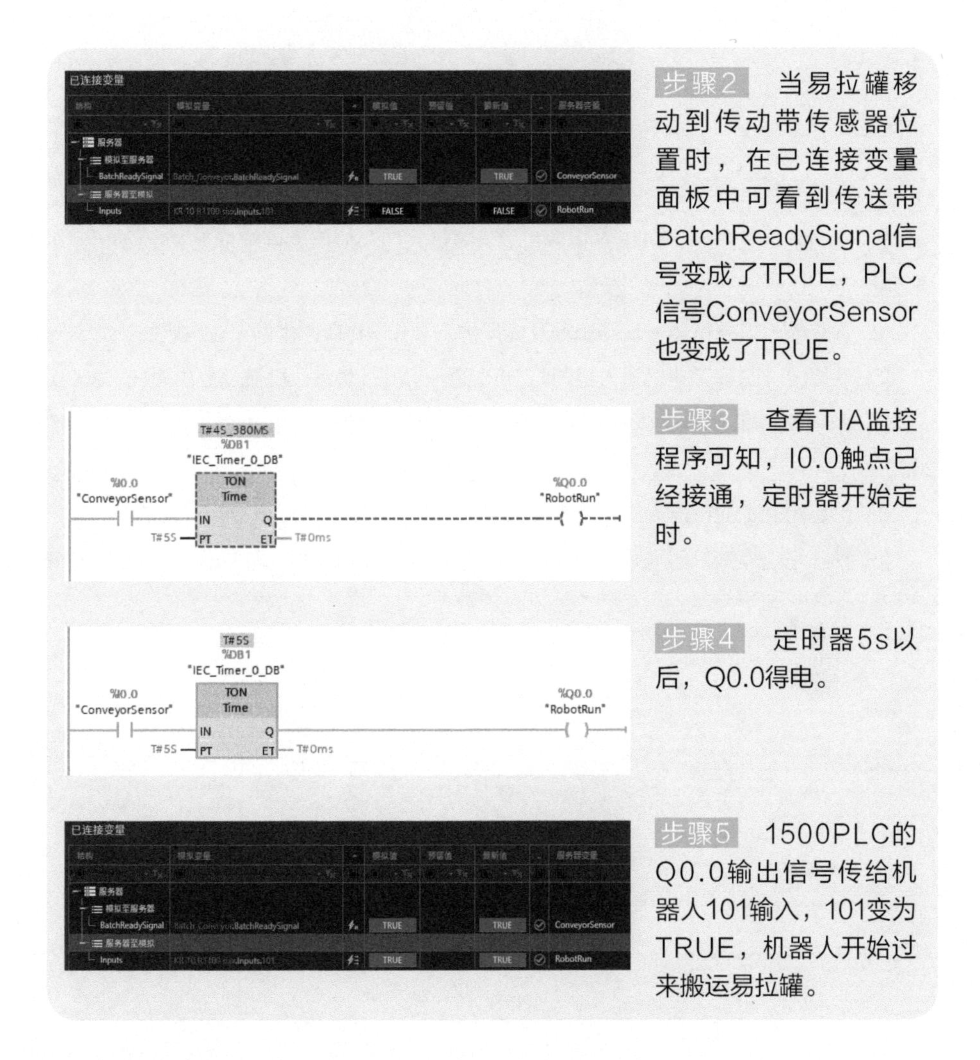

步骤2 当易拉罐移动到传动带传感器位置时，在已连接变量面板中可看到传送带BatchReadySignal信号变成了TRUE，PLC信号ConveyorSensor也变成了TRUE。

步骤3 查看TIA监控程序可知，I0.0触点已经接通，定时器开始定时。

步骤4 定时器5s以后，Q0.0得电。

步骤5 1500PLC的Q0.0输出信号传给机器人101输入，101变为TRUE，机器人开始过来搬运易拉罐。

由于篇幅有限，关于KUKA.Sim Pro软件的介绍暂且介绍到这里。KUKA.Sim Pro软件的功能并非只有这么多，该软件的高级应用要结合Paython脚本语言和.NET来使用，该语言用法灵活多变，结合KUKA.Sim Pro软件中的智能组件，能做更多复杂且实用的虚拟仿真。

参考文献

[1] 王志全，王云飞. KUKA 工业机器人基础入门与应用案例精析工 [M]. 北京：机械工业出版社，2020.

[2] 袁有德. 焊接机器人现场编程及虚拟仿真 [M]. 北京：化学工业出版社，2020.

[3] 耿春波. 图解工业机器人控制与 PLC 通信 [M]. 北京：机械工业出版社，2020.

[4] 张明文. 工业机器人入门实用教程（KUKA 机器人）[M]. 北京：人民邮电出版社，2020.

[5] 徐忠想. 工业机器人应用技术入门 [M]. 北京：化学工业出版社，2020.

[6] 孙惠平. 焊接机器人系统操作、编程与维护 [M]. 北京：机械工业出版社，2018.